"十二五"职业教育国家规划教材

经全国职业教育教材审定委员会审定

计算机程序设计

（Visual Basic 6.0）

赵增敏　卢　捷　王　亮　主　编

连　静　彭　辉　李伟伟　副主编

电子工业出版社

Publishing House of Electronics Industry

北京·BEIJING

内 容 简 介

本书根据教育部颁发的《中等职业学校专业教学标准（试行）信息技术类（第一辑）》中的相关教学内容和要求编写而成。本书的编写从满足经济发展对高素质劳动者和技能型人才的需求出发，在课程结构、教学内容、教学方法等方面进行了新的探索与改革创新，以利于学生更好地掌握本课程的内容，利于学生理论知识的掌握和实际操作技能的提高。

本书系统介绍了 Visual Basic 程序设计的基础知识、设计应用程序窗体、用标准控件构建用户界面、制作多媒体程序、设计菜单和工具栏、访问与管理文件、创建数据库应用程序、开发学生成绩管理系统等内容。全书内容通俗易懂，紧密联系编程实际，具有良好的可操作性。

本书可作为软件与信息服务专业的核心课程的教材，也可作为各种 Visual Basic 软件设计培训机构的教材，还可供需要提高自己计算机应用技能的广大计算机爱好者使用。本书配有教学指南、电子教案和案例素材，详见前言。

未经许可，不得以任何方式复制或抄袭本书之部分或全部内容。

版权所有，侵权必究。

图书在版编目（CIP）数据

计算机程序设计：Visual Basic 6.0/赵增敏，卢捷，王亮主编. —北京：电子工业出版社，2016.8

ISBN 978-7-121-24922-8

Ⅰ. ①计… Ⅱ. ①赵… ②卢… ③王… Ⅲ. ①BASIC 语言—程序设计—中等专业学校—教材 Ⅳ.①TP312

中国版本图书馆 CIP 数据核字（2014）第 274680 号

策划编辑：杨　波
责任编辑：郝黎明
印　　刷：北京虎彩文化传播有限公司
装　　订：北京虎彩文化传播有限公司
出版发行：电子工业出版社
　　　　　北京市海淀区万寿路 173 信箱　邮编　100036
开　　本：787×1 092　1/16　印张：15　字数：384 千字
版　　次：2016 年 8 月第 1 版
印　　次：2024 年 8 月第 11 次印刷
定　　价：32.00 元

凡所购买电子工业出版社图书有缺损问题，请向购买书店调换。若书店售缺，请与本社发行部联系，联系及邮购电话：（010）88254888，88258888。

质量投诉请发邮件至 zlts@phei.com.cn，盗版侵权举报请发邮件至 dbqq@phei.com.cn。

本书咨询联系方式：（010）88254617，luomn@phei.com.cn。

编审委员会名单

主任委员：

武马群

副主任委员：

王 健　韩立凡　何文生

委　　员：

丁文慧	丁爱萍	于志博	马广月	马永芳	马玥桓	王 帅	王 苒	王 彬
王晓姝	王家青	王皓轩	王新萍	方 伟	方松林	孔祥华	龙天才	龙凯明
卢华东	由相宁	史宪美	史晓云	冯理明	冯雪燕	毕建伟	朱文娟	朱海波
向 华	刘 凌	刘 猛	刘小华	刘天真	关 莹	江永春	许昭霞	孙宏仪
杜 珺	杜宏志	杜秋磊	李 飞	李 娜	李华平	李宇鹏	杨 杰	杨 怡
杨春红	吴 伦	何 琳	佘运祥	邹贵财	沈大林	宋 薇	张 平	张 侨
张 玲	张士忠	张文库	张东义	张兴华	张呈江	张建文	张凌杰	张媛媛
陆 沁	陈 玲	陈 颜	陈丁君	陈天翔	陈观诚	陈佳玉	陈泓吉	陈学平
陈道斌	范铭慧	罗 丹	周 鹤	周海峰	庞 震	赵艳莉	赵晨阳	赵增敏
郝俊华	胡 尹	钟 勤	段 欣	段 标	姜全生	钱 峰	徐 宁	徐 兵
高 强	高 静	郭 荔	郭立红	郭朝勇	黄 彦	黄汉军	黄洪杰	崔长华
崔建成	梁 姗	彭仲昆	葛艳玲	董新春	韩雪涛	韩新洲	曾平驿	曾祥民
温 晞	谢世森	赖福生	谭建伟	戴建耘	魏茂林			

序 | PROLOGUE

当今是一个信息技术主宰的时代，以计算机应用为核心的信息技术已经渗透到人类活动的各个领域，彻底改变着人类传统的生产、工作、学习、交往、生活和思维方式。和语言和数学等能力一样，信息技术应用能力也已成为人们必须掌握的、最为重要的基本能力。职业教育作为国民教育体系和人力资源开发的重要组成部分，信息技术应用能力和计算机相关专业领域专项应用能力的培养，始终是职业教育培养多样化人才，传承技术技能，促进就业创业的重要载体和主要内容。

信息技术的发展，特别是数字媒体、互联网、移动通信等技术的普及应用，使信息技术的应用形态和领域都发生了重大的变化。第一，计算机技术的使用扩展至前所未有的程度，桌面电脑和移动终端（智能手机、平板电脑等）的普及，网络和移动通信技术的发展，使信息的获取、呈现与处理无处不在，人类社会生产、生活的诸多领域已无法脱离信息技术的支持而独立进行。第二，信息媒体处理的数字化衍生出新的信息技术应用领域，如数字影像、计算机平面设计、计算机动漫游戏、虚拟现实等；第三，信息技术与其他业务的应用有机地结合，如与商业、金融、交通、物流、加工制造、工业设计、广告传媒、影视娱乐等结合，形成了一些独立的生态体系，综合信息处理、数据分析、智能控制、媒体创意、网络传播等日益成为当前信息技术的主要应用领域，并诞生了云计算、物联网、大数据、3D 打印等指引未来信息技术应用的发展方向。

信息技术的不断推陈出新及应用领域的综合化和普及化，直接影响着技术、技能型人才的信息技术能力的培养定位，并引领着职业教育领域信息技术或计算机相关专业与课程改革、配套教材的建设，使之不断推陈出新、与时俱进。

2009 年，教育部颁布了《中等职业学校计算机应用基础大纲》，2014 年，教育部在 2010 年新修订的专业目录基础上，相继颁布了"计算机应用、数字媒体技术应用、计算机平面设计、计算机动漫与游戏制作、计算机网络技术、网站建设与管理、软件与信息服务、客户信息服务、计算机速录"等 9 个信息技术类相关专业的教学标准，确定了教学实施及核心课程内容的指导意见。本套教材就是以此为依据，结合当前最新的信息技术发展趋势和企业应用案例组织开发和编写的。

本套系列教材的主要特色

● **对计算机专业类相关课程的教学内容进行重新整合**

本套教材面向学生的基础应用能力，设定了系统操作、文档编辑、网络使用、数据分析、媒体处理、信息交互、外设与移动设备应用、系统维护维修、综合业务运用等内容；针对专业应用能力，根据专业和职业能力方向的不同，结合企业的具体应用业务规划了教材内容。

● **以岗位工作过程来确定学习任务和目标，综合提升学生的专业能力、过程能力和职位差异能力**

本套教材通过工作过程为导向的教学模式和模块化的知识能力整合结构，体现产业需求与专业设置、职业标准与课程内容、生产过程与教学过程、职业资格证书与学历证书、终身学习与职业教育的"五对接"。从学习目标到内容的设计上，本套教材不再仅仅是专业理论内容的复制，而是经由职业岗位实践——工作过程与岗位能力分析——技能知识学习应用内化的学习实训导引和案例。借助知识的重组与技能的强化，达到企业岗位情境和教学内容要求相贯通的课程融合目标。

● **以项目教学和任务案例实训作为主线**

本套教材通过项目教学，构建了工作业务的完整流程和岗位能力需求体系。项目的确定应遵循三个基本目标：核心能力的熟练程度，技术更新与延伸的再学习能力，不同业务情境应用的适应性。教材借助以校企合作为基础的实训任务，以应用能力为核心、以案例为线索，通过设立情境、任务解析、引导示范、基础练习、难点解析与知识延伸、能力提升训练和总结评价等环节引领学者在任务的完成过程中积累技能、学习知识，并迁移到不同业务情境的任务解决过程中，使学者在未来可以从容面对不同应用场景的工作岗位。

当前，全国职业教育领域都在深入贯彻全国工作会议精神，学习领会中央领导对职业教育的重要批示，全力加快推进现代职业教育。国务院出台的《加快发展现代职业教育的决定》明确提出要"形成适应发展需求、产教深度融合、中职高职衔接、职业教育与普通教育相互沟通，体现终身教育理念，具有中国特色、世界水平的现代职业教育体系"。现代职业教育体系的建立将带来人才培养模式、教育教学方式和办学体制机制的巨大变革，这无疑给职业院校信息技术应用人才培养提出了新的目标。计算机类相关专业的教学必须要适应改革，始终把握技术发展和技术技能人才培养的最新动向，坚持产教融合、校企合作、工学结合、知行合一，为培养出更多适应产业升级转型和经济发展的高素质职业人才做出更大贡献！

前　　言 | PREFACE

为建立健全教育质量保障体系，提高职业教育质量，教育部于 2014 年颁布了《中等职业学校专业教学标准（试行）》（以下简称《专业教学标准》）。《专业教学标准》是指导和管理中等职业学校教学工作的主要依据，是保证教育教学质量和人才培养规格的纲领性教学文件。在"教育部办公厅关于公布首批《中等职业学校专业教学标准（试行）》目录的通知"（教职成厅[2014]11 号文）中，强调"专业教学标准是开展专业教学的基本文件，是明确培养目标和规格、组织实施教学、规范教学管理、加强专业建设、开发教材和学习资源的基本依据，是评估教育教学质量的主要标尺，同时也是社会用人单位选用中等职业学校毕业生的重要参考。"软件与信息服务专业的职业范围如下表所示。

1．本书特色

本书根据教育部颁发的《中等职业学校专业教学标准（试行）信息技术类（第一辑）》中的相关教学内容和要求编写而成。

本书系统地介绍了 Visual Basic 程序设计的基础知识、设计应用程序窗体、用标准控件构建用户界面、制作多媒体程序、设计菜单和工具栏、访问与管理文件、创建数据库应用程序、开发学生成绩管理系统等内容。全书内容简单，通俗易懂，紧密联系编程实际，具有良好的可操作性。

2．课时分配

本书各项目的教学内容和课时分配建议如下表所示。

教学内容和课时分配

项　　目	课 程 内 容	知 识 讲 解	操 作 实 践	合　　计
1	开始 VB 编程之旅	4	8	12
2	快速掌握 VB 编程语言	4	8	12
3	设计应用程序窗体	8	16	24
4	用标准控件构建用户界面	8	16	24
5	制作多媒体程序	8	16	24
6	设计菜单和工具栏	8	16	24
7	访问与管理文件	8	16	24
8	创建数据库应用程序	8	16	24
9	开发学生成绩管理系统	8	16	24
总　　计		64	128	192

注：本课程按照 192 课时设计，授课与上机的比例为 1：2，课后的项目实训可另外安排课时。课时分配仅供参考，教学中请根据各自学校的具体情况进行调整。

3．教学资源

为了提高学习效率和教学效果，方便教师教学，编者为本书配备了包括电子教案、教学指南、素材文件、微课以及参考答案等在内的配套教学资源。请有此需要的读者登录华信教育资源网（http://www.hxedu.com.cn）免费注册后进行下载，有问题时请在网站留言板留言或与电子工业出版社联系（E-mail：hxedu@phei.com.cn）。

4．本书编者

本书由赵增敏、卢捷、王亮担任主编，连静、彭辉、李伟伟担任副主编，参加本书编写、资料搜集、文字录入和程序调试的还有朱粹丹、赵朱曦、郭宏、余霞、王庆建、宋红相、杨波、李强和朱永天。

由于编者水平有限，加之时间仓促，书中难免存在错误和疏漏之处，敬请广大读者批评指正。

编 者

CONTENTS | 目录

项目 1

开始 VB 编程之旅

什么是 VB？VB 就是 Visual Basic。其中，Visual 一词指的是采用可视化的开发图形用户界面（Graphical User Interface，GUI）的方法，一般不需要编写大量代码去描述界面元素的外观和位置，只要把需要的控件拖动到屏幕的相应位置即可；Basic 指 BASIC 语言，因为 Visual Basic 是在原有的 BASIC 语言的基础上发展起来的，至今包含了数百条语句、函数及关键词，大多数与 Windows GUI 有直接关系。专业程序员可以用 Visual Basic 实现其他任何 Windows 编程语言的功能，而初学者只要掌握几个关键词即可创建实用的应用程序。

Visual Basic 是美国微软公司推出的一种 Windows 应用程序开发工具。Visual Basic 6.0 是 VB 的一个经典版本，由于它操作简单、方便实用，所以从其问世以来一直很受专业程序员和编程爱好者的青睐。

本项目通过一个任务说明 Visual Basic 6.0 集成开发环境（IDE）的组成，以及如何在这个集成开发环境中设计 Windows 应用程序，由此来理解 VB 编程的基本概念。

任务 创建我的第一个 VB 程序

任务目标

- 认识 Visual Basic 集成开发环境。
- 掌握 Visual Basic 编程步骤。
- 理解 Visual Basic 工程与模块。
- 理解对象的属性、方法和事件。

任务描述

在本任务中创建一个 Visual Basic 应用程序，运行该程序时会在屏幕上打开一个窗口，窗口下部有一个"显示"按钮和一个"关闭"按钮。单击"显示"按钮时，在窗口上部显示"Hello, World!"；单击"关闭"按钮时退出程序，如图 1.1 所示。

图 1.1 程序运行界面

任务分析

根据应用程序的功能，可以使用窗体作为程序界面的容器，并在窗体上添加两个命令按钮和一个标签，其中命令按钮用于执行命令，标签用于显示一行欢迎词。

设计步骤

（1）启动 Visual Basic 6.0。选择"开始"→"程序"→"Microsoft Visual Basic 6.0 中文版"→"Microsoft Visual Basic 6.0 中文版"命令，此时首先进入 VB 的启动界面，然后弹出"新建工程"对话框，如图 1.2 所示。

图 1.2 "新建工程"对话框

（2）创建标准 EXE 工程。在"新建工程"对话框中选择"新建"选项卡，选择"标准 EXE"选项，然后单击"打开"按钮，此时将进入 Visual Basic 6.0 集成开发环境，如图 1.3 所示。

（3）在窗体上添加命令按钮控件。在工具箱中单击"CommandButton"图标，在窗体 Form1 上拖动鼠标即可添加一个命令按钮，其默认名称和标题为 Command1，将该按钮拖动到适当位置；用同样的方法添加另一个命令按钮，其默认名称和标题为 Command2，如图 1.4 所示。

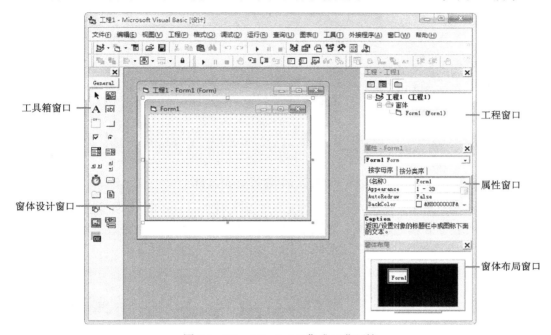

图 1.3　Visual Basic 6.0 集成开发环境

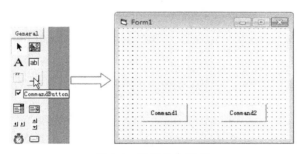

图 1.4　添加命令按钮

（4）在窗体上添加标签控件。在工具箱中单击"Label"图标，在窗体上拖动鼠标即可添加一个标签控件，其名称和默认内容均为 Label1。将该标签拖动到合适位置后，拖动标签控件上的尺寸点以调整其大小，布局效果如图 1.5 所示。

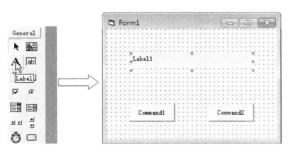

图 1.5　添加标签

（5）设置命令按钮的标题文字。选中命令按钮 Command1，此时其周围出现 8 个尺寸控件点，表明该控件是活动的；在属性窗口的属性列表中找到 Caption 属性，将该属性的默认值"Command1"更改为"显示"（不要输入引号！）；用同样的方法将命令按钮 Command2 的 Caption 属性更改为"关闭"，如图 1.6 所示。

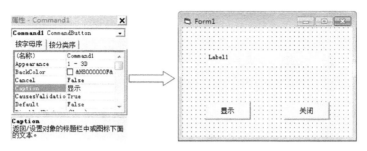

图 1.6　设置命令按钮的 Caption 属性

（6）设置标签控件的字体属性。在窗体上选中标签控件 Label1，在属性窗口中找到 Font 属性，单击该属性框右端的 ... 按钮，然后在弹出的"字体"对话框中将"字体"设置为"宋体"，大小设置为"五号"，如图 1.7 所示。

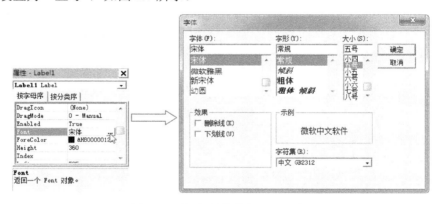

图 1.7　设置标签控件的 Font 属性

（7）设置标签控件显示的文字内容。在窗体 Form1 上选中标签控件 Label1，然后在属性窗口中将该标签控件的 Caption 属性值清空，即设置为空字符串。

（8）设置窗体 Form1 的标题文本。在窗体设计器中选中窗体 Form1，然后在属性窗口中将该窗体的 Caption 属性更改为"我的第一个 VB 程序"。至此，程序的用户界面已经设计好，其布局效果如图 1.8 所示。

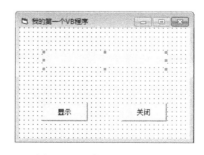

图 1.8　程序界面布局效果

（9）编写命令按钮 Command1 的事件处理程序。在窗体上双击命令按钮 Command1，此时将打开窗体 Form1 的代码窗口，并生成定义事件过程 Command1_Click 的 Sub 语句，如图 1.9 所示。

图 1.9　编写命令按钮的 Click 事件过程

（10）在代码窗口的 Sub 与 End Sub 之间输入以下语句（用于改变标签显示的内容）。

```
Label1.Caption = "Hello, World!"
```

输入语句后的代码窗口如图 1.10 所示。

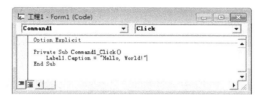

图 1.10　添加语句后的 Click 事件过程

（11）编写命令按钮 Command2 的事件处理程序。在窗体上双击命令按钮 Command2，将在代码窗口中生成相应的 Sub 语句，然后在 Sub 与 End Sub 之间输入以下语句（用于卸载当前窗体，即退出应用程序）。

```
Unload Me
```

此时代码窗口的内容如图 1.11 所示。

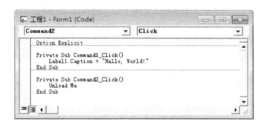

图 1.11　完成语句输入后的代码窗口

程序代码说明

① 在本任务中用 Sub…End Sub 语句声明了两个子过程。所谓子过程，就是指在响应事件时执行的代码块。每次调用过程都会执行 Sub 和 End Sub 之间的所有语句。

② Private 关键字表示只有在包含其声明的模块中的其他过程才可以访问该 Sub 过程。

③ Label1.Caption 表示标签控件 Label1 的 Caption 属性，即该标签所显示的文本内容。在程序中，通过执行赋值语句将赋值号（＝）右边的字符串（用双引号""作为定界符）赋

计算机程序设计（Visual Basic 6.0）

给标签控件 Label1 的 Caption 属性，从而改变标签显示的内容。

④ Unload Me 语句的功能是从内存中卸载当前窗体，关键字 Me 表示当前窗体。

（12）选择"文件"→"保存工程"命令，或单击工具栏中的"保存工程"按钮 ，此时将弹出"文件另存为"对话框。

① 在"文件另存为"对话框中选择目标路径为 D:\VB\项目 1，并指定窗体文件的名称为"Form1-01.frm"，然后单击"保存"按钮。

② 在随后弹出的"工程另存为"对话框中指定工程文件的名称为"工程 1-01.vbp"，然后单击"保存"按钮。

（13）选择"文件"→"生成工程 1-01.exe"命令，此时将弹出"生成工程"对话框，如图 1.12 所示。

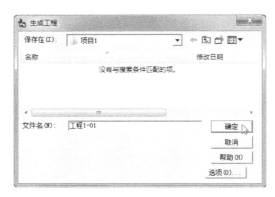

图 1.12 "生成工程"对话框

（14）单击"确定"按钮，即可生成可执行文件。在 Windows 环境中打开资源管理器，找到可执行文件"工程 1-01.exe"并双击，即可运行所生成的应用程序。

程序测试

（1）若要在 Visual Basic 集成开发环境中运行程序，则可执行下列操作之一。

① 按 F5 键。

② 选择"运行"→"启动"命令。

③ 在工具栏中单击"启动"按钮 。

（2）单击"显示"按钮时，窗口上部的标签将显示"欢迎您进入 Visual Basic 编程世界！"。

（3）单击"关闭"按钮，或单击窗口右上角的"关闭"按钮，或选择"运行"→"结束"命令，都可以退出程序，返回 Visual Basic 集成开发环境。

相关知识

1. Visual Basic 集成开发环境

启动 Visual Basic 时，通常可以在集成开发环境中看到 6 个工作窗口，即主窗口、工程窗口、对象窗口、工具箱窗口、属性窗口及窗体布局窗口，如图 1.3 所示。此外，还有一个比较特殊的窗口——代码窗口。

（1）主窗口。这是 Visual Basic 的控制中心，它以菜单命令和工具按钮两种形式来提供各种操作，其他窗口均包含在主窗口中，关闭了主窗口也就退出了整个集成开发环境。

（2）窗体设计窗口。每当新建一个标准 EXE 工程时，Visual Basic 都会自动显示窗体设计窗口，其中已经有一个名为 Form1 的窗体对象存在，该窗体在运行期间是一个标准的 Windows 窗口或对话框，通常可以把它作为设计用户界面的起点。

（3）工具箱窗口。设计用户界面时，要根据应用程序的功能要求向窗体中添加各种各样的控件，为此可以从工具箱中选取所需控件类，然后移到窗体上，通过拖动鼠标画出控件。若看不到工具箱，则可以单击工具栏中的"工具箱"按钮 ，使工具箱显示出来；若要隐藏工具箱，则单击其右角的"关闭"按钮即可。设计普通应用程序时，工具箱中现有的标准控件基本上能够满足需要。但是，若要开发某些具有特殊功能的应用程序，则需要考虑向工具箱中添加一些附加控件。方法如下：选择"工程"→"部件"命令；在弹出的"部件"对话框中，选择"控件"选项卡，然后选择所需控件并单击"确定"按钮，如图 1.13 所示。

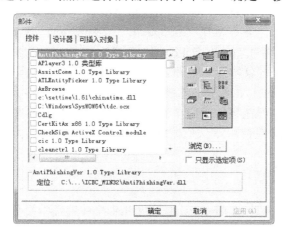

图 1.13　"部件"对话框

（4）属性窗口。在 Visual Basic 中，窗体和各种控件都拥有一系列的属性，如大小、位置、颜色及外观等。在设计模式下，可以在属性窗口中设置窗体和控件的属性的初始值。若在集成开发环境中看不到属性窗口，则可执行下列操作之一使它显示出来。

① 选择"视图"→"属性窗口"命令或按 F4 键。

② 在工具栏中单击"属性窗口"按钮。

③ 在对象窗口中右击窗体或某个控件，在弹出的快捷菜单中选择"属性窗口"命令。

（5）工程窗口。该窗口以大纲形式显示当前工程的整体结构层次，该窗口列出当前工程包含的窗体模块、标准模块和其他项目。在工程资源管理器窗口的项目列表中，不同的项目是用不同的图标来表示的。例如，工程文件用图标 来表示，窗体文件用图标 来表示，标准模块文件用 来表示，类模块文件用图标 来表示。这些图标右边显示了相关项目的名称及相应的文件名称。

（6）窗体布局窗口。该窗口在模拟显示屏上显示出当前工程中包含的所有窗体的图标。在设计模式下，可以利用窗体布局窗口来设置窗体在屏幕上的启动位置。当看不到窗体布局窗口时，要使它显示出来，可选择"视图"→"窗体布局窗口"命令，或在标准工具栏中单击"窗体布局窗口"按钮 🖻。

（7）代码窗口。该窗口用于查看和编辑程序代码，在这个窗口中可以声明公用变量、编写公共模块程序和对象的事件过程。若要打开代码窗口，则可执行下列操作之一。

① 在工程资源管理器窗口中单击一个窗体模块、标准模块或类模块，然后单击"查看代码"按钮。

② 在对象窗口中双击窗体或窗体上的某个控件。

③ 选择"视图"→"代码窗口"命令或按 F7 键。

2．Visual Basic 对象的基本概念

对象是 Visual Basic 程序设计的核心。窗体和控件都是对象，数据库也是对象。到处都有对象存在。为了掌握 Visual Basic 可视化编程的方法和步骤，必须了解与对象相关的一些基本概念。

（1）对象。对象是代码和数据的组合，可以作为一个单位来处理。创建用户界面时用到的对象可分为窗体对象和控件对象，整个应用程序也是一个对象。此外，还有一些不可视的对象。在本项目的任务中，命令按钮 Command1、Command2 以及标签 Label1 都是控件对象，这些控件对象都被放置在窗体对象 Form1 上。Visual Basic 对象支持属性、方法和事件。

（2）属性。属性是对对象特性的描述，不同的对象有不同的属性。对象常见的属性有标题（Caption）、名称（Name）、颜色（Color）、字体大小（FontSize）、是否可见（Visible）等。选择窗体或控件时，可在属性窗口中看到各种属性，可以在属性列表中为具体的对象设置属性（若不设置，则属性使用默认值），也可以在程序中用程序语句设置，一般语法格式如下。

```
对象名.属性名称 = 属性值
```

例如，在本项目的任务中的 Command1 的 Click 事件过程中设置了标签的 Caption 属性。

```
Label1.Caption = "Hello, World!"
```

这里，Label1 是对象名，Caption 是属性名，字符串"Hello, World!"是设置的属性值。

（3）事件。事件是由 Visual Basic 预先设置好的、能够被对象识别的动作，如 Click（单击）、Dblclick（双击）、Load（加载）、MouseMove（鼠标移动）、Change（改变）等。当事件由用户触发（如 Click）或由系统触发（如 Load）时，对象就会对该事件做出响应（需要编写相应的事件过程）。

例如，在本项目的任务中，当单击命令按钮 Command1 时，将执行相应的事件过程，从而在窗体上显示字符串"欢迎您进入 Visual Basic 编程世界！"；当单击命令按钮 Command2 时，将通过执行相应的事件过程卸载当前窗体，从而退出应用程序。

（4）方法。方法指的是控制对象动作行为的方式。方法是对象包含的函数或过程；对象有一些特定的方法。在 Visual Basic 中，调用方法的语法格式如下。

```
对象名.方法名【(参数列表)】
```

（5）属性、方法和事件之间的关系。在 Visual Basic 中，对象具有属性、方法和事件。属性是描述对象的数据；方法告诉对象应做的事情；事件是对象所产生的事情，发生事件时

可以通过编写事件过程代码来进行处理。可以把属性看做一个对象的性质，把方法看做对象的动作，把事件看做对象的响应。Visual Basic 窗体和控件都具有自己的属性、方法和事件的对象。

在 Visual Basic 程序设计中，基本的设计工作如下：设置对象的属性、调用对象的方法、为对象事件编写事件过程。程序设计时要做的工作就是决定应更改哪些属性、调用哪些方法、对哪些事件做出响应，从而得到希望的外观和行为。

3．Visual Basic 编程步骤

一般来说，用 Visual Basic 开发应用程序主要包括以下 3 个步骤：创建应用程序界面；设置窗体和控件的对象属性，编写事件程序代码。

（1）创建应用程序界面。应用程序的用户界面由窗体和控件组成。所有的控件都放在窗体上，一个窗体最多可容纳 254 个名称不相同的独立控件。程序中的所有信息都要通过窗体和位于其上的控件展示出来，窗体是应用程序的最终用户界面。在应用程序中需要用到什么控件，就在窗体上添加相应的控件。程序运行时，将在屏幕上显示由窗体和控件组成的用户界面。

（2）设置窗体和控件的对象属性。创建用户界面后，可以根据需要来设置窗体和每个控件的属性。选中一个对象后，该对象所具有的全部或大多数属性值就会在属性窗口的属性列表中显示出来。通过修改属性值即可改变控件的标题、字体等属性。在实际的应用程序设计中，创建用户界面和设置对象属性可以同时进行，即每添加一个控件后随即设置该控件的属性。

（3）编写事件程序代码。Visual Basic 程序设计采用事件驱动编程机制，当发生某个事件时，就会"驱动"预选设置的一系列动作，这种情况称为"事件驱动"；而预先设置的那些动作是通过针对控件或窗体事件编写的子过程来实现的，这种子过程称为"事件过程"。例如，命令按钮可以接收鼠标事件，如果单击该按钮，鼠标事件就调用相应的事件过程来做出响应。在 Visual Basic 中，可根据需要对每个对象可能触发的事件编写一段程序代码，这就是事件过程。当程序运行时，如果引发了某个事件，将会运行相应的事件过程。除了事件过程之外，还有通用过程。通用过程告诉应用程序如何完成一项指定的任务。一旦确定了通用过程，则必须专由应用程序来调用。反之，直到为响应用户引发的事件或系统引发的事件而调用事件过程时，事件过程通常总是处于空闲状态。

4．Visual Basic 工程与模块

工程是 Visual Basic 应用程序开发过程中使用的文件集。工程文件就是与该工程有关的全部文件和对象的清单，其文件扩展名为.vbp。工程文件保存了所设置的环境选项方面的信息。每当保存工程时，这些信息都要被更新。这些文件和对象也可供其他工程共享。Visual Basic 工程主要由窗体模块、标准模块和类模块组成。

（1）窗体模块。窗体模块的文件扩展名为.frm，这类模块是大多数 Visual Basic 应用程序的基础。窗体模块可以包含处理事件的过程、通用过程，以及变量、常数、类型和外部过程的窗体级声明。如果要在文本编辑器中观察窗体模块，则还会看到窗体及其控件的描述，包括它们的属性值。写入窗体模块的代码是该窗体所属的具体应用程序专用的；它也可以引用

该应用程序内的其他窗体或对象。简单的应用程序可以只有一个窗体；当开发复杂的应用程序时，可以根据需要添加更多的窗体。

（2）标准模块。标准模块的文件扩展名为.bas，这类模块是应用程序内其他模块访问过程和声明的容器。标准模块可以包含变量、常量、类型、外部过程和全局过程的全局声明或模块级声明，全局变量和全局过程在整个应用程序范围内有效。在开发过程中，如果发现在几个窗体中都有要执行的公共代码，不希望在两个窗体中重复代码，则需要创建一个标准模块，用于包含实现公共代码的过程。此后即可建立一个包含共享过程的模块库。

（3）类模块。类模块的文件扩展名为.cls，这类模块是面向对象编程的基础。在类模块中可以通过编写代码来建立新对象，这些新对象可以包含自定义的属性和方法。实际上，窗体正是这样一种类模块。

项目小结

通过实施本项目的任务，想必读者已经对 Visual Basic 集成开发环境和 Visual Basic 编程方法有了一个初步的了解，或许会感觉使用 Visual Basic 开发应用程序简单方便、轻而易举。当然，并不是所有 Visual Basic 程序都能够用几行代码来完成的。但是，Visual Basic 提供了丰富的工具集、强大的帮助系统和直观体贴的界面设计，这会尽可能地减少程序设计的工作量。至于如何通过应用程序实现更复杂的功能，如绘制图形、播放多媒体及访问数据库等，可通过后续项目的实施逐渐得到答案。

 **项目思考**

一、选择题

1．在 Visual Basic 应用程序中，窗体、标签和命令按钮都可以称为（　　　）。

    A．对象　　　　　　　B．事件　　　　　　C．方法　　　　　　D．属性

2．对象的特性是指（　　　）。

    A．对象　　　　　　　B．事件　　　　　　C．方法　　　　　　D．属性

3．下列不能打开代码窗口的操作是（　　　）。

    A．双击窗体上的某个控件　　　　　　B．双击窗体

    C．按 F7 键　　　　　　　　　　　　　D．单击窗体或控件

4．通过设置窗体的（　　　）属性可以更改窗体的标题文字。

    A．Headline　　　　　　　　　　　　B．Caption

    C．Appearance　　　　　　　　　　　D．Title

二、填空题

1．Visual Basic 模块分为_____、_____和_____3 种类型。

2．代码窗口顶部包括左右两个下拉式列表框，左边为_____，右边为_____。

3．在 Visual Basic 中，选择_____菜单中的_____命令可运行应用程序。

4．在保存 Visual Basic 工程时，窗体文件和工程文件的扩展名分别为_____和_____。

5．一个 Visual Basic 窗体最多可以包含_____个名称不同的独立控件。

三、简答题

1．试说明 Visual Basic 采用"所见即所得"方式设计 Windows 应用程序的设计概念。

2．结合本项目中的任务说明 Visual Basic 对象、属性和事件的意义。

项目实训

在 Visual Basic 中创建一个标准 EXE 程序，并在窗体上添加一个标签和两个命令按钮，把它们的标题分别设置为"显示文本"和"隐藏文本"。当单击"显示文本"按钮时，标签显示"我喜欢 Visual Basic 程序设计"；当单击"隐藏文本"按钮时，标签文本消失。

项目2

快速掌握 VB 编程语言

项目 1 中讨论了 Visual Basic 集成开发环境的基本使用方法，已经知道创建应用程序主要包括设计用户界面和编写程序代码两个步骤。编程语言是 Visual Basic 程序设计的基础，要开发应用程序必须掌握 Visual Basic 编程语言。在本项目中将通过 13 个任务来学习 Visual Basic 编程语言，主要内容涵盖数据类型、常量和变量、赋值语句、选择语句、循环语句、数组、过程和函数等。

任务 1　在 VB 中使用常量

任务目标

- 理解 Visual Basic 的基本数据类型。
- 掌握各种类型常量的表示方法。
- 掌握 Print 方法的语法格式和用法。
- 掌握 Visual Basic 标识符的命名规则。

任务描述

在本任务中将提供各种不同数据类型的常量，并通过执行 Print 方法将这些常量的值显示在窗体上，程序运行效果如图 2.1 所示。

任务分析

在 Visual Basic 中，数据分为常量和变量。变量和常量都有一定的数据类型，数据类型决定数据的存储方式、取值范围及可进行的运算。对于不同数据类型的常量，表示方式有所不同，有些数据类型还需要使用定界符。在程序中使用常量时必须符合 Visual Basic 语法规则。

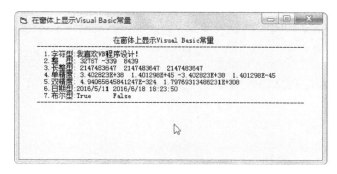

图 2.1 不同类型数据的输出

设计步骤

（1）启动 Visual Basic 6.0。

（2）在"新建工程"对话框中，选择"标准 EXE"选项，单击"打开"按钮。

（3）创建标准 EXE 工程时，将自动打开一个默认窗体 Form1。在属性窗口中，把窗体 Form1 的 Caption 属性值设置为"在窗体上显示 Visual Basic 常量"。

（4）双击窗体 Form1，打开代码窗口。

（5）在代码窗口的"对象"下拉列表中选择"Form"（窗体对象）选项，在"过程"下拉列表中选择"Click"（单击事件）选项，此时显示定义的 Form_Click 事件过程语句，如图 2.2 所示。

图 2.2 代码窗口

（6）在窗体 Form1 的代码窗口中编写以下事件过程。

```
Private Sub Form_Click()        ' Form1 单击事件过程
    '本程序用于演示 Visual Basic 数据类型
    '程序中的标点（如单引号、双引号、分号等）在英文状态下输入
    Const hx = "------------------------------------"        '定义符号常量
    Cls     ' 清除屏幕
    Print         ' 光标换行
    Print Spc(26); "在窗体上显示 Visual Basic 常量"
    Print Tab(6); hx; hx
    Print Tab(8); "1.字符型:"; "我喜欢 VB 程序设计! "
    Print Tab(8); "2.整  型:"; 32767; &HFEAD; &O20367
    Print Tab(8); "3.长整型:"; 2147483647; &H7FFFFFFF; &O17777777777
    Print Tab(8); "4.单 精 度:"; 3.402823E+38; 1.401298E+45; -3.402823E+38;
1.401298E-45
```

```
    Print Tab(8); "5.双精度:"; 4.94065645841247E-324; 1.79769313486231E+308
    Print Tab(8); "6.日期型:"; #5/11/2016#; #6/18/2016 6:23:50 PM#
    Print Tab(8); "7.布尔型:"; True; Spc(6); False
    Print Tab(6); hx; hx
End Sub
```

（7）将窗体文件和工程文件分别命名为 Form2-01.frm 和工程 2-01.vbp，保存在 D:\VB\项目 2\任务 1 中。

程序测试

（1）按 F5 键运行程序。
（2）在程序运行期间，单击程序窗口以查看输出结果。
（3）单击"关闭"按钮关闭程序。

相关知识

1．基本数据类型

Visual Basic 6.0 的基本数据类型分为以下几类。

字符串型（String）：用于各种字符串的处理，如个人的姓名、家庭住址、身份证号、电话号码及电子邮件地址等。

数值型：用于处理不同类型的数值。数值型又分为整型（Integer）、长整型（Long）、单精度型（Single）、双精度型（Double）、货币型（Currency）。

字节型（Byte）：这是一种无符号的整数，用于进行二进制数据处理。在进行文件读写、调用 DLL、调用对象的方法和属性时使用 Byte 数据类型，Visual Basic 会自动在 ANSI 和 Unicode 之间进行格式转换。ANSI 和 Unicode 均为字符代码的表示形式。ANSI 用一个字节表示英文字符，用两个字节表示中文字符，而 Unicode 对英文字符和中文字符均用两个字节表示。

日期型（Date）：用于日期和时间的处理。

布尔型（Boolean）：用于真（True）和假（False）的处理。

可变型（Variant）：能够存储所有系统定义类型的数据。

对象型（Object）：用于引用程序或某些应用程序中的对象。用 Set 语句将某个对象赋予对象变量。

Visual Basic 6.0 的基本数据类型的存储空间大小及取值范围如表 2.1 所示。

表 2.1　Visual Basic 6.0 的基本数据类型的存储空间大小及取值范围

数据类型	存储空间大小	取值范围
Byte（字节型）	1 个字节	0～255
Integer　（整型）	2 个字节	−32768～32767
Long（长整型）	4 个字节	−2147483648～2147483647
Single （单精度浮点型）	4 个字节	负数：−3.402823E38～−1.401298E−45 正数：1.401298E−45～3.402823E38
Double （双精度浮点型）	8 个字节	负数：−1.79769313486232E308～−4.94065645841247E−324 正数：4.94065645841247E−324～1.79769313486232E308
Currency（货币型）	8 个字节	−922337203685477.5808～922337203685477.5807

（续表）

数据类型	存储空间大小	取值范围
String （变长）	10 字节加字符串长度	字符串长度为 0～大约 20 亿
String（定长）	字符串长度	字符串长度为 1～大约 65400
Variant（可变型数字）	16 个字节	任何数字值，最大可以达到 Double 的范围
Variant（可变型字符）	22 个字节加字符串长度	与变长 String 有相同的范围
Boolean （布尔型）	2 个字节	True 或 False
Date （日期型）	8 个字节	100 年 1 月 1 日～9999 年 12 月 31 日
Object （对象型）	4 个字节	任何 Object 引用

2. 常量

在 Visual Basic 中，常量分为两种：直接常量和符号常量。

（1）直接常量：即包含在程序代码中的常量。按数据类型分类，直接常量分为以下几种。

字符串常量：用双引号（〞）括起来的一串字符。这些字符可以是除双引号和回车键之外的任何字符。例如，"为实现中华民族伟大复兴的中国梦而奋斗！"，"This is a map."。

数值常量：包括整数、定点数和浮点数。整数有十进制数、十六进制数和八进制数 3 种形式。十六进制数以&H（或&h）开头，八进制数以&O（或&o）开头。例如，十进制数 255 在程序中可以用 255、&Hff、&O377 三种形式之一表示。定点数是带有小数点的正数或负数，如 3.1415926、−1.5、0.0、12.0 等。浮点数由尾数、指数符号和指数 3 部分组成，指数符号为 E，如 3.402823E+38、4.94065645841247E−324 等。

布尔型常量：只有两个值，即 True、False。

日期型常量：用"#"作为定界符。例如，#1/31/2007#、#1/31/2007 11:49:50 PM#。

（2）符号常量：在程序中用标识符表示的一些不变的常数或字符串。程序中经常多次使用一些数字或字符串，这些数字和字符串很难记住，反复录入容易出错，用标识符来代替数字或字符串，可以使程序更具可读性，并且易于修改。在程序运行时，符号常量不会无意中被改变。

符号常量分为系统内部定义的符号常量和用户定义的符号常量。

系统内部定义的符号常量：Visual Basic 6.0 定义了许多符号常量，如 vbRed（红色）、vbBlue（蓝色）、vbGreen（绿色）等，在编写程序代码时可以直接使用。

用户定义的符号常量：可以用 Const 语句来声明，语法格式如下。

```
Const 常量名 [As 类型] = 常量表达式
```

其中，"常量名"是必需的，"常量名"命名遵守标识符命名规则；"As 类型"子句是可选的，用来说明变量的类型，如果省略，则数据类型由常量表达式决定；"常量表达式"是必需的，由文字、其他常量、除 Is 之外的任意的算术操作符和逻辑操作符构成的任意组合组成，在其中不能使用变量、用户自定义的函数及 Visual Basic 的内部函数。

例如，下面的语句声明了两个符号常量。

```
Const PI = 3.1415926
Const ALARM = "报警电话：110"
```

一旦声明了常量，则不能在此后的语句中改变它的值，这是一个安全特性，也是声明常量的一个好处。

3. Print 方法

程序运行的结果一般需要用输出语句输出到屏幕上。在 Visual Basic 中，可使用 Print 方法来显示文本和数据，其语法格式如下。

```
[对象名称.]Print [表达式][,|;] [表达式] [,|;]...
```

其中，参数"对象名称"可以是窗体（Form）、图片框（PictureBox）、打印机（Printer）、立即窗口（Debug），如果省略"对象名称"，则在当前窗体上输出。

参数"表达式"可以是符合 Visual Basic 语法的表达式。如果省略"表达式"，则输出一个空行。可以使用 Print 方法输出多个表达式的值，表达式之间用分隔符隔开。如果用逗号分隔，则按标准输出格式（分区输出格式）显示数据项，各表达式之间的间隔为 14 个字符；如果用分号分隔，则表达式按紧凑输出格式输出数据项。

Print 方法具有计算和输出双重功能，对表达式先计算后输出。一般情况下，每执行一次 Print 方法都会自动换行。若想在一行内显示，则可在 Print 方法末尾加上分号或逗号。

在使用 Print 方法显示文本时，可以通过可选项 Spc(n) 和 Tab(n) 来控制字符的位置。

Spc(n)：用来在输出中插入空白字符，其中 n 为要插入的空白字符数。

Tab(n)：用来将插入点定位到绝对列号上，其中 n 为列号。使用无参数的 Tab(n) 将插入点定位到下一个打印区的起始位置。

4. 标识符命名规则

Visual Basic 中有许多需要命名的地方，如符号常量名、变量名等。在命名时，需要遵循以下规则。

① 标识符必须以字母开头，最大长度为 255。

② 标识符不能使用 Visual Basic 的关键字。

③ 标识符不能包含 Visual Basic 中有特殊含义的字符，如句号、空格、类型说明符、运算符等。类型说明符是附加到变量名上的字符，指出变量的数据类型。String 的类型声明字符为美元号（$）；Single 的类型声明符为感叹号（!）；Double 的类型声明符为数字符号（#）；Integer 的类型声明符为百分比符号（%）；Long 的类型声明符为和号（&）；Currency 的类型声明符为 at 号（@）。

④ Visual Basic 的标识符不区分大小写。例如，AGE、age 和 Age 为同一标识符。

⑤ 标识符在同一范围内必须是唯一的。

在 Visual Basic 中，符号常量名、变量名、过程名、记录类型名、元素名等名称都必须遵循上述命名规则。

任务 2　使用变量存储数据

任务目标

- 理解 Visual Basic 变量的概念和作用。
- 掌握使用 Dim 语句声明变量的方法。
- 掌握使用赋值语句对变量赋值的方法。

● 掌握两种注释语句的使用方法。

在本任务中声明一些变量，分别用于存储用户的姓名、性别、出生时间、身高、体重，以及是否共青团员等信息，并在窗体上显示这些信息，程序运行效果如图 2.3 所示。

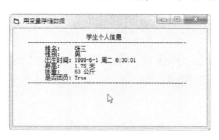

图 2.3　用变量存储学生个人信息

设计步骤

（1）在 Visual Basic 6.0 中创建一个标准 EXE 工程。

（2）在属性窗口中把窗体 Form1 的 Caption 属性值修改为"用变量存储数据"。

（3）在窗体 Form1 的代码窗口中编写以下事件过程。

```
Private Sub Form_Click()
    '声明一些变量，用于存储学生个人信息
    Dim xm As String      '用于存储姓名
    Dim xb As String      '用于存储性别
    Dim cssj As Date      '用于存储出生日期
    Dim sg As Single      '用于存储身高
    Dim tz As Single      '用于存储体重值
    Dim gqty As Boolean        '表示是否共青团员
    xm = "张三": xb = "男"
    cssj = #6/1/1999 8:30:01 AM#
    sg = 1.75: tz = 63
    gqty = True
    Const hx = "----------------------------"
    Cls
    Print
    Print Spc(25); "学生个人信息"
    Print Tab(6); hx; hx
    Print Tab(12); "姓名: "; Spc(4); xm
    Print Tab(12); "性别: "; Spc(4); xb
    Print Tab(12); "出生时间: "; cssj
    Print Tab(12); "身高: "; Spc(3); sg; "米"
    Print Tab(12); "体重: "; Spc(3); tz; "公斤"
    Print Tab(12); "是否团员: "; gqty
```

```
    Print Tab(6); hx; hx
End Sub
```

（4）将窗体文件和工程文件分别命名为 Form2-02.frm 和工程 2-02.vbp，保存在 D:\VB\项目 2\任务 2 中。

程序测试

（1）按 F5 键运行程序。
（2）在程序运行期间，单击程序窗口，即可看到输出结果。
（3）单击"关闭"按钮关闭程序。

相关知识

1. 变量

变量就是命名的存储单元位置，包含在程序执行阶段修改的数据。每一个变量都有名称，在其范围内可唯一识别；变量的名称必须以字母开头，而且中间不能包含句点（.）或类型声明字符（如$），最大长度不能超过 255 个字符。可以指定变量的数据类型，也可以不指定。借助变量名可以访问内存中的数据。变量在使用前一般要预先声明，声明变量指将变量的有关信息事先告诉编译系统。变量名用于识别变量在内存中的位置，变量的类型指定了其占用内存空间的大小。

如果希望在程序中强制显式声明所有变量，则可以在模块的声明段中加入 Option Explicit 语句，也可以选择"工具"→"选项"命令，弹出"选项"对话框，选择"编辑器"选项卡，选中"要求变量声明"复选框，如图 2.4 所示，这样会在任何新模块中自动插入 Option Explicit 语句。

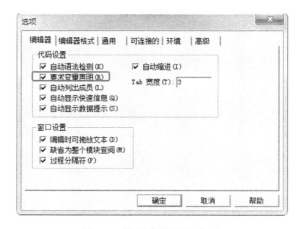

图 2.4　设置编辑器的选项

在 Visual Basic 中，可以用 Dim 语句来声明变量的数据类型并分配存储空间，语法格式如下。

```
<Dim|Private|Static|Public> <变量名> [As 类型] [,<变量名> [As 类型]]
```

关键字 Dim、Private、Static、Public 的用法如表 2.2 所示。

表 2.2　Visual Basic 变量的作用域

变量类型	作 用 域	声明位置	使用语句
局部变量	过程	过程中	Dim 或 Static
模块变量	窗体模块或标准模块	模块的声明部分	Dim 或 Private
全局变量	整个应用程序	标准模块的声明部分	Public

"变量名"的命名必须遵守标识符的命名规则。

"类型"用来声明"变量名"的数据类型或对象类型。

使用声明语句声明一个变量后，Visual Basic 自动将数值类型的变量赋初值 0，将字符或 Variant 类型的变量赋初值空串，将布尔型的变量值赋初值 False，将日期型的变量赋初值 00:00:00（如果系统为 12 小时制，则会有所不同）。

在 Visual Basic 中，也允许变量不经过声明就直接使用，这称为隐式声明。所有隐式声明的变量都是 Variant 类型的，并默认为局部变量。

2．赋值语句

将表达式的值赋给变量或属性，可使用赋值语句来实现，语法格式如下。

```
[Let] 变量名 = 表达式
```

只有当表达式是一种与变量兼容的数据类型时，该表达式的值才可以赋给变量或属性。不能将字符串表达式的值赋给数值变量，也不能将数值表达式的值赋给字符串变量。如果这样做，则会在编译时出现错误。

变量和表达式的数据类型必须一致。若两者同为数值型但精度不一样，则系统会强制将表达式的值转换为变量所要求的精度。

赋值号"="表示将表达式的值赋给变量，与数学上的等号意义不一样。Let 表示赋值，通常省略。例如，在 x=8=9 语句中，左侧的"="为赋值号，右侧的"="为比较运算符，这个语句的作用是将关系表达式 8=9 的结果赋给变量 x，因此 x 的值为 0（False）。

赋值语句兼有计算与赋值双重功能，它首先计算赋值号右边"源操作符"的值，然后把结果赋给赋值号左边的"目标操作符"。

若要把多个赋值语句放在同一行，则各语句之间必须用冒号隔开，如 a=3：b=4：c=5。

3．注释语句

注释语句是为了方便程序阅读而对程序进行的说明，对程序运行没有影响。

Visual Basic 提供了两种注释语句，语法格式如下。

```
Rem 注释文本
' [注释文本]
```

注释语句可以独占一行，也可以放在其他语句末尾。当使用 Rem 关键字时，该关键字与注释文本之间要加一个空格，放在其他语句末尾时，要用（:）隔开。使用撇号（'）关键字时，不必加冒号。

4．结束语句

在 Visual Basic 中有两个结束语句，语法格式如下。

```
End
Unload <对象名称>
```

End 语句的功能是结束正在运行的程序；Unload 语句的功能是从内存中卸载窗体或控件。

5．语句书写格式

在 Visual Basic 中编写程序代码时，需要注意以下规则。

（1）不区分大小写。Visual Basic 对关键字有自动转换大小写功能。例如，在输入 Print 语句时，不论输入"PRINT"还是"print"，Visual Basic 都会转换为"Print"。

（2）标点符号都需要在英文状态下输入。

（3）语句以回车键结束。一般情况下要求"一句一行"。但也可以使用复合语句，即把多句写在同一行上，但每句代码之间必须用冒号（:）连接。另外，当一行代码很长时，可以用"空格+下画线"来续行。

任务 3　计算三角形的面积

任务目标

- 掌握算术运算符及其表达式的使用方法。
- 掌握连接运算符及其表达式的使用方法。

任务描述

在本任务中指定三角形三条边的长度，利用海伦公式计算三角形的面积，程序运行效果如图 2.5 所示。

图 2.5　计算三角形的面积

任务分析

如果知道三角形的三边长度，则三角形的面积 S 可通过著名的海伦公式来计算：

$$S = \sqrt{p(p-a)(p-b)(p-c)}$$

其中 a、b、c 分别为三角形三边长，p 为半周长，S 为三角形的面积。由此可知，计算三角形面积的关键是用变量来存储半周长 p、三边长 a、b、c 的值，并构造出 Visual Basic 算术表达式来表示上述求根公式。

 设计步骤

（1）在 Visual Basic 6.0 中，新建一个标准 EXE 工程。

（2）在属性窗口中，把窗体 Form1 的 Caption 属性值设置为"计算三角形的面积"。

（3）在窗体 Form1 的代码窗口中编写以下事件过程。

```
Private Sub Form_Click()
    Dim a As Single, b As Single, c As Single, p As Single
    Dim S As Single
    Const hx = "----------------------------"
    a = 4
    b = 5
    c = 6
    p = (a + b + c) / 2
    S = (p * (p - a) * (p - b) * (p - c)) ^ 0.5


    Cls
    Print
    Print Spc(25); "计算三角形的面积"
    Print Tab(6); hx; hx
    Print Tab(10); "当 a ="; a; ", b = "; b; ", c = "; c; "时"
    Print
    Print Tab(10); "三角形的面积为"; S
    Print
    Print Tab(6); hx; hx
End Sub
```

（4）将窗体文件和工程文件分别命名为 Form2-03.frm 和工程 2-03.vbp，保存在 D:\VB\项目 2\任务 3 中。

程序测试

（1）按 F5 键运行程序。

（2）在程序运行期间，单击程序窗口，即可看到输出结果。

（3）通过修改变量 a、b、c 的值做替换练习。例如：

  a=2，b=3，c=4

  a=3，b=4，c=5

（4）单击"关闭"按钮关闭程序。

相关知识

在程序中对数据进行处理，其实就是使用运算符对数据进行各种运算。将运算符和数据组成各种各样的表达式，可以完成不同类型的运算。在 Visual Basic 6.0 中，主要有算术运算、字符串运算、关系运算及逻辑运算等。

1. 算术表达式

算术表达式由算术运算符、数值型量和圆括号组成，其运算结果为数值型。Visual Basic 6.0 提供了 8 个算术运算符，表 2.3 按优先级列出了这些运算符。

表 2.3　Visual Basic 算术运算符

优先级	运　算	运算符	表达式例子	示　例	结　果
1	幂	^	X ^ Y	3 ^ 2	9
2	负号	−	−X	−3	−3
3	乘法	*	X * Y	3 * 3 * 3	27
3	除法	/	X / Y	9 / 2	4.5
4	整除	\	X \ Y	9 \ 2	4
5	取模	Mod	X Mod Y	10 Mod 3	1
6	加法	+	X + Y	10 + 3	13
6	减法	−	X−Y	3−10	−7

算术运算符的含义和数学中的运算符含义基本相同，只是表达方式有所不同。例如，数学表达式 a^{2+3} 的 Visual Basic 表达式为 a^(2+3)，数学表达式 3[a+2(b+c)] 的 Visual Basic 表达式为 3*(a+2*(b+c))。在数学表达式中可以省略某些运算符，在 Visual Basic 表达式中则不能省略，如 2y 必须写成 2*y。在 Visual Basic 表达式中只能使用圆括号，而且括号必须配对。当一个表达式中有括号时，先计算括号内的运算，有多层括号时，先计算内层括号。

除法（ / ）运算的结果为浮点数。例如，表达式 3/2 的值为 1.5。整除（\）的运算结果为整型数，小数部分被直接截去。例如，表达式 3\2 的值为 1 而不是 1.5。

取模运算（Mod）用于求余数。例如，表达式 3 Mod 2 的值为 1。

2．字符串表达式

在 Visual Basic 中有一个专门的字符串连接运算符&，用于连接两个或更多个字符串并构成字符串表达式。

例如，字符串表达式"xyz" & "123" & "abc" & "45" 的运算结果为 "xyz123abc45"。

算术运算符+也可以作为字符串连接运算符使用。例如，"abc"+"efg"的运算结果为"abcefg"。Visual Basic 在运算时会自动进行类型匹配转换。为了防止转换不符合要求，一般情况下，建议使用运算符&来进行字符串连接运算。

任务 4　判断是否闰年

任务目标

- 掌握比较运算符和关系表达式的使用方法。
- 掌握逻辑运算符和逻辑表达式的使用方法。
- 理解运算符的优先级。

任务描述

在本任务中创建一个应用程序，用于判断指定的年份是不是闰年，并在屏幕上显示判断结果，程序运行效果如图 2.6 所示。

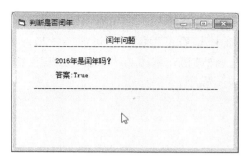

图 2.6 判断是否闰年

判断指定年份是否闰年的条件如下：该年份能被 4 整除但不能被 100 整除，或者能被 400 整除。整数 A 能被整数 B 整除，用表达式表示即为 A Mod B=0；整数 A 不能被整数 B 整除，用表达式表示即为 A Mod B<>0；条件通常用布尔表达式表示，若两个布尔表达式同时成立，则可用 And 运算符连接；若两个布尔表达式中有任何一个成立即可，则可用 Or 运算符连接。据此即可构成一个逻辑表达式来判断指定年份是否闰年。

 设计步骤

（1）在 Visual Basic 6.0 中创建一个标准 EXE 工程。
（2）在属性窗口中，把窗体 Form1 的 Caption 属性值设置为"判断是否闰年"。
（3）在窗体 Form1 的代码窗口中编写以下事件过程。

```
Private Sub Form_Click()
    Dim Year As Integer          '保存年份
    Dim YesNo As Boolean         '保存判断结果
    Year = 2016
    YesNo = Year Mod 4 = 0 And Year Mod 100 <> 0 Or Year Mod 400 = 0
    Cls                          '清除屏幕
    Print
    Print Tab(6); "                    闰年问题"
    Print Tab(6); "-------------------------------------------------"
    Print
    Print Tab(12); Year & "年是闰年吗?    "
    Print
    Print Tab(12); "答案:" & YesNo
    Print
    Print Tab(6); "-------------------------------------------------"
End Sub
```

（4）将窗体文件和工程文件分别命名为 Form2-04.frm 和工程 2-04.vbp，保存在 D:\VB\项目 2\任务 4 中。

（1）按 F5 键运行程序，单击程序窗口，即可看到输出结果。

（2）替换练习。要判断其他年份是否闰年，可修改"Year = 2016"这个赋值语句。例如，要判断 2017 年是否闰年，把该语句修改为"Year = 2017"即可。

（3）单击"关闭"按钮关闭程序。

相关知识

1．关系表达式

比较运算符用来对两个表达式的值进行比较，构成一个关系表达式，其值是一个逻辑值，即真（True）或假（False）。Visual Basic 提供的比较运算符在表 2.4 中列出。

表 2.4　Visual Basic 比较运算符

测试关系	运算符	表达式例子	示　例	结　果
相等	=	X = Y	"AB" = "Ab"	False
不相等	◇或><	X ◇ Y	"D" ◇ "d"	True
小于	<	X < Y	2 > 1	True
大于	>	X > Y	"xy　" > "xy"	False
小于等于	<=	X <= Y	5 <= 4	False
大于等于	>=	X >= Y	5 >= 5	True
比较模式	Like	str Like pattern	"abCd" Like "*bC*"	True
比较对象变量	Is			

关系表达式由比较运算符、数值表达式、字符串表达式组成，但关系运算符两侧的数据类型必须完全一致。Visual Basic 把非 0 值都认为是 True，但一般用−1 来表示 True，用 0 来表示 False。

当两个表达式是 Byte、Boolean、Integer、Long、Single、Double、Date、Currency 时，可以进行数值比较。当一个表达式是数值型，而另一个是 Variant 型时，也可进行数值比较。

字符串数据按其 ASCII 码值进行比较。对字符串进行比较时，首先比较两个字符串的第一个字符，其中 ASCII 码值较大的所在的字符串大。如果第一个字符相同，则比较第二个字符，以此类推。

Like 运算符用来比较字符串的模式匹配，判断一个字符串是否属于某一模式。如果字符串与模式匹配，则结果为 True；如果不匹配，则结果为 False。在模式中，可使用问号（?）表示任何单一字符，使用星号（*）表示零个或多个字符，使用数字符（#）表示任意一个数字（0～9）；使用[字符列表]表示字符列表中的任意单一字符，用[!字符列表]表示不在字符列表中的任意单一字符。

Is 运算符用来比较两个对象的引用变量，主要用于对象操作。此外，Is 运算符还可在 Select Case 语句中使用。

关系表达式都是单独使用的，不存在优先级问题。

2．逻辑表达式

逻辑运算符用来对各种布尔型数据进行逻辑运算。表 2.5 按优先级高低列出了 Visual Basic 的逻辑运算符。

表 2.5 Visual Basic 逻辑运算符

优先级	运　算	运算符	说　明
1	非	Not	进行"取反"运算
2	与	And	若两个表达式的值均为 True，则结果为 True，否则为 False
3	或	Or	若两个表达式的值均为 False，则结果为 False，否则为 True
4	异或	Xor	若两个表达式的值同时为 True 或 False，则结果为 False，否则为 True
5	等价	Eqv	若两个表达式的值同时为 True 或 False，则结果为 True
6	蕴含	Imp	若第一个表达式为 True，第二个表达式为 False，则结果为 False

逻辑表达式由关系表达式、逻辑运算符、布尔型数据组成，语法格式如下。

<关系表达式>　<逻辑运算符>　<关系表达式>

用 A、B 表示两个布尔型数据，则逻辑运算返回的结果如表 2.6 所示。

表 2.6 逻辑运算规则

A	B	Not A	A And B	A Or B	A Xor B	A Eqv B	A Imp B
True	True	False	True	True	False	True	True
True	False	False	False	True	True	False	False
False	True	True	False	True	True	False	True
False	False	True	False	False	False	True	True

3．运算符优先级

一个表达式可能含有多种运算，系统会按预先确定的顺序进行计算，此顺序称为运算符的优先顺序。从高到低顺序如下：算术运算符→字符串连接运算符→比较运算符→逻辑运算符。如果表达式中的一些运算符级别相同，则按照它们从左到右出现的顺序进行运算。括号内的运算总是优先于括号外的运算。

任务 5 改进三角形面积计算

任务目标

- 掌握 If 语句的语法格式和使用方法。
- 掌握 IIf 函数的语法格式和使用方法。

任务描述

在本项目任务 3 中做替换练习时，所指定变量 a、b、c 的值必须满足构成三角形的充要条件，否则程序运行时将出现实时错误。为了改进三角形的计算，即两边之和大于第三边、两边之差小于第三边，在本任务中重新创建一个应用程序，根据是否满足这个充要条件来执行不同操作：若满足这个条件，则计算并显示三角形的面积，否则显示"不满足构成三角形的充要条件"，如图 2.7 和图 2.8 所示。

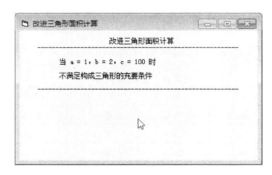

图 2.7　计算三角形面积

图 2.8　不满足构成三角形的充要条件

任务分析

　　构成三角形的充要条件可以用一些不等式来表示，这些不等式通过 AND 运算符组合起来，构成了一个逻辑表达式。在程序中可以使用一个 If 语句对该表达式的值进行测试，根据不同情况执行不同操作。

 设计步骤

（1）在 Visual Basic 6.0 中新建一个标准 EXE 工程。

（2）把窗体 Form1 的 Caption 属性值设置为"改进三角形面积计算"。

（3）在窗体 Form1 的代码窗口中编写以下事件过程。

```
Private Sub Form_Click()
   Dim a As Single, b As Single, c As Single, p As Single
   Dim condition As Boolean
   Dim S As Single
   Dim msg As String

   a = 8: b = 9: c = 10   '替换练习：a = 1: b = 2: c = 100

   condition = a + b > c And b + c > a And c + a > b And a - b < c And b -
c < a And c - a < b
```

```
If condition Then
    msg = "满足构成三角形的充要条件"
    p = (a + b + c) / 2
    S = (p * (p - a) * (p - b) * (p - c)) ^ 0.5
Else
    msg = "不满足构成三角形的充要条件"
End If
msg = IIf(condition, msg & vbCrLf & vbCrLf & Space(12) & "S = " & S, msg)

Cls
Print
Print Tab(26); "改进三角形面积计算"
Print Tab(6); "---------------------------------------------------"
Print
Print Tab(12); "当 a = " & a & ", b = " & b & ", c = " & c & " 时"
Print
Print Tab(12); msg
Print
Print Tab(6); "---------------------------------------------------"

End Sub
```

（4）将窗体文件和工程文件分别命名为 Form2-05.frm 和工程 2-05.vbp，保存在 D:\VB\项目 2\任务 5 中。

程序测试

（1）按 F5 键运行程序。

（2）在程序运行期间，单击窗口以查看求解结果（方程有两个相等的实数根）。

（3）保持变量 a 和 b 的值不变，改变变量 c 的值以进行替换练习：$c=-15$（方程有两个相异的实数根）；$c=5$（方程在实数范围内无解）。

（4）单击"关闭"按钮关闭程序。

相关知识

在 Visual Basic 6.0 中，可以使用 If 语句有条件地执行一组语句，也可以使用 IIf 函数根据表达式的值来返回两部分中的一个。

1．If 语句

If 语句可用于测试条件表达式并根据测试结果执行不同操作。If 语句有以下两种格式。

单行格式：

```
If 条件 Then 语句1 [Else 语句2]
```

使用单行格式的 If 语句时，其执行流程如下：如果条件的值为 True，则执行语句 1；否则执行语句 2。"Else 语句 2"部分也可以省略。

多行块格式：

```
If <条件1> Then
    [语句块 1]
[ElseIf <条件 2> Then
    [语句块 2]
[ElseIf <条件 3> Then
    [语句块 3]
......
[Else
    [语句块 n]]
End If
```

使用多行块格式的 If 语句时，其执行流程如下：如果条件 1 的值为 True，则执行语句块 1；如果条件 2 为 True，则执行语句块 2；……；如果所有条件的值均为 False，则执行语句块 n。

在块结构的 If 语句中，If 语句必须是第一行语句，If 语句块必须以一个 End If 语句结束，Else 和 ElseIf 子句都是可选的。这里的"语句块"可以是一个语句，也可以是多个语句。

例如，要找出两个整数中比较大的整数，可使用单行形式的 If 语句来实现：

```
'变量 a、b 用于保存两个整数，max 用于保存两个整数中较大的那个整数
Dim a as long, b as long, max as long
a = 2: b = 3
If a > b Then max = a Else max = b
Print max
```

也可以使用块形式的 If 语句来实现：

```
Dim a as long, b as long, max as long
a=2: b=3
If a>b then
  max = a
Else
  max = b
End If
Print max
```

2．IIf 函数

IIf 函数用于计算表达式的值并据此返回两个值中的一个，语法格式如下。

```
Result=IIf(条件, True 部分, False 部分)
```

变量 Result 用于保存 IIf 函数的返回值，条件是一个逻辑表达式。当条件的值为 True 时，IIf 函数返回 True 部分的值；当条件为 False 时，返回 False 部分的值。

例如，找出两个整数中比较大的整数可以使用如下 IIf 函数实现。

```
Dim a as long, b as long, max as long
a = 2: b = 3
max = IIf(a>b, a, b)
Print max
```

任务 6　计算生肖和星座

任务目标

- 掌握 Select 语句的语法格式和使用方法。
- 了解 InputBox 函数的使用方法。
- 了解从日期中取出年、月、日的方法。

任务描述

在本任务中制作生肖与星座计算程序，单击窗体时提示在文本框中输入出生日期，即可计算出相应的生肖和星座并在窗体上显示计算结果，程序运行效果如图 2.9 和图 2.10 所示。

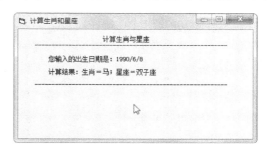

图 2.9　输入出生日期　　　　图 2.10　根据出生日期计算生肖和星座

任务分析

生肖和星座可根据出生日期来计算，为此首先要调用 InputBox 函数来输入数据，然后通过调用 Visual Basic 提供的内部函数 Year、Month 和 Day 分别从输入的出生日期中取出年、月、日的数值。

生肖可根据年份除以 12 所得的余数来判断：0（猴）；1（鸡）；2（狗）；3（猪）；4（鼠）；5（牛）；6（虎）；7（兔）；8（龙）；9（蛇）；10（马）；11（羊），这可以使用 Select 语句测试该余数来实现。

星座可根据出生月份和日期来判断：1 月 21 日～2 月 19 日（水瓶座）；2 月 20 日～3 月 20 日（双鱼座）；3 月 21 日～4 月 20 日（白羊座）；4 月 21 日～5 月 21 日（金牛座）；5 月 22 日～6 月 21 日（双子座）；6 月 22 日～7 月 22 日（巨蟹座）；7 月 23 日～8 月 23 日（狮子座）；8 月 24 日～9 月 23 日（处女座）；9 月 24 日～10 月 23 日（天秤座）；10 月 24 日～11 月 22 日（天蝎座）；11 月 23 日～12 月 21 日（射手座）；12 月 22 日～1 月 20 日（魔羯座）。为了计算星座，可将月份值扩大 10 倍加上日期数构成一个整数，并使用 Select 语句对该整数进行测试。例如，对于 1 月 21 日～2 月 19 日，Case 表达式应表示为"121 To 219"；对于 12 月 22 日～1 月 20 日，Case 表达式则应表示为"Is >= 1222，Is <= 120"。

 **设计步骤**

（1）在 Visual Basic 6.0 中创建一个标准 EXE 工程。

（2）把窗体 Form1 的 Caption 属性值设置为"计算生肖和星座"。

（3）在窗体 Form1 的代码窗口中编写以下事件过程。

```
Private Sub Form_Click()
  Dim csrq As Date   '存储出生日期
  Dim y As Integer, m As Integer, d As Integer '存储年、月、日
  Dim sx As Integer, xz As Integer '存储中间结果，分别用于计算生肖和星座
  Dim msg As String '存储输出信息
  csrq = InputBox("请输入您的出生日期：", "输入出生日期")
  y = Year(csrq): m = Month(csrq): d = Day(csrq)   '取出年、月、日
  sx = y Mod 12
  xz = m * 100 + d
  '计算生肖
  Select Case sx
    Case 0
      msg = "生肖＝猴"
    Case 1
      msg = "生肖＝鸡"
    Case 2
      msg = "生肖＝狗"
    Case 3
      msg = "生肖＝猪"
    Case 4
      msg = "生肖＝鼠"
    Case 5
      msg = "生肖＝牛"
    Case 6
      msg = "生肖＝虎"
    Case 7
      msg = "生肖＝兔"
    Case 8
      msg = "生肖＝龙"
    Case 9
      msg = "生肖＝蛇"
    Case 10
      msg = "生肖＝马"
    Case 11
      msg = "生肖＝羊"
  End Select
  '计算星座
  Select Case xz
    Case 121 To 219
      msg = msg & "；星座＝水瓶座"
    Case 220 To 320
```

```
            msg = msg & "; 星座=双鱼座"
        Case 321 To 420
            msg = msg & "; 星座=白羊座"
        Case 421 To 521
            msg = msg & "; 星座=金牛座"
        Case 522 To 621
            msg = msg & "; 星座=双子座"
        Case 622 To 722
            msg = msg & "; 星座=巨蟹座"
        Case 723 To 823
            msg = msg & "; 星座=狮子座"
        Case 824 To 923
            msg = msg & "; 星座=处女座"
        Case 924 To 1023
            msg = msg & "; 星座=天秤座"
        Case 1024 To 1122
            msg = msg & "; 星座=天蝎座"
        Case 1123 To 1221
            msg = msg & "; 星座=射手座"
        Case Is >= 1222, Is <= 120
            msg = msg & "; 星座=摩羯座"
    End Select
    '清除屏幕并显示计算结果
    Cls
    Print
    Print Tab(26); "计算生肖与星座"
    Print Tab(6); "--------------------------------------------------------"
    Print
    Print Tab(10); "您输入的出生日期是: " & csrq
    Print
    Print Tab(10); "计算结果: " & msg
    Print
    Print Tab(6); "--------------------------------------------------------"
End Sub
```

（4）将窗体文件和工程文件分别命名为 Form2-06.frm 和工程 2-06.vbp，保存在 D:\VB\项目 2\任务 6 中。

程序测试

（1）按 F5 键运行程序。

（2）在程序运行期间，单击程序窗口，在弹出的对话框中输入出生日期，然后单击"确定"按钮，以查看输出结果。

（3）单击"关闭"按钮关闭程序。

计算机程序设计（Visual Basic 6.0）

相关知识

与 If 语句一样，Select Case 语句也可用于实现判定结构。使用 Select Case 语句可根据测试表达式的值，从多个语句块中选择一个符合条件的语句块执行。其语法格式如下。

```
Select Case <测试表达式>
Case  表达式列表 1
    语句块 1
[Case  表达式列表 2
    语句块 2]
……
[Case Else
    语句块 n]
End Select
```

其中，测试表达式可以是数值或字符串表达式；每个"表达式列表"可以是一个表达式、一组用逗号分隔的枚举值（如 1，2，3）、表达式 1 To 表达式 2（如 1 To 5）、Is 关键字与比较运算符构成的表达式（如 Is < 3）。

Select Case 语句执行的流程如下：对测试表达式进行测试并检查表达式列表 1，若为真，则执行语句块 1 并结束选择，若为假，则继续检查下一个条件；如果都不为真，则执行语句块 n；如果没有语句块 n，则直接结束选择。

任务 7　计算棋盘上的麦粒数

任务目标

● 理解 For 循环语句的语法格式和执行流程。
● 掌握 For 循环语句的使用方法。
● 理解 While 循环语句的语法格式和执行流程。
● 掌握 While 循环语句的使用方法。

任务描述

在印度有一个古老的传说：舍罕王打算奖赏国际象棋的发明人——印度宰相——西萨·班·达依尔。国王问他想要什么，他对国王说："陛下，请您在这张棋盘的第 1 个小格里放 1 粒麦子，在第 2 个小格里放 2 粒，在第 3 个小格里放 4 粒，以后每一小格都比前一小格增多一倍。请您把这样摆满棋盘上所有 64 格的麦粒，都赏给您的仆人吧！"国王觉得这个要求太容易满足了，下令给他这些麦粒。当人们把一袋一袋的麦子搬来开始计数时，国王才发现：即便把全印度甚至全世界的麦粒都拿来，也满足不了宰相的要求。那么，宰相要求得到的麦粒到底有多少呢？

在本任务中创建一个标准 EXE 应用程序，用来计算棋盘上麦粒的数目，程序运行效果如图 2.11 所示。

032

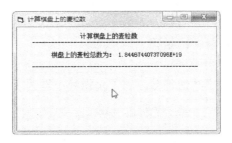

图 2.11 计算棋盘上的麦粒数

任务分析

根据印度宰相的要求，棋盘上每一个格子的麦粒数应为 2^n（$n=0 \sim 63$）。对每个格子的麦粒数求和即可得到舍罕王赏赐给宰相的麦粒数，这可以利用循环语句来实现。考虑到麦粒数有可能超出整数的取值范围，因此在程序中应使用双精度浮点数来存储麦粒数。

 设计步骤

（1）在 Visual Basic 6.0 中创建一个标准 EXE 工程。
（2）把窗体 Form1 的 Caption 属性值设置为"计算棋盘上的麦粒数"。
（3）在窗体 Form1 的代码窗口中编写以下事件过程。

```
Private Sub Form_Click()
    Dim i As Integer                    '循环变量
    Dim sum As Double, n As Double      '分别存储麦粒累加数和当前格子中的麦粒数

    sum = 0                             '累加器初始化
    For i = 0 To 63
        n = 2 ^ i                       '计算当前格子中的麦粒数
        sum = sum + n                   '对每个格子的麦粒数进行累加
    Next i
    Cls
    Print
    Print Tab(6); "                计算棋盘上的麦粒数"
    Print Tab(6); "--------------------------------------------------------"
    Print
    Print Tab(12); "棋盘上的麦粒总数为: "; sum
    Print
    Print Tab(6); "--------------------------------------------------------"
End Sub
```

（4）将窗体文件和工程文件分别命名为 Form2-07.frm 和工程 2-07.vbp，保存在 D:\VB\项目 2\任务 7 中。

程序测试

（1）按 F5 键运行程序。

（2）单击程序窗口，以查看输出结果。

（3）单击"关闭"按钮关闭程序。

（4）做替换练习。保留程序其他部分，将 For 循环改写为 While 循环，代码如下。

```
i = 0                  '循环变量（计数器）初始化
While i < 64
  n = 2 ^ i            '计算当前格子中的麦粒数
  sum = sum + n        '对每个格子中的麦粒数进行累加
  i = i + 1            '递增计数器
Wend
```

（5）再次按 F5 键运行程序，单击程序窗口，可看到相同的输出结果。

相关知识

在实际应用中，人们经常需要计算机重复完成相同或相似的动作，这可以通过循环语句来实现，即按一定规则控制一段程序（循环体）重复执行若干次。

1. For 循环

For 循环用于重复执行若干个语句，语法格式如下。

```
For 循环变量=初值 To 终值 [Step 步长]
    [循环体]
    [Exit For]
    [循环体]
Next [循环变量]
```

其中，循环变量用于循环的计数，每重复一次循环之后，循环变量的值会增加一个步长，除特殊情况外，一般不要在循环体中改变循环变量的值，否则会改变循环体的执行次数。

步长是循环变量的增量，其值可以是正数或负数，如果没有设置 Step，则步长默认值为 1。

循环体在下列两种情况下不会执行：步长为正数时，循环变量的值大于终值；步长为负数时，循环变量的值小于终值。

Exit For 通常用在选择语句中，提供一种退出 For 循环的方法。

For 循环执行的流程如图 2.12 所示。

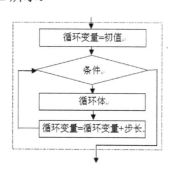

图 2.12　For 循环执行流程

例如，可以用 For 循环语句求 1+2+3+…+100 的值，代码如下。

```
Dim i As Integer, sum As Integer

sum = 0
For i=1 To 100 Step 1
   sum = sum + i
Next i
Print sum
```

在上例中，i 为循环变量，初值是 1，终值是 100，Step 后面的 1 是步长值，循环体包含一个语句，即 s=s+i。循环变量从 1 到 100，循环体语句 s=s+i 总共执行了 100 次。循环次数由初值、终值、步长 3 个因素决定。

2. While 循环

While 根据指定条件重复执行一个或多个语句，语法格式如下。

```
While <条件>
   [循环体]
Wend
```

While 循环的执行流程：先对条件进行判断，当条件为 True 时，执行循环体；继续对条件进行判断，当条件为 True 时执行下一轮循环，当条件为 False 时退出循环。

很明显，当条件为 True 进入循环后，如果条件没有变化，则循环将一直进行下去。所以，循环内应该有一个改变循环条件的语句，使程序在适当的时候结束循环。

另外，在 While 语句之前，还要对循环变量进行初始化。

例如，用 While 循环语句求 1+2+3+…+100 的值，代码如下。

```
Dim i As Integer, sum As Integer
i = 1: sum = 0
While i<= 100
   sum = sum + i
   i = i + 1
Wend
Print sum
```

任务 8 求解爱因斯坦的阶梯问题

任务目标

- 理解 Do 循环语句的语法格式和执行流程。
- 了解 Do 循环语句两种语法格式的区别。
- 掌握 Do 循环语句的使用方法。

任务描述

著名物理学家爱因斯坦曾经提出过这样一道有趣的数学题：有一个长阶梯，如果每步上 2 阶，最后剩下 1 阶；如果每步上 3 阶，最后剩下 2 阶；如果每步上 5 阶，最后剩下 4 阶；如果每步上 6 阶，最后剩下 5 阶；只有每步上 7 阶，最后刚好一阶也不剩。请问该阶梯至少有多少阶？在本任务中创建一个应用程序，用于计算阶梯的阶数，计算结果如图 2.13 所示。

图 2.13　计算阶梯问题

任务分析

由任务描述可知，阶梯数一定是 7 的整数倍，因此可以从 7 开始，分别对 7、14、21、…数列进行测试，看哪一个整数符合题意。设阶梯数为 jt，则此问题中的条件可以表示如下。

$$jt \bmod 2=1 \text{ And } jt \bmod 3=2 \text{ And } jt \bmod 5=4 \text{ And } jt \bmod 6=5 \text{ And } jt \bmod 7=0$$

 设计步骤

（1）在 Visual Basic 6.0 中创建一个标准 EXE 工程。
（2）把窗体 Form1 的 Caption 属性值设置为"计算阶梯问题"。
（3）在窗体 Form1 的代码窗口中编写以下事件过程。

```
Private Sub Form_Click()
  Dim jt As Integer
  jt = 7
  Do Until (jt Mod 2 = 1 And jt Mod 3 = 2 And jt Mod 5 = 4 And jt Mod 6 = 5)
    jt = jt + 7
  Loop
  Print Tab(6); "                          爱因斯坦的阶梯问题"
  Print Tab(6); "----------------------------------------------------"
  Print
  Print Tab(12); "阶梯数为："; jt
  Print
  Print Tab(6); "----------------------------------------------------"
End Sub
```

（4）将窗体文件和工程文件分别命名为 Form2-08.frm 和工程 2-08.vbp，保存在 D:\VB\项目 2\任务 8 中。

程序测试

（1）按 F5 键运行程序。

（2）在程序运行期间，单击程序窗口，以查看输出结果。

（3）单击"关闭"按钮关闭程序。

（4）做替换练习。将程序中的 Do 循环语句替换为 Do 循环的其他形式。

形式 1：

```
Do While Not(jt Mod 2 = 1 And jt Mod 3 = 2 And jt Mod 5 = 4 And jt Mod 6 = 5)
    jt = jt + 7
Loop
```

形式 2：

```
jt = 0
Do
    jt = jt + 7
Loop Until (jt Mod 2 = 1 And jt Mod 3 = 2 And jt Mod 5 = 4 And jt Mod 6 = 5)
```

相关知识

除了 For 语句和 While 语句之外，Visual Basic 还提供了 Do 循环语句。

Do 循环语句有以下两种语法格式。

格式一：

```
Do [While|Until <循环条件>]
    [语句块]
    [Exit Do]
    [语句块]
Loop
```

格式二：

```
Do
    [语句块]
    [Exit Do]
    [ 语句块 ]
Loop [While|Until <循环条件>]
```

格式一的执行流程：首先检查循环条件，如果循环条件符合执行循环的要求（选用 While 且循环条件为 True 或选用 Until 且循环条件为 False），则执行语句块；否则（选用 While 且循环条件为 False 或选用 Until 循环条件为 True）退出循环。

格式二的执行流程：首先执行语句块，然后检查循环条件，如果循环条件符合执行循环的要求（选用 While 且循环条件为 True 或选用 Until 且循环条件为 False），则执行语句块；否则（选用 While 且循环条件为 False 或选用 Until 且循环条件为 True）退出循环。

上述两种格式的区别在于：格式一中的语句块有可能一次也不执行，而格式二中的语句块至少要执行一次。

当格式一和格式二中的"While | Until <循环条件>"部分省略时，这个循环将成为一个不能结束的循环，即死循环；如果要结束循环，则需要在循环体中适当的位置添加 Exit Do 语句，以便程序能够在一定条件下结束循环。

任务 9　用冒泡法实现数组排序

任务目标

- 理解定长数组的概念。
- 掌握声明长数组的方法。
- 掌握初始化数组的方法。
- 了解使用 Rnd 函数生成随机数的方法。

任务描述

在本任务中声明一个包含 30 个元素的数组，对每个数组元素赋值并显示每个数组元素的值，然后对数组元素进行排序，要求以升序排序数组元素并并显示每个数组元素的值，程序运行结果如图 2.14 所示。

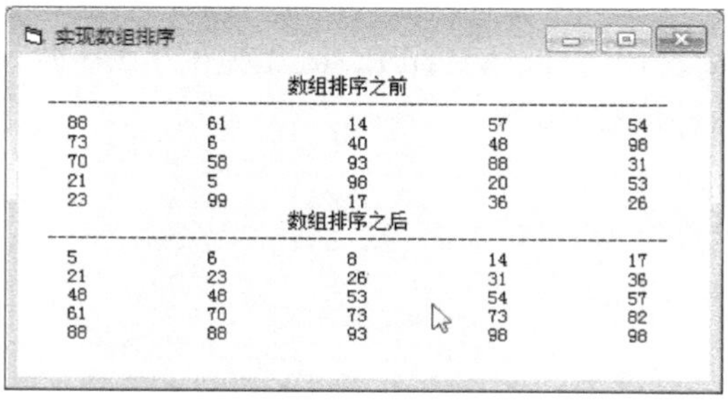

图 2.14　实现数组排序

任务分析

首先声明一个定长数组，下标从 1 到 30，然后可以使用 Rnd 函数生成 0~100 的随机数对数组进行初始化；要对数组元素进行排序，可以使用"冒泡法"来实现，即从 a(1)开始，依次将其与后面的元素进行比较，若 a(1)>a(i)，则交换它们的值，一直比较到 a(n)。同理对 a(2)、a(3)、…、a(29)进行处理，从而完成排序。整个排序过程需要通过双层 For 循环语句来实现。

设计步骤

（1）在 Visual Basic 6.0 中创建一个标准 EXE 工程。
（2）把窗体 Form1 的 Caption 属性设置为"实现数组排序"。
（3）在窗体 Form1 的代码窗口中编写以下事件过程。

```
Option Explicit

Private Sub Form_Click()
```

```
Dim i As Integer, j As Integer, n As Integer, temp As Integer
Dim a(1 To 30) As Integer
Dim min As Integer, max As Integer, avg As Single

Cls
Print
Print Tab(28); "数组排序之前"
Print Tab(4); "-----------------------------------------------------------"

For i = 1 To 30
   Randomize
   a(i) = Rnd * 100
   Print "     " & a(i),
   If i Mod 6 = 0 Then Print    '使每行显示 6 个数值
Next

For i = 1 To 30 - 1
   For j = i + 1 To 30
     If a(i) > a(j) Then
        temp = a(i)
        a(i) = a(j)
        a(j) = temp
     End If
   Next
Next
Print Tab(28); "数组排序之后"
Print Tab(4); "-----------------------------------------------------------"

 For i = 1 To 30
   Print "     " & a(i),
   If i Mod 6 = 0 Then Print    '使每行显示 6 个数值
Next

End Sub
```

（4）将窗体文件和工程文件分别命名为 Form2-09.frm 和工程 2-09.vbp，保存在 D:\VB\项目 2\任务 9 中。

程序测试

（1）按 F5 键运行程序。

（2）单击程序窗口，以查看输出结果。每次单击时可看到不同的结果。

（3）单击"关闭"按钮关闭程序。

相关知识

在 Visual Basic 中，把一组具有同一名称、不同下标（也称为索引号）的变量称为变量数组，简称数组。在计算机中，数组占据一块连续的内存区域，数组名就是这个区域的名称，区域的每个单元都有自己的地址，下标指出每个单元在该区域的位置。在实际应用中，可以使用数组来处理同一类型的成批数据，如学生的成绩数据、商品的销售记录等。

1．定长数组

定长数组是指元素个数保持不变的数组。

在 Visual Basic 中可以用下列语句来声明数组。

使用 Dim 语句在窗体模块、标准模块或过程中声明数组；

使用 Private 语句在窗体模块、标准模块或过程中声明数组；

使用 Static 语句在过程中声明静态数组；

使用 Public 语句在标准模块中声明全局数组。

下面以 Dim 语句为例说明数组声明的语法格式。当使用其他语句声明数组时，其格式也是一样的。

用 Dim 语句声明数组时，应遵循以下语法格式。

```
Dim 数组名([下标下界 To ]下标上界[,下标下界 To 下标上界 ]) [ As 数据类型]
```

Dim 语句必须放在使用数组之前，遵守先声明后使用的原则。

语法格式中的数组名可以是任意合法的变量名。

数据类型可以是 Integer、Long、Single、Double、Currency、String 等基本类型，也可以是 Variant 类型。若省略 As 子句，则定义的数组为 Variant 类型。

用 Dim 语句定义数组时，数值数组中的全部元素初始化为 0，字符串数组中的全部元素初始化为空字符串。

下标下界和下标上界表示该维的最小和最大下标值，通过关键字 To 连接起来，代表下标的取值范围。下标的范围可以是不超过 Long 数据类型的范围（−2147483648～2147483647）。如果省略了"下标下界 To"，则数组默认下界为 0；如果希望下标从 1 开始，则可以通过 Option Base 语句来设置，即 Option Base 1，该语句必须出现在窗体层或模块层的说明部分。

数组有一个下标变量，称为一维数组。有两个或多个下标变量，称为二维数组或多维数组。数组的维数最多可以有 60 维（60 个下标变量）。在声明多维数组时要慎重，数组维数的增加将使内存占用急剧增加，导致内存分配不足而产生溢出错误。

不能使用 Dim 语句对已经声明了的数组进行重新声明。

在同一过程中，数组名不能与其他变量名相同。

在声明数组时，每一维元素的个数必须是常数，不能是变量和表达式。

数组的下界必须小于数组的上界。

例如，可以在过程中或模块的声明段声明以下数组。

```
Dim a(4) As Integer
Dim b(-2 to 2 ) As Long
Dim c(2,2) As Single
```

第一个语句声明了一个数组名为 a、数据类型为 Integer 的数组。该数组有一个下标，包含 5 个元素，分别是 a(0)、a(1)、a(2)、a(3)、a(4)。

第二个语句声明了一个数组名为 b、数据类型为 Long 的数组。该数组有一个下标，也包含 5 个元素，分别是 b(-2)、b(-1)、b(0)、b(1)、b(2)。

第三个语句声明了一个数组名为 c、数据类型为 Single 的数组，它有两个下标，包含 9 个元素，分别是 c(0,0)、c(0,1)、c(0,2)、c(1,0)、c(1,1)、c(1,2)、c(2,0)、c(2,1)、c(2,2)。

通过 LBound 和 UBound 函数可以测试数组的上界值和下界值，语法格式如下。

```
LBound(数组名[,维])
UBound(数组名[,维])
```

这两个函数分别返回一个数组中指定维的上界和下界。其中，数组名是要测试的数组的名称，维是要测试的维度。LBound 函数返回数组某一维的下界值，而 UBound 函数返回数组某一维的上界值，这两个函数一起使用可以确定一个数组的大小。

2．默认数组

一般情况下，声明数组应指明其类型，例如：

```
Static Vari(1 To 100) As Integer      '声明包含 100 个元素的整型数组 Vari
```

但是，在 Visual Basic 中也可以声明默认数组，即数据类型为 Variant 的数组。

```
Static Vari(1 To 100)                 '声明一个默认数组，其类型为 Variant
```

该声明等价于：

```
Static Vari(1 To 100 ) As Variant
```

在大多数程序设计语言中，一个数组各个元素的数据类型要求相同，即一个数组只能存放同一种类型的数据。对于默认数组来说，同一个数组可以存放不同类型的数据，因此，默认数组可以说是一种"混合型数组"。

在下面的示例中声明了一个 Variant 类型的数组，并为其元素指定了不同类型的值。

```
Static Arr(4)
Arr(0) = #2049/10/1#
Arr(1) = "是中华人民共和国"
Arr(2) = 100
Arr(3) = "岁生日"
Arr(4) = True
```

3．数组的初始化

数组初始化就是给数组的各个元素赋初值。对于单个数组元素，可以使用赋值语句对其赋值。若要对数组中的每个元素赋值，则可以使用循环语句。

对于 Variant 类型数组，可使用 Visual Basic 提供的 Array 函数进行初始化，即为数组元素赋值，语法格式如下。

```
数组名 = Array(数组元素值)
```

使用 Array 函数给数组赋初值时，数组变量只能是 Variant 类型。Array 只适用于一维数组，不能对二维或多维数组赋值。数组可以不声明直接使用，也可以只声明数组而不声明类型或声明为 Variant 类型。数组名是预先声明的数组名，其后没有括号。数组元素值是要赋给数组各元素的值，各值之间以逗号分开。若不提供数组元素值，则创建一个长度为 0 的数组。

例如，下面的语句将 3 个数值赋给数组 Members 的各个元素。

```
Static Members
Members = Array(111, 222, 333)
```

在默认情况下，使用 Array 函数创建的数组的下标从 0 开始。如果希望下标从 1 开始，则应使用以下语句。

```
Option Base 1
```

任务 10 用动态数组统计学生成绩

任务目标

- 掌握声明动态数组的方法。
- 掌握为动态数组重新分配存储空间的方法。
- 掌握访问数组元素的方法。

任务描述

对于人数固定的学生成绩可以使用定长数组来存储成绩数据，但定长数组不能用于处理学生人数不定的情况。为了解决这个问题，在本任务中改用动态数组来存储学生成绩，并允许用户通过输入框指定学生人数，据此统计出最高分、最低分和平均分，然后将统计结果显示在程序窗口中，程序运行效果如图 2.15 和图 2.16 所示。

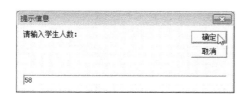

图 2.15 输入学生人数

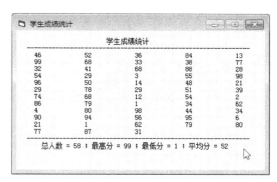

图 2.16 根据输入的学生人数进行成绩统计

任务分析

由于学生人数不定，因此可在程序中先定义一个动态数组，然后让用户通过输入框指定学生人数，以确定数组长度；再在数组中增加 3 个元素，分别存储最高分、最低分和平均分。为了保留原有成绩数组，在重新为数组分配存储空间时必须使用 Preserve 关键字。

 设计步骤

（1）在 Visual Basic 6.0 中创建一个标准 EXE 工程。
（2）把窗体 Form1 的 Caption 属性值设置为"学生成绩统计"。

（3）在窗体 Form1 的代码窗口中编写以下事件过程。

```
Private Sub Form_Click()
    Dim cj() As Integer                     '声明动态数组，用于存放学生成绩数据
    Dim n As Integer, i As Integer
    Dim sum As Single

    n = InputBox("请输入学生人数：", "提示信息")
    '为动态数组变量重新分配存储空间，用于存放 n 个学生成绩
    ReDim cj(n - 1)
    sum = 0
    Cls
    Print
    Print Tab(26); "学生成绩统计"
    Print Tab(4); "----------------------------------------------------------------"
    '用随机函数生成模拟成绩数据并加以显示
    For i = 0 To n - 1
        Randomize                           '初始化随机数生成器
        cj(i) = Rnd() * 100                 '通过随机函数产生 0～100 的成绩
        sum = sum + cj(i)
        Print "     " & cj(i),
        If (i + 1) Mod 5 = 0 Then Print     '使每行显示 5 个数值
    Next
    Print Tab(4); "----------------------------------------------------------------"

    '使用 ReDim 语句为动态数组重新分配存储空间
    '在数组中增加 3 个元素，分别用于存放平均分、最高分和最低分数
    '使用 Preserve 关键字，仍然保留原来的学生成绩数据
    ReDim Preserve cj(n + 2)
    cj(n) = sum / n
    cj(n + 1) = cj(0)
    cj(n + 2) = cj(1)
    For i = 0 To n - 1
        If cj(i) > cj(n + 1) Then cj(n + 1) = cj(i)
        If cj(i) < cj(n + 2) Then cj(n + 2) = cj(i)
    Next
    Print Tab(8); "总人数="; n; "; 最高分="; cj(n + 1); "; 最低分="; cj(n + 2); "; 平均分="; cj(n)
End Sub
```

（4）将窗体文件和工程文件分别命名为 Form2-10.frm 和工程 2-10.vbp，保存在 D:\VB\项目 2\任务 10 中。

程序测试

（1）按 F5 键运行程序。

（2）单击程序窗口，在输入框中输出人数，即可查看学生成绩统计结果。

（3）再次单击程序窗口，在输入框中输入不同的人数，查看改变人数后的成绩统计结果。

（4）单击"关闭"按钮关闭程序。

相关知识

1．动态数组

动态数组是指计算机在执行过程中才为数组开辟存储空间的数组，可以用 ReDim 语句再次分配动态数组占据的存储空间，也可以用 Erase 语句删除它，收回分配的存储空间。动态数组可以用变量作为下标值，在程序运行过程中完成声明，动态数组可以在任何时候改变大小。

创建动态数组通常分为两步：首先在窗体级别、标准模块或过程中，用 Dim 语句（模块级数组）、Public 语句（公用数组）、Private 或 Static（局部数组）声明一个没有下标的数组（括号不能省略）；然后在过程中用 ReDim 语句定义带下标的数组。

ReDim 语句用来声明或重新声明原来用 Private、Public 或 Dim 语句声明过的带空圆括号（没有维数和下标）的动态数组的大小，语法格式如下。

```
ReDim [Preserve] 变量(下标,下标) As 数据类型
```

在过程内可以用 ReDim 语句直接声明数组。对于用 ReDim 声明的数组，如果用 ReDim 重新声明，则只能修改数组中元素的个数，不能修改数组的维数。

用 Private、Public 或 Dim 语句声明过的带空圆括号的动态数组，在一个程序中可以根据需要使用 ReDim 语句修改数组的维数或元素的个数，但不能修改数据的类型。

重新分配动态数组时数组中的内容将被清除，如果在 ReDim 语句中使用了 Preserve 选择项，则会保留数组中的内容。

ReDim 语句只能出现在事件过程或通用过程中，用它定义的数组是一个临时数组，即在执行数组所在的过程时为数组开辟一定的内存空间，当过程结束时，这部分内存即被释放。

2．访问数组的方法

建立一个数组之后，可以对数组或数组元素进行操作。数组的基本操作包括输入、输出及复制，这些操作都是对数组元素进行的。

1）数组的引用

引用数组元素方法是在数组名后面的括号中指定下标。

引用数组时应注意以下几点。

① 引用数组元素时在数组名后的括号内指定下标。

② 在引用数组元素时，数组名、类型和维数必须与声明数组时一致。

③ 如果建立的是二维或多维数组，则在引用时必须给出两个或多个下标。

④ 引用数组元素时，注意下标值要在声明的范围之内。

⑤ 一般可以出现常数或变量的地方都可以引用数组元素。

2）访问数组的常用方法

对数组元素的输入、输出和复制，一般采用以下方法实现。

① 当数组较小或者只需要对数组中的指定元素操作时，可以通过直接引用数组，实现对数组指定元素的操作。

② 对于元素较多的一维数组，通常采用一重循环实现对数组各个元素的遍历。例如，在本项目任务 9 中对数组的赋值和输出都采用了一重循环。

③ 对于元素较多的二维数组，通常采用二重循环实现对数组中各个元素的遍历。本任务中数组的赋值、计算、输出都采用了二重循环。

对于多维数组，通常采用多重循环实现对数组各个元素的遍历。

3．数组的清除

如果想释放动态数组的存储空间或清除定长数组的内容，则可以用 Erase 语句来实现，语法格式如下。

```
Erase 数组名[,数组名]……
```

Erase 语句用来重新初始化定长数组的元素，或者释放动态数组的存储空间。

当把 Erase 语句用于定长数组时，不释放数组的所有空间，只能清除数组的内容。如果这个数组是数值数组，则把数组中的所有元素置为 0；如果是字符串数组，则把数组中的所有元素置为空字符串；如果是 Variant 数组，则将每个元素置为 Empty；如果是对象数组，则将每个元素设为 Nothing。

当将 Erase 语句用于动态数组时，将删除整个数组结构并释放该数组所占用的内存，下一次使用时需要重新用 ReDim 语句定义。

任务 11　用不同方式向过程传递参数

任务目标

- 掌握通用过程的创建和调用方法。
- 掌握事件过程的创建和调用方法。
- 理解通用过程与事件过程的区别。
- 理解参数的两种传递方式的区别。

任务描述

在日常生活中，人们经常玩一种叫做猜宝的游戏，即一个人同时伸出左手和右手并握起来，让另一个人来猜宝贝放在哪只手中。在本任务中使用 Visual Basic 创建一个应用程序，通过两种不同方式向过程传递参数，用于模拟猜宝游戏的过程，当用户单击窗口时将随机地显示宝在左手或右手中，程序运行效果如图 2.17 所示。

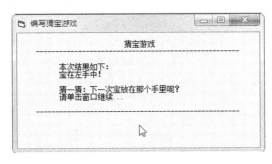

图 2.17　猜宝游戏

任务分析

先将宝贝放在左手，是否通过交换变量的值将宝贝放到右手中可由随机函数决定。交换的过程通过两个自定义的通用过程来实现，这两个过程形式相同，参数相同，只是参数传递方式有所不同：一种方式是按值传递，另一种方式是按地址传递。前者对实参没有影响，后者对实参有影响，结果截然不同。

设计步骤

（1）在 Visual Basic 6.0 中创建一个标准 EXE 工程。

（2）把窗体 Form1 的 Caption 属性设置为"编写猜宝游戏"。

（3）在窗体 Form1 的代码窗口中编写以下两个通用过程。

```
'在过程 ex1 中两个参数将按值传递，该过程调用后实参的值不会被交换
Sub ex1(ByVal a As String, ByVal b As String)
  Dim t As String
  t = a: a = b: b = t
End Sub
'在过程 ex2 中两个参数按地址传递，该过程调用后实参的值将被交换
Sub ex2(ByRef a As String, ByRef b As String)
  Dim t As String
  t = a: a = b: b = t
End Sub
```

（4）在窗体 Form1 的代码窗口中编写该窗体的单击事件过程。

```
Private Sub Form_Click()
  Dim left As String, right As String
  left = "有": right = "无"
  Randomize
  If Rnd > 0.5 Then
    ex1 left, right
  Else
    ex2 left, right
  End If
  Cls
  Print
  Print Tab(6); "                    猜宝游戏"
  Print Tab(6); "----------------------------------------------------"
  Print
  Print Tab(12); "本次结果如下："
  Print Tab(12); "宝在" & IIf(left = "有", "左", "右") & "手中！"
  Print
  Print Tab(12); "猜一猜：下一次宝放在那个手里呢？"
```

```
    Print Tab(12); "请单击窗口继续..."
    Print
    Print Tab(6); "------------------------------------------------"
End Sub
```

（5）将窗体文件和工程文件分别命名为 Form2-11.frm 和工程 2-11.vbp，保存在 D:\VB\项目 2\任务 11 中。

程序测试

（1）按 F5 键运行程序。

（2）单击程序窗口，即可开始游戏。可以试猜一下宝贝在哪只手中，再单击程序窗口，查看是否猜对。宝贝在哪只手中是没有规律的、随机的，但宝贝在左、右手中出现的概率是相等的。

（3）单击"关闭"按钮关闭程序。

相关知识

为了简化程序设计，通常将程序分割成较小的逻辑部件，这些部件称为过程。在 Visual Basic 中，过程分为 Sub 过程和 Function 过程，两者的区别如下：前者没有返回值，后者具有返回值。所有的可执行代码都必须属于某个过程。Sub 过程可以放在标准模块或窗体模块中。不能在过程中嵌套其他过程的定义。Function 过程将在本项目的任务 12 中进行讨论。

1. 事件过程

事件过程分为窗体事件过程和控件事件过程，两者都使用 Private 进行声明。

窗体事件过程：

```
Private Sub Form_事件名 [(参数列表)]
    语句块
End Sub
```

控件事件过程：

```
Private Sub  控件名_事件名 [(参数列表)]
    语句块
End Sub
```

建立事件过程有以下 3 种方法。

（1）双击窗体或控件，以打开代码窗口，并且会出现该窗体或控件的默认过程代码。例如，双击窗体会出现 Form 的 Load 事件过程代码。

（2）单击工程资源管理器窗口中的"查看代码"按钮🔲，然后在"对象"列表框中选择一个对象，在"过程"列表框中选择一个过程。

（3）编写事件过程，在代码窗口中直接编写事件过程。

在事件过程中，过程的范围、名称及参数通常情况下都不能修改。应当使用其默认的范围、名称和参数。

2．通用过程

为了完成某个特定任务，通常会编写一段相对独立的程序。为了方便对这段程序进行维护和使用，这段程序一般可用通用过程进行组织，语法格式如下。

```
[Private|Public][Static] Sub 过程名[(参数列表)]
    [语句块]
    [Exit Sub]
    [语句块]
End Sub
```

如果没有显式指定 Public、Private 关键字，则 Sub 过程默认范围是 Public。Public 声明用于在所有模块中都可以使用的过程。Private 用于声明只能在包含该声明的模块中使用的过程。使用 Static 关键字表示在调用 Sub 过程之间，保留该 Sub 过程内局部变量的值。

语句块是完成特定任务编写的程序，可以没有语句，也可以有多行语句。

Exit Sub 语句使程序在一定条件下从一个 Sub 过程中退出，再从调用该过程语句的下一行继续执行。在 Sub 过程的任意位置上都可以放置 Exit Sub 语句。

过程的名称遵循标识符命名规则。

若要建立通用过程，可打开代码窗口，在"对象"列表框中选择"通用"选项，然后在代码窗口的空白处输入"Sub <过程名>"，按 Enter 键后即可出现 End Sub 语句，在 Sub 和 End Sub 之间编写所需语句即可。

3．参数传递

声明过程时，参数列表应遵循以下语法格式。

```
[Optional] [ByVal|ByRef] [ParamArray] 变量名[()] [As 数据类型]
```

其中，Optional 表示参数是可选的；ByVal 表示该参数按值传递，ByRef 表示该参数按地址传递；ParamArray 表示可以提供任意数目的参数；变量名命名遵守标识符命名规则，"( )"表示变量是一个数组；As 子句用来说明变量的类型。当有多个参数时，参数之间用逗号进行分隔。

下面分别讨论参数的关键字的用法。

（1）ByVal：按值传递参数时，传递的只是变量（称为实参）的副本。如果在过程中改变了参数（称为形参）的值，则变动只影响形参而不会影响实数本身。用 ByVal 关键字指出参数是按值传递的。例如，在本项目的任务 11 中，过程 ex1 的两个参数的传递方式就是按值传递的。

（2）ByRef：按地址传递参数时，传递的是变量的内存地址。过程通过变量的内存地址访问实际变量的内容。将变量传递给过程时，通过过程可永久改变变量的值。按地址传递参数是 Visual Basic 过程参数传递的默认方式。例如，在本项目的任务 11 中，过程 ex2 的两个参数的传递方式就是按地址传递的。

（3）使用可选的参数：在过程的参数列表中加入 Optional 关键字，可以指定过程的参数为可选的。如果指定了可选参数，则参数表中此参数后面的其他参数也必须是可选的，并且要用 Optional 关键字来声明。

例如：

```
Sub OpDemo(a As Integer,Optional b As Integer)        '第二个参数是可选参数
```

```
    Print a, b
End Sub
Private Sub Form_Click()
    OpDemo 10, 20                              '传递两个参数
    OpDemo 10                                  '传递一个参数，省略可选参数
End Sub
```

运行结果如下。

```
10                    20
10                    0
```

声明 Visual Basic 过程时，可以为其可选参数指定一个默认值；调用过程时，如果未向可选参数传递值，则该参数将具有指定的默认值。

例如：

```
Sub OpDemo(a As Integer,Optional b As Integer = 1)  '第二个参数是可选参数
    Print a, b                                 '可选参数的默认值为 1
End Sub
Private Sub Form_Click()
    OpDemo 10, 20                              '传递两个参数
    OpDemo 10                                  '传递一个参数，省略可选参数
End Sub
```

运行结果如下。

```
10                    20
10                    1
```

（4）使用不定数目的参数：一般说来，过程调用中的参数个数应等于过程说明的参数个数。用 ParamArray 关键字指明过程将接收任意个数的参数。ParamArray 关键字只能用于参数列表中最后一个参数，并且不能与 ByVal、ByRef、Optional 关键字一起使用。

在下面的示例中，通过过程 PaDemo 包含不定数目的参数，在窗体单击事件处理过程中调用 PaDemo 时传递了 5 个参数。

```
Sub PaDemo(ParamArray a())            '数组 a 是一维数组，数据类型是 Variant
    Dim i As Integer
    For i = LBound(a) to UBound(a)
        Print a(i);                        '用循环语句输出传递来的参数
    Next i
End Sub
Private Sub Form_Click()
    PaDemo 1, 2, 3, 4, 5           '传递了 5 个参数，当然，也可以传递 10 个或 20 个参数
End Sub
```

运行结果如下。

```
1 2 3 4 5
```

4．Sub 过程的调用

要执行一个过程，就必须调用过程。在 Visual Basic 中，事件过程一般由操作系统调用，

如鼠标事件、键盘事件及窗体事件等。通用过程则由事件过程或其他通用过程调用，通用过程最终由事件过程调用执行。

在 Visual Basic 中，调用 Sub 过程有以下两种方式。

（1）用 Call 语句调用过程，语法格式如下。

Call 过程名 [(实际参数)]

用 Call 语句调用一个过程时，如果过程本身没有参数，则实际参数和括号可以省略；否则应给出相应的实际参数，并把参数放在括号中。

（2）把过程名作为一个语句使用，语法格式如下。

过程名 [实际参数]

与第一种过程调用方式相比，这里省略了关键字 Call，实际参数也不能放在括号中。

任务 12　用自定义函数实现金额大写转换

任务目标

- 掌握常用 Visual Basic 内部函数的使用方法。
- 掌握使用 Function 语句创建用户自定义函数的方法。

任务描述

在商场购物后，商家都会开出一张发票。如果仔细查看，就会发现发票上的金额有大小写两种写法，即阿拉伯数字和中文大写形式。在本任务中创建一个应用程序，用于实现金额大写的转换，可以在输入框中输入小写形式的金额，单击"确定"按钮即可得到相应的中文大写形式，程序运行结果如图 2.18 和图 2.19 所示。

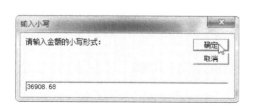

图 2.18　输入金额小写形式

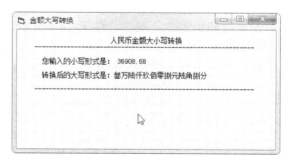

图 2.19　实现金额大写转换

任务分析

金额大写转换可以按照这样的流程理解：把一个定点小数扩大 100 倍并去掉小数以转换为整数，然后转换为字符串，再依次从该字符串中取出每一位数字字符，对照转换为大写中文数字并依次插入计数单位。

设计步骤

（1）在 Visual Basic 6.0 中创建一个标准 EXE 工程。

（2）把窗体 Form1 的 Caption 属性设置为"金额大写转换"。

（3）在窗体 Form1 的代码窗口中编写两个 Function 过程，代码如下。

```vb
'''''''''''''''''''''''''''''''''''''
'函数名称：N2C
'功能：将单个数字字符 n 转换为相应的中文字符
'''''''''''''''''''''''''''''''''''''
Public Function N2C(n As String) As String
   Const CHN As String = "零壹贰叁肆伍陆柒捌玖"
   '从常量 CHN 中取出相应的汉字并设置为函数的返回值
   N2C = Mid(CHN, n + 1, 1)
End Function
'''''''''''''''''''''''''''''''''''''
'函数名称：NumToChinese
'功能：将小写形式的金额转换为中文大写形式
'''''''''''''''''''''''''''''''''''''
Public Function NumToChinese(Money As Double) As String
   Const EX As String = "仟佰拾亿仟佰拾万仟佰拾元角分"
   'numStr 用于保存数字转换为字符类型的金额
   Dim numStr As String
   'EXtmp 用于保存和 numStr 等长的 EX
   Dim EXtmp As String
   'retStr 用于保存合并后的结果
   Dim retStr  As String
   Dim n As Integer, i As Integer
   Money = Money * 100                      '将定点小数扩大 100 倍
   numStr = LTrim(Str(Int(Money)))
   n = Len(numStr)
   EXtmp = Right(EX, n)
   retStr = ""
   '逐位合并，将小写数字转换为中文大写数字并插入计数单位
   For i = 1 To n
      retStr = retStr + N2C(Val(Mid(numStr, i, 1))) + Mid(EXtmp, i, 1)
   Next i

   '对转换结果中的"零"进行处理
   retStr = Replace(retStr, "零分", "")
   retStr = Replace(retStr, "零角", "")
   retStr = Replace(retStr, "零元", "元")
   retStr = Replace(retStr, "零拾", "零")
   retStr = Replace(retStr, "零佰", "零")
```

```
retStr = Replace(retStr, "零仟", "零")
retStr = Replace(retStr, "零万", "万")
retStr = Replace(retStr, "零亿", "亿")
retStr = Replace(retStr, "零零拾", "")
retStr = Replace(retStr, "零零零万", "")
retStr = Replace(retStr, "零零零", "零")
retStr = Replace(retStr, "零零", "零")
retStr = Replace(retStr, "零元", "元")

'设置函数的返回值
NumToChinese = retStr + IIf(Right(retStr, 1) = "元", "整", "")
End Function
```

（4）在窗体 Form1 的代码窗口中编写窗体的单击事件处理过程，代码如下。

```
Private Sub Form_Click()
  Dim n As Double
  Dim s As String
  Dim result As String

  '输入金额的小写形式并转换为双精度型数字
  s = InputBox("请输入金额的小写形式：", "输入小写")
  n = CDbl(s)
  result = NumToChinese(n)          '调用 NumToChinese 函数实现金额大写的转换
  '清除屏幕并输出转换结果
  Cls
  Print
  Print Tab(6); "                  人民币金额大小写转换"
  Print Tab(6); "--------------------------------------------------------------"
  Print
  Print Tab(8); "您输入的小写形式是："; n
  Print
  Print Tab(8); "转换后的大写形式是："; result
  Print
  Print Tab(6); "--------------------------------------------------------------"
End Sub
```

（5）将窗体文件和工程文件分别命名为 Form2-12.frm 和工程 2-12.vbp，保存在 D:\VB\项目 2\任务 12 中。

程序测试

（1）按 F5 键运行程序。

（2）单击程序窗口，输入金额的小写形式，单击"确定"按钮后即可看到转换后大写形式的金额。

（3）单击"关闭"按钮关闭程序。

相关知识

1．常用内部函数

在程序中经常需要一些特定的运算或操作。Visual Basic 把这些运算或操作进行了封装，以函数形式提供给用户，称为内部函数。编程时可以直接使用这些函数，用以简化程序设计。Visual Basic 内部函数可分为数学函数、字符串函数、日期时间函数和转换函数。

1）数学函数

数学函数用于处理各种数学运算。常用的数学函数如表 2.7 所示。

三角函数的自变量 x 是一个数值表达式。其中，Sin、Cos 和 Tan 的自变量是以弧度为单位的角度；Atn 函数的自变量是正切值，它返回正切值为 x 的角度（以弧度为单位）。一般情况下，自变量以角度给出，可以用下面的公式转换为弧度。

```
1 度 = 3.1415926/180 弧度
```

表 2.7　常用数学函数

函　数	功　能	返回类型	示　例
Abs(x)	绝对值	与参数 x 相同	Abs(-3.6)=3.6
Asc(x)	字符串首字符的 ASCII 码	Integer	Asc("A")=65
Atn(x)	反正切函数	Double	4*Atn(1)=3.1415926
Cos(x)	余弦函数（x 是弧度）	Double	Cos(60*3.1415926/180)=0.5
Exp(x)	求以 e 为底的指数，即 e^x	Double	Exp(1)=2.71828
Fix(x)	去掉一个浮点数的小数部分	Double	Fix(123.432)=123
Int(x)	取不大于 x 的最大整数	Double	Int(5.2)=5，Int(-5.2)=-6
Log(x)	求以 e 为底的对数	Double	Log(2.71828)=1
Rnd(x)	产生随机数	Single	Rnd 产生 0~1 的随机数
Sin(x)	正弦函数（x 是弧度）	Double	Sin(30*3.1415926/180)=0.5
Sqr(x)	平方根	Double	Sqr(25)=5
Tan(x)	正切函数（x 是弧度）	Double	Tan(45*3.1415926/180)=1

在使用随机函数 Rnd 时，为了产生不同的随机数序列，可以在使用随机函数之前加一条随机数生成器初始化语句 Randomize，语法格式如下。

```
Randomize [数值]
```

为了生成某个范围内的随机整数，可以使用以下表达式。

```
Int((上限 - 下限 + 1) * Rnd() + 下限)
```

例如，在生成 1~100 内的随机整数时，可以使用以下表达式。

```
Int((100 - 1 + 1) * Rnd() + 1)
```

也就是：

```
Int(100 * Rnd() + 1)
```

这里给出一个使用常用数学函数的例子。数学表达式 $\sin45°+\cos45°+\log_2 4$ 可以写为以下 Visual Basic 表达式。

```
sin(45*(3.1415926/180))+cos(45*(3.1415926/180))+log(4)/log(2)
```

2）字符串函数

Visual Basic 提供了大量的字符串函数，这些函数具有强大的字符串处理能力。表 2.8 列出了部分常用字符串函数。

表 2.8　常用字符串函数

函　数	功　能	返回类型	示　例
LCase(s)	把大写字母转换为小写字母	String	LCase("AbC")="abc"
Left(s , n)	取左字符串函数	String	Left("abcdef",3) = "abc"
Len(x)	取字符长度函数	Integer 或 Variant	Len("abcdef") = 6
Ltrim(x)	去掉字符串左边的空格	String	Ltrim(" A ")="A "
Mid(s , m, n)	取中段字符串函数	String	Mid("abcdef",3,2) = "cd"
Right(s , n)	取右字符串函数	String	Right("abcdef",3) = "def"
Rtrim(s)	去掉字符串右边的空格	String	Rtrim(" A ")=" A"
Replace(s, s1, s2)	用一个子串替换另一个子串	String	Replace("This", "is", "at")="That"
Space(n)	空格重复函数	String	Space(3) =" "（包含 3 个空格）
String(n, ch)	字符重复函数	String	String(3, "*")="***"
StrReverse(s)	字符串反转函数	String	StrReverse("abc")="cba"
Trim(s)	去除前导和尾随空格	String	Trim(" abc ")="abc"
UCase(s)	把小写字母转换为大写字母	String	UCase("abC")="ABC"

3）日期和时间函数

日期和时间函数用于在程序中显示日期和时间。表 2.9 列出了常用日期和时间函数。

表 2.9　常用日期和时间函数

函　数	功　能	返回类型
Now()	返回系统日期和时间（yy-mm-dd hh:mm:nn）	Date
Day(date)	返回一个月中的第几天（1~31）	Integer
Date()	返回当前日期（yy-mm-dd）	Date
DateAdd(n1, n2, d)	在一个日期加上一段时间间隔后返回一个新日期	Date
DateDiff(n, d1, d2)	返回一个数值，表示两个指定日期间后时间间隔数目	Long
Weekday(d, f)	返回是星期几（1~7）	Integer
Month(date)	返回一年中的某月（1~12）	Integer
Year(date)	返回年份（yyyy）	Integer
Hour(time)	返回小时（0~23）	Integer
Minute(time)	返回分钟（0~59）	Integer
Second(time)	返回秒（0~59）	Integer
Timer()	返回从午夜算起已过的秒数	Integer
Time()	返回当前时间（hh:mm:nn）	Date

4）格式输出函数

格式输出函数用于将数值、日期或字符串表达式按指定的格式输出，语法格式如下。

`Format(表达式 [,格式字符串])`

其中，表达式是要格式化的数值、日期或字符串表达式；格式字符串表示按指定的格式输出表达式的值。格式字符串有 3 类：数值格式、日期格式和字符串格式。格式字符串要放在引号内。数值表达式格式化常用格式字符如表 2.10 所示。

表 2.10 数值表达式格式化常用格式字符

格式字符	功　能
0	实际数字小于符号位数，数字前后加 0
#	实际数字小于符号位数，数字前后不加 0
.	加小数点
,	千分位
%	数值乘以 100，加百分号
$	在数字前加$
+	在数字前加+
−	在数字前加−
E+	用指数表示
E−	用指数表示

日期时间表达式格式化常用格式字符如表 2.11 所示。

表 2.11 日期时间表达式格式常用格式字符

格式字符	功　能
d	显示日期（1~31），个位前不加 0
dd	显示日期（1~31），个位前加 0
.y	显示一年中的某天（1~366）
yy	两位数字显示年份（00~99）
yyyy	4 位数显示年份（0100~9999）
h	显示小时（0~23），个位前不加 0
hh	显示小时（0~23），个位前加 0
m	显示月份（1~12），个位前不加 0。在 h 后显示分（0~59），个位前不加 0
mm	显示月份（1~12），个位前加 0。在 h 后显示分（0~59），个位前加 0
s	显示秒（0~59），个位前不加 0
ss	显示秒（0~59），个位前加 0

下面给出一个应用 Format 函数的例子。

```
Dim a As Double
a=1234.567
Print Format(a,"00000.0000"),Format(a,"##,###.####")
Print Format(a,"#####.##%"),Format(a,"$#####.##")
Print Format(a,"+#####.##"),Format(a,"0.0000E+00")
Print Format(d, "yyyy年mm月dd日 hh点mm分ss秒")
```

运行结果如下。

```
01234.5670       1,234.567
123456.7%            $1234.567
+1234.567            1.2346E+03
2008 年 03 月 16 日 16 点 45 分 36 秒
```

5）数据类型转换函数

在 Visual Basic 中，一些数据类型可以自动转换，但是多数类型不能自动转换，需要用类

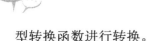

型转换函数进行转换。

常用数据类型转换函数如表 2.12 所示。

表 2.12　常用数据类型转换函数

函　数	返回类型	参数范围
CBool(x)	Boolean	任何有效的字符串或数值表达式
CByte(x)	Byte	0~255
CCur(x)	Currency	−922337203685477.5808～922337203685477.5807
CDate(x)	Date	任何有效的日期表达式
CDbl(x)	Double	负数为−1.79769313486232E308～−4.94065645841247E-324； 正数为 4.94065645841247E-324～1.79769313486232E308
CInt(x)	Integer	−32768～32767，小数部分四舍五入
CLng(x)	Long	−2147483648～2147483647，小数部分四舍五入
CSng(x)	Single	负数为−3.402823E38～−1.401298E-45；正数为 1.401298E-45～3.402823E38
CStr(x)	String	依据参数的情况返回字符串
CVar(x)	Variant	若为数值，则范围与 Double 相同；若不为数值，则范围与 String 相同

数据类型转换函数的自变量 x 可以是字符串表达式或者数值表达式，传递给转换函数的表达式不能超过目标数据类型的范围，否则将发生错误。

2．自定义函数

在 Visual Basic 中，可用 Function 语句创建用户自定义函数，语法格式如下。

```
[Private|Public][Static]Function <函数名> ([参数列表]) [As 数据类型]

    [语句块]
    [函数名=表达式]

    [Exit Function]
    [语句块]
    [函数名=表达式]

End Function
```

Public 用于声明在所有模块中可以使用的 Function 过程；Private 用于声明只能在包含该声明的模块中使用的过程；Static 关键字表示在调用 Function 过程之间，保留 Function 过程内局部变量的值。如果未显式指定 Public、Private 关键字，则 Function 过程默认是 Public。

函数名遵守 Visual Basic 标识符命名规则。

若要提前退出 Function 过程，则可在 Function 过程内的适当位置加入 Exit Function 语句。

Function 过程具有返回值。As 子句用于声明函数的返回值的数据类型，数据类型可以是 Integer、Long、Single、Double、Currency、Boolean 或 String。如果省略 As 子句，则返回值的类型为 Variant。若要从 Function 过程返回一个值，则可将这个值赋给函数名。这个赋值语句可以出现在过程的任意位置。如果省略了"函数名=表达式"，则该过程返回一个默认值：数值函数过程返回 0 值；字符串函数过程返回空字符串。通常可在过程中为函数名赋值。

声明 Function 过程时，参数列表的用法和声明 Sub 过程时的用法相同。

Function 过程的调用方法和内部函数调用方法相同，语法格式如下。

函数名([参数列表])

在语句中可以把函数名作为表达式或表达式的一部分直接使用，也可以使用调用 Sub 过程的语法格式（在函数名后面不加圆括号）来调用 Function 过程，此时将丢弃 Function 过程的返回值。

任务 13 调试 VB 程序

任务目标

- 了解程序中出现的错误类型。
- 掌握在程序中处理错误的方法。
- 掌握 On Error 语句的使用方法。
- 了解 Err 对象的常用属性。

任务描述

在本任务中创建一个应用程序，编写一个用户自定义函数，用于计算整数的阶乘。在程序运行时，用户可以从键盘上输入一个整数，由程序自动计算该整数的阶乘并显示计算结果，如图 2.20 和图 2.21 所示。

图 2.20　输入整数

图 2.21　对输入的整数计算阶乘

在程序运行时，如果输入的整数不是太大，则程序可以正常运行。如果输入的整数太大，或者输入了非数字内容，则程序将会出现实时错误，并导致应用程序中断。在本任务中，要求为应用程序添加错误捕获功能，以避免应用程序崩溃，保证应用程序能够正常运行。

任务分析

在程序设计过程中，程序难免出现错误，程序纠错和调试也是程序设计的一部分。对于不同类型的错误，可使用不同的方法进行查找和处理。利用 Visual Basic 6.0 提供的查错语句和调试方法，很容易发现程序中存在的错误。

设计步骤

（1）在 Visual Basic 6.0 中创建一个标准 EXE 工程。

（2）把窗体 Form1 的 Caption 的属性值设置为"查找程序中的错误"。

（3）在 Form1 的代码窗口中创建一个用户自定义函数 Factorial，用于计算整数的阶乘，代码如下。

```
Function Factorial(n As Long)
  Dim i As Long, f As Double
  f = 1
  If n = 0 Or n = 1 Then
    Factorial = 1
    Exit Function
  Else
    For i = 1 To n
      f = f * i
    Next
    Factorial = f
  End If
End Function
```

（4）在 Form1 的代码窗口中创建窗体的单击事件处理过程，代码如下。

```
Private Sub Form_Click()
  Dim n As Long, f As Double
  n = CLng(InputBox("请输入一个整数：", "输入整数"))
  Cls
  Print
  Print "                           计算阶乘"
  Print Tab(6); String(54, "-")
  Print
  Print Tab(10); "您输入的整数是："; n
  Print
  Print Tab(10); "这个整数的阶乘是："; Factorial(n)
  Print
  Print Tab(6); String(54, "-")
End Sub
```

（5）将窗体文件和工程文件分别命名为 Form2-13.frm 和工程 2-13.vbp，保存在 D:\VB\项目 2\任务 13 中。

程序测试

（1）按 F5 键运行程序。

（2）单击程序窗口，在输入框中输入一个比较大的整数（如"123456789"），然后单击

"确定"按钮，此时程序将弹出一个实时错误，错误编号为 6，表示数字"溢出"，如图 2.22 所示。

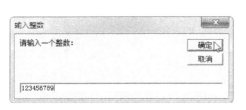

（a）输入整数

（b）实时错误

图 2.22 输入的整数太大时弹出的实时错误

（3）单击"调试"按钮，可以在代码窗口中找到出现错误的语句，说明变量 f 的值已经超出了 Long 类型的取值范围，如图 2.23 所示。

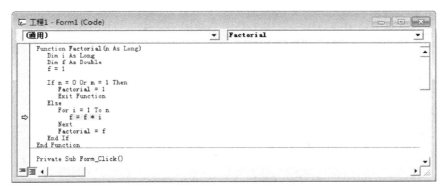

图 2.23 定位到包含问题的语句行

（4）结束程序运行，再次运行程序；在输入框中输入非数字内容（如"整数"），单击"确定"按钮，此时程序弹出另一个实时错误，错误编号为 13，表示"数据类型不匹配"，如图 2.24 所示。

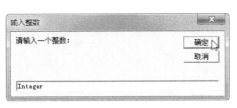

（a）输入整数

（b）实时错误

图 2.24 输入非整数内容时出现的实时错误

（5）单击"调试"按钮，此时黄色箭头将指向程序中另一个包含错误的语句，说明输入的数据不能转换为长整型，如图 2.25 所示。

（6）在代码窗口中对窗体的单击事件处理过程进行修改，添加错误捕获功能，代码如下。

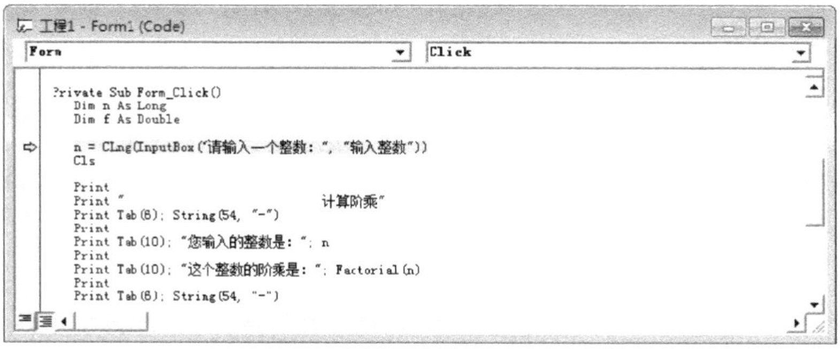

图 2.25　定位到另一处包含问题的语句

```
Private Sub Form_Click()
    On Error GoTo ErrorHandler                '启用错误捕捉功能
    Dim n As Long
    Dim f As Double

    n = CLng(InputBox("请输入一个整数：", "输入整数"))
    Cls
    Print
    Print "                            计算阶乘"
    Print Tab(6); String(54, "-")
    Print
    Print Tab(10); "您输入的整数是："; n
    Print
    Print Tab(10); "这个整数的阶乘是："; Factorial(n)
    Print
    Print Tab(6); String(54, "-")
    Exit Sub                                  '计算并显示阶乘结果后程序结束

ErrorHandler:                                 '错误处理代码由此开始
    Cls
    Print
    Print Tab(6); String(54, "-")
    Print
    Print Tab(10); "程序出现运行时错误"
    Print
    Print Tab(10); "错误编号："; Err.Number
    Print
    Print Tab(10); "错误描述："; Err.Description
    Print
    Print Tab(6); String(54, "-")

End Sub
```

（7）按 F5 键运行程序；单击窗体，在输入框中输入一个比较大的整数（如"99999

9999"）；当单击"确定"按钮后，可以看到程序不再被中止，而是在窗体上显示错误编号和错误描述信息，如图 2.26 所示。

（a）输入比较大的整数

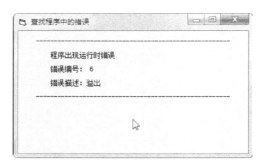
（b）出现"溢出"错误

图 2.26　捕获到"溢出"实时错误

（8）再次单击窗体，在输入框中输入非数字内容（如"Number"）；当单击"确定"按钮后，可以看到程序不再被中止，而是在窗体上显示另一个实时错误信息，如图 2.27 所示。

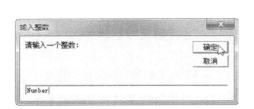
（a）输入非数字内容

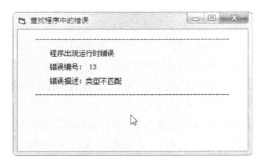
（b）出现"类型不匹配"错误

图 2.27　捕获到"类型不匹配"实时错误

相关知识

1. 错误类型

Visual Basic 程序中的错误可分为编译错误、实时错误和逻辑错误 3 种类型。

编译错误也称为语法错误，这种错误是由于程序中的语句违反了 Visual Basic 的语法规则而引起的。例如，拼错了关键字、遗漏了必需的标点符号、语句格式不正确、有 For 而无 Next 语句、有 If 而无对应的 End If 或者括号不匹配等。对于这类错误，在程序输入或编译时，Visual Basic 编译器能自动检查出来，弹出相应的编译错误提示对话框，指出出错位置（高亮显示），按照提示信息即可纠正相应错误。

实时错误也称为运行时错误，是指代码正在运行时发生的错误。当一个语句要进行非法操作时会发生实时错误，并导致应用程序中断。这一类错误在设计阶段较难发现，通常在程序运行时发现，一般是由于在设计程序时考虑不全面、不周到而引起的。

例如，考虑下面的赋值语句。

$$z = y / x$$

通常情况下这个语句执行得很好，但当 x 的值为 0 时，虽然这条语句的语法没有错误，但程序却无法运行，因为发生了"除数为零"的运行错误，如图 2.28 所示。

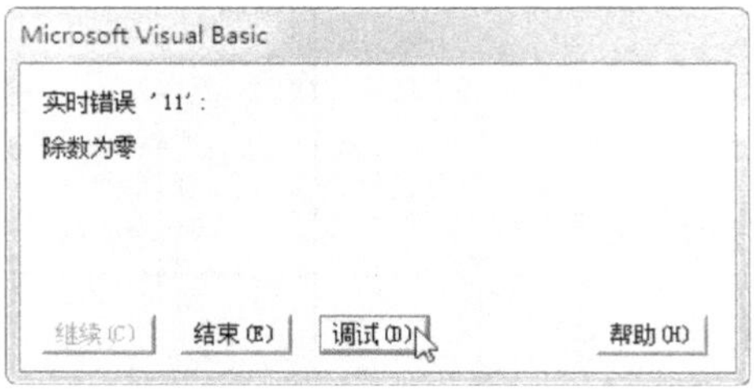

图 2.28　除数为零错误

逻辑错误是最难处理的一种错误。程序可以正常执行，但得不到所希望的结果。这不是程序语句的错误，而是由于程序设计时本身存在的逻辑缺陷导致的。例如，使用了不正确的变量类型、语句的次序不对、循环中起始值和终止值不正确、表达式书写不正确等。大多数逻辑错误不容易找出错误的原因，Visual Basic 系统也不能发现这类错误。因此，逻辑错误一般要借助调试工具对程序进行分析、查找错误。

2. 错误处理

对于 Visual Basic 程序中潜在的错误可以采用两种方法进行解决：对于已发现的错误，可以利用调试工具对程序的运行进行跟踪，找出并改正引起错误的语句；对于不可避免的错误或者还没有发现的错误，可以设置错误捕获语句，对错误进行捕获和处理。

1）使用调试工具

Visual Basic 的常用调试工具如图 2.29 所示，该工具提供了设置断点、单步执行、显示变量内容等功能。这些调试功能有助于程序中错误的查找，尤其是对逻辑错误的分析。

图 2.29　调试工具

2）使用错误捕捉

在 Visual Basic 中，使用 On Error 语句激活错误捕捉，并将错误处理程序指定为从行号位置开始的程序段，语法格式如下。

```
On Error Goto [行号]
```

以下给出常用的错误处理程序的结构。

```
Sub ErrorDemo()
   [没有错误的语句块]
   On Error Goto  ErrorHandler        '启用错误捕捉功能
   [可能会有错误的语句块]
   Exit Sub


ErrorHandler:                         '错误处理由此开始
   [错误处理语句]
End Sub
```

错误信息一般使用 Err 对象获得。Err 对象最常用的属性是 Number 属性和 Description 属性。Number 属性存储当前错误的编号，Description 属性存储当前错误的描述。

Visual Basic 的程序调试技术和错误处理技术是相当完善的，上面只是简单地介绍了程序调试和错误处理的初步知识，目的是了解调试程序的基本方法，养成良好的编程习惯，为以后的学习和工作打下良好的基础。

项目小结

本项目通过 13 个任务详细介绍了 Visual Basic 编程语言的基本内容，主要包括数据类型、变量、常量、运算符与表达式、各种基本语句、选择语句、循环语句、数组、过程、参数传递及程序的调试和错误处理等。这些内容是使用 Visual Basic 进行可视化编程时必须掌握的内容，实施本项目时应当在完成各个任务的基础上理解并熟练应用相应的知识点。

项目思考

一、选择题

1．在一个语句行内编写多条语句时，每个语句之间应该使用的分隔符是（　　　）。

　　A．逗号　　　　　　B．分号　　　　　　C．顿号　　　　　　D．冒号

2．下列各运算中，优先级最高的是（　　　）。

　　A．关系运算　　　　B．算术运算　　　　C．逻辑运算　　　　D．级别相同

3．Visual Basic 的 If 语句格式如下，下列各种说法中正确的是（　　　）。

`If 逻辑表达式 Then 语句1 Else 语句2`

　　A．语句 1 和语句 2 可能全被执行

　　B．语句 1 和语句 2 可能全不执行

　　C．语句 1 和语句 2 有且只有一条被执行

　　D．语句 1 和语句 2 全被执行或全不被执行

4．由 For j=1 To 100 Step 3 语句开头的循环，循环体被执行的次数为（　　　）。

　　A．100　　　　　　B．50　　　　　　　C．33　　　　　　　D．34

5．用下面的语句声明的数组元素的个数是（　　　）。

`Dim a(4 to 6,-3 to 3) As Integer`

　　A．24　　　　　　 B．36　　　　　　　C．21　　　　　　　D．18

6．设 a="12345678"，则表达式 left(a,4) + mid(a,4,2)的值是（　　　）。

A．"123456"　　　　B．"123445"　　　　C．"56"　　　　　　D．"78"

二、填空题

1．在 Visual Basic 中，字符串常量要用_____括起来，日期和时间型常量要用_____括起来。

2．Visual Basic 变量名的命名规则：变量名必须以_____开头，长度不能超过_____字符，变量名中不能包含_____，在同一范围内必须是唯一的。

3．设 a=1，b=2，c=3，d=4，表达式 Not a< = c Or 4 * c <= b ^ 2 And b <> a + c 的值

是_____。

4．表达式(8-(6 * 5 - 28)/ 2)^ 2 的值是_____。

5．设分房的条件如下：婚姻状况（marriage）为已婚，年龄（age）在 26 岁以上，工作年限（workingage）在 5 年以上，则可用布尔表达式_____来表示。

6．将下列程序放在窗体的 Click 事件中，在程序运行期间单击窗口，则程序的运行结果是_____。

```
Dim x As Integer
Dim y As Single
x = 4
If x ^ 2 = 16 Then y = x
If x ^ 2 < 15 Then y = 1/x
If x ^ 2 > 15 Then y = x ^ 2 + 1
Print y
```

7．将下列程序放在窗体的 Click 事件中，在程序运行期间单击窗口，则程序的运行结果是_____。

```
Dim k As Integer
Dim Sum As Integer
For k = 6 To 10
  Sum = Sum + k
Next k
Print Sum
```

8．将下列程序放在窗体的 Click 事件中，在程序运行期间单击窗口，则程序的运行结果是_____。

```
Dim i As Integer
Dim a As Integer
i = 0
While i < 10
  i = i + 1
  i = i * i + i
  a = a + i
Wend
Print a
```

9．将下列程序放在窗体的 Click 事件中，在程序运行期间单击窗口，则程序的运行结果是_____。

```
Dim i As Integer
i = 8
Do Until i>10
  i=i+2
  Print i;
Loop
```

10．将下列程序放在窗体的 Click 事件中，在程序运行期间单击窗口，则程序的运行结果是_____。

```
a(0) = 1
```

```
For i = 1 to 5
  a(i) = a(i-1) + i
  Print a(i);
Next i
```

11. 将下列程序放在窗体的 Click 事件中，在程序运行期间单击窗口，则程序的运行结果是_____。

```
Dim i As Integer , n As Integer
Private Sub Form_Click()
  Dim i As Integer
  For i = 1 To 3
    S=Sum(i)
    Print  "s=" ; s
  Next i
End Sub
Private Function Sum( n As Integer)
  Static j As Integer
  j = j + n + 1
  Sum = j
End Function
```

三、简答题

1. Visual Basic 有哪些基本数据类型？
2. Visual Basic 的表达式分为几类？
3. Visual Basic 的 Print 方法如何使用？
4. Visual Basic 的分支语句有几种，它们如何使用？
5. Visual Basic 的循环语句有几种，它们如何使用？
6. Visual Basic 的定长数组如何使用？
7. Visual Basic 的动态数组和定长数组有何不同？
8. Visual Basic 过程的参数有哪两种传递方式？

项目实训

1. 用 Visual Basic 编写一个程序，使用 Print 语句分别显示 Byte、Integer、Single、String、Date、Boolean 数据类型的数值，并显示数据类型的名称。

2. 用 Visual Basic 编写一个程序，分别为每个基本数据类型声明一个变量，给变量赋一个恰当的值，使用 Print 语句输出变量的值。

3. 用 Visual Basic 编写一个计算梯形面积的程序。

4. 使用 Visual Basic 描述下列命题：a 小于 b 或小于 c；a 或 b 都大于 c；a 和 b 中有一个小于 c；a 不能被 b 整除。

5. 用 Visual Basic 编写一个程序，求一个数的绝对值。

6. 用 Visual Basic 编写一个程序，接收用户输入的 1~12 的整数，并返回相应的月份（"1" 对应 "一月"，"2" 对应 "二月"，以此类推）。

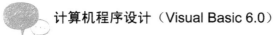
提示

可使用 Select Case 语句实现。

7．用 Visual Basic 编写一个程序，输出 3～100 的奇数及奇数之和。

8．用 Visual Basic 编写一个程序，输出 100～200 中不能被 3 整除的数。

9．用 Visual Basic 编写一个程序，解决搬砖问题：36 块砖，36 人搬，男士搬 4 块，女士搬 3 块，2 个小孩搬 1 块，要求一次全部搬完，问需男、女、小孩各多少人？

10．有一个数组，内放 10 个整数，要求找出最小的整数及其下标，然后把它和数组中最前面的元素对换。

11．有 17 个人围成一圈（编号为 0～16），第 0 号的人开始从 1 报数，凡报到 3 的倍数的人离开圈子，再继续报数，直到最后只剩下一个人为止。问此人原来的位置号是多少号？

12．用 Visual Basic 编写一个 Sub 过程，重复打印给定的字符 n 次。

13．用 Visual Basic 编写一个 Function 过程，计算银行定期存款到期时本金、利息之和（计算公式：本金、利息之和=本金+本金*年利率*存入年限）。

设计应用程序窗体

用 Visual Basic 创建一个应用程序，首先要创建界面，它是用户与应用程序进行交互操作的可视部分。窗体和控件是创建界面的基本构造模块，也是创建应用程序所使用的对象。窗体对象是 Visual Basic 应用程序的基本构造模块，是应用程序运行时与用户交互操作的实际窗口。窗体有自己的属性、事件和方法，可用于控制窗体的外观和行为。窗体又是其他对象的载体或容器，几乎所有控件都可以添加在窗体上。在本项目中，将通过 7 个任务系统地了解窗体的基本属性、常用事件和方法。

任务1　制作阴影字效果

任务目标

- 理解窗体的常用属性。
- 掌握窗体的常用方法。
- 掌握窗体的 Load 事件和 Click 事件。

任务描述

在本任务中创建一个应用程序，在程序执行时窗体背景色被设置为白色，字体设置为"华文行楷"，字体大小设置为 32。每单击一次窗体，将在窗体指定位置上以阴影字效果显示文字信息"中国梦，我的梦"，如图 3.1 所示。

任务分析

在 Visual Basic 中，通过执行 Print 方法可在窗体上显示文字信息，文字的颜色可用窗体的 ForeColor 属性来设置，对文字显示位置的控制可以通过窗体的 CurrentX 和 CurrentY 属性来实现。将多种不同颜色的文字叠加起来，即可形成阴影字效果。

图 3.1　阴影字效果

 **设计步骤**

（1）在 Visual Basic 集成开发环境中新建一个标准 EXE 工程。

（2）将窗体 Form1 调整到适当大小。

（3）将窗体 Form1 的 Caption 属性设置为"制作阴影字效果"。

（4）在窗体 Form1 的代码窗口中编写一个名为 ShowText 的通用过程，代码如下。

```
Private Sub ShowText(str, x, y, color)
    Me.CurrentX = x
    Me.CurrentY = y
    Me.ForeColor = color
    Me.Print str
End Sub
```

（5）在窗体 Form1 的代码窗口中编写该窗体的 Click 事件过程，代码如下。

```
Private Sub Form_Click()
    Dim str As String
    str = "中国梦，我的梦"
    ShowText str, 580, 1080, &H8000000A
    ShowText str, 560, 1060, &H80000010
    ShowText str, 540, 1040, &H80000011
    ShowText str, 520, 1020, vbRed
End Sub
```

（6）在窗体 Form1 的代码窗口中编写该窗体的 Load 事件过程，代码如下。

```
Private Sub Form_Load()
    Me.BackColor = vbWhite
    Me.FontName = "华文行楷"
    Me.FontSize = 32
End Sub
```

（7）将窗体文件和工程文件分别命名为 Form3-01.frm 和工程 3-01.vbp，保存在 D:\VB\项目 3\任务 1 中。

程序测试

（1）按 F5 键运行程序。

（2）单击窗体时，以阴影字效果显示"中国梦，我的梦"。

相关知识

VB 窗体即 Form 对象，它是窗口或者对话框，将各种各样的控件添加到窗体上就组成了应用程序用户界面。

1．窗体的常用属性

窗体的属性既可在设计阶段通过属性窗口来设置，也可在运行阶段通过代码改变窗体的部分属性，也有一些窗体属性是不能通过代码来设置的，如 Name 属性，只能在设计阶段通过属性窗口进行设置，而不能通过代码在运行阶段改变该属性的值，这类窗体属性在程序运行阶段是只读的。在属性窗口中所做的设置大多数情况下可立即在窗体设计器中反映出来，而在代码中所做的设置只能在程序运行时显示设置结果。

窗体的常用属性如下。

（1）Caption：用于设置显示窗体的标题。在本任务中，通过属性窗口将窗体的 Caption 属性设置为"制作阴影字效果"。

（2）BackColor：用于设置窗体的背景颜色，语法格式如下。

窗体名.BackColor = 颜色值

在设计阶段，可以利用系统提供的调色板进行设置。也可以在程序运行时对该属性值进行设置。表 3.1 列出了常用的颜色常数。

表 3.1 常用的颜色常数

常 数	数 值	描 述
vbBlack	&H0	黑色
vbRed	&HFF	红色
vbGreen	&HFF00	绿色
vbYellow	&HFFFF	黄色
vbBlue	&HFF0000	蓝色
vbMagenta	&HFF00FF	洋红
vbCyan	&HFFFF00	青色
vbWhite	&HFFFFFF	白色

（3）ForeColor：用于设置窗体的前景颜色，该属性改变窗体中图形和文本的颜色。在本任务中，利用 3 个随机函数产生的 0～255 的整数提供给 RGB 函数生成颜色值并为该属性赋值。

（4）FontName：用于设置窗体中显示文本所用的字体。在属性窗口中无法对该属性进行设置，可以通过 Font 属性设置文本的字体、大小、样式等。

（5）FontSize：用来设置窗体中显示文本所用的字体的大小。在属性窗口中，可以通过 Font 属性对该属性进行设置。

（6）CurrentX、CurrentY：用来设置下一次打印或绘图方法的水平或垂直坐标。这些属性在设计时是不可用的。在窗体中进行绘制图形或输出结果时，经常要使用 CurrentX 和 CurrentY 属性来设置或返回当前坐标的水平坐标和垂直坐标。

2．窗体的常用方法

窗体的常用方法如下。

（1）Print：用于在窗体或图片框上输出文本，语法格式如下。

```
对象.Print 输出的内容列表
```

（2）Cls：用于清除运行时窗体或图片框中显示的文本和图形，语法格式如下。

```
对象.Cls
```

3．窗体的常用事件

窗体的常用事件如下。

（1）Click：在单击窗体的一个空白区或一个无效控件时发生，语法格式如下。

```
Private Sub Form_Click()
```

（2）Load：在窗体被载入时发生。运行程序时，会自动装载 Form1 窗体，从而产生该事件，语法格式如下。

```
Private Sub Form_Load()
```

通常利用 Load 事件过程来设置窗体启动时的初始属性。例如，在本任务中，通过该事件过程设置了文本颜色、字体大小和背景颜色。

任务 2　让背景图片与窗体同步缩放

任务目标

- 理解窗体的 ScaleHeight 和 ScaleWidth 属性。
- 掌握窗体的 Resize 事件。
- 掌握窗体的 UnLoad 事件。

任务描述

本任务利用响应窗体 Resize 事件来改变标签控件 Image 控件的顶点坐标和宽度的值，从而实现当改变窗体大小时，背景图片始终与窗体同步缩放的功能，如图 3.2 所示。当退出程序时，通过响应窗体的 UnLoad 事件，提示确认关闭操作，如图 3.3 所示。

图 3.2　图片与窗体同步缩放

图 3.3　确认关闭程序

任务分析

要想在窗体上显示背景图片，可在窗体上添加一个 Image 控件并设置其 Picture 属性。要想让这个背景图片与窗体同步缩放，需要需要编写窗体的 Resize 事件过程，在这个事件过程中根据窗体的 ScaleHeight 和 ScaleWidth 属性对 Image 控件的 Height 和 Width 属性进行设置，并根据窗体的 ScaleLeft 和 ScaleTop 属性对保持 Image 控件的 Top 和 Left 属性进行设置。

设计步骤

（1）在 Visual Basic 集成开发环境中新建一个标准 EXE 工程。

（2）将窗体 Form1 调整到所需大小，并将其 Caption 属性设置为"美丽的草原"。

（3）在工具箱中单击"Image"图标 ■，在窗体 Form1 上拖动鼠标以添加图像控件，保留其默认名称 Image 1。

（4）在属性窗口中设置图像控件 Image1 的以下属性。

① 将 Picture 属性设置为一幅 JPEG 格式的图片。

② 将 Stretch 属性设置为 True。

（5）在窗体 Form1 的代码窗口中编写窗体的 Resize 事件过程，代码如下。

```
Private Sub Form_Resize()
  Image1.Width = Me.ScaleWidth
  Image1.Height = Me.ScaleHeight
  Image1.Left = Me.ScaleLeft
  Image1.Top = Me.ScaleTop
End Sub
```

（6）在窗体 Form1 的代码窗口中编写窗体的 Unload 事件过程，代码如下。

```
Private Sub Form_Unload(Cancel As Integer)
  Dim a As Integer
  a = MsgBox("是否要关闭程序? ", vbQuestion + vbYesNo, "提示信息")
  If a = vbNo Then
    Cancel = 1 '不卸载
  End If
End Sub
```

（7）将窗体文件和工程文件分别命名为 Form3-02.frm 和工程 3-02.vbp，保存在 D:\VB\项目 3\任务 2 中。

程序测试

（1）按 F5 键运行程序，窗口中央出现"我喜欢 VB 程序设计"信息。

（2）通过拖动窗口的边框或角来放大或缩小窗口，在这个过程中可以看到文字信息一直在窗口中央显示。

（3）当关闭窗口时，将弹出一个对话框，提示是否确定关闭程序，若单击"是"按钮，则退出程序；若单击"否"按钮，则返回程序。

相关知识

1. 窗体的 ScaleHeight 和 ScaleWidth 属性

本任务中用到了窗体的 ScaleHeight 和 ScaleWidth 属性，它们分别用来返回窗体内部的宽度和高度。这两个属性在设计时是不可用的，并且在运行时是只读的。

ScaleWidth 和 ScaleHeight 属性给出了窗体的内部尺寸，不包括边框厚度及菜单或标题等高度。而窗体的尺寸则由 Width 和 Height 属性决定。

窗体是控件的容器，控件在窗体上的位置坐标由其 Top 和 Left 属性决定。控件的宽度和高度则由 Width 和 Height 属性决定。

2. 窗体的 Resize 和 Unload 事件

在本任务中，用到了窗体的以下事件。

（1）Resize：当窗体第一次显示或窗体的外观尺寸被改变时发生，语法格式如下。

```
Private Sub Form_Resize()
```

当窗体调整大小时，可用 Resize 事件过程来移动控件或调整其大小。也可用此事件过程来重新计算一些变量或属性（如 ScaleHeight 和 ScaleWidth 等），它们取决于该窗体的尺寸。

（2）Unload：当窗体从内存中卸载时发生。当窗体被加载时，它的所有控件的内容均被重新初始化。当使用"控制"菜单中的"关闭"命令、"关闭"按钮或 Unload 语句关闭该窗体时，此事件被触发。其语法格式如下。

```
Private Sub Form_Unload(Cancel As Integer)
```

其中，参数 Cancel 为整数，用来确定窗体是否卸载。如果 Cancel 为 0，则窗体被卸载。

通过将参数 Cancel 设置为任何非零的值可防止窗体被删除，但不能阻止其他事件发生，诸如从 Windows 操作环境中退出等。可以用 QueryUnload 事件阻止从 Windows 中的退出。在窗体被卸载时，可以用 Unload 事件过程来确认窗体是否应被卸载或指定想要发生的操作。在本任务中，利用 Unload 事件这一特性来实现关闭程序时弹出提示，并提示是否确认关闭程序。

3. 用 MsgBox 函数显示消息框

在本任务中，通过调用 MsgBox 函数弹出一个对话框来显示消息，等待用户单击按钮，并返回一个整数告诉用户单击的是哪一个按钮。调用 MsgBox 函数传递了如下 3 个参数。

```
a = MsgBox("是否要关闭程序? ", vbQuestion + vbYesNo, "提示信息")
```

其中，第 1 个参数指定要显示在对话框中的消息；第 2 个参数指定在对话框中显示的图标样式、按钮的数目和形式，上述语句指定显示"是"、"否"按钮和问号图标；第 3 个参数给出在对话框标题栏中显示的字符串。若用户单击"是"按钮，则 MsgBox 函数返回整数 1。

关于 MsgBox 函数的详细信息，请参阅本项目任务 5。

任务 3　制作键盘按键测试程序

任务目标

- 理解窗体的 KeyPreview 属性。
- 掌握窗体的 KeyDown 和 KeyUp 事件。

- 掌握窗体的 KeyPress 事件。

任务描述

在本任务中创建了一个键盘按键测试程序。在程序运行期间，当在键盘上按任意一个键时，在窗体上显示出该键的代码和相应的字符并显示 Shift、Ctrl 和 Alt 键的状态，当按 Esc 键时退出程序，运行情况如图 3.4 所示。

图 3.4 键盘按键测试程序运行结果

任务分析

要想实现这一任务的目标，需要使用窗体的 KeyDown、KeyUp 和 KeyPress 这 3 个键盘事件，利用每个事件响应不同的按键，以获得所有键盘按键的事件响应，并通过标签控件来显示相关按键的信息。

 设计步骤

（1）在 Visual Basic 集成开发环境中新建一个标准 EXE 工程。

（2）把窗体 Form1 调整到所需大小，将该窗体的 Caption 属性设置为"键盘按键程序测试"，将其 KeyPreview 属性设置为 True。

（3）在窗体 Form1 上添加 3 个标签控件 Label1、Label2 和 Label3，把它们调整到合适的位置和大小。

（4）在窗体 Form1 的代码窗口中编写窗体的 KeyPress 事件过程，代码如下。

```
Private Sub Form_KeyPress(KeyAscii As Integer)
    '判断是否按下了 Esc 键，若是则结束程序
    If KeyAscii = 27 Then
        Unload Me
    Else
        '否则，在标签 Label2 中显示所按键的字符和代码
        Label2.Caption = "你按的键是：" & Chr(KeyAscii) & "，ASCII 码为" &
KeyAscii
    End If
End Sub
```

（5）在窗体 Form1 的代码窗口中编写窗体的 KeyDown 事件过程，代码如下。

```
Private Sub Form_KeyDown(KeyCode As Integer, Shift As Integer)
   '通过 Shift 的值判断 Shift、Ctrl、Alt 键是否被按下
   Select Case Shift
     Case 1
        Label3.Caption = "Alt、Ctrl、Shift 状态: " & "Shift 键被按下"
     Case 2
        Label3.Caption = "Alt、Ctrl、Shift 状态: " & "Ctrl 键被按下"
     Case 3
        Label3.Caption = "Alt、Ctrl、Shift 状态: " & "Ctrl-Shift 键被按下"
     Case 4
        Label3.Caption = "Alt、Ctrl、Shift 状态: " & "Alt 键被按下"
     Case 5
        Label3.Caption = "Alt、Ctrl、Shift 状态: " & "Alt-Shift 键被按下"
     Case 6
        Label3.Caption = "Alt、Ctrl、Shift 状态: " & "Alt-Ctrl 键被按下"
     Case 7
        Label3.Caption = "Alt、Ctrl、Shift 状态: " & "Alt-Ctrl-Shift 键被按下"
     Case Else
        Label3.Caption = "Alt、Ctrl、Shift 状态: 未按"
   End Select
End Sub
```

（6）在窗体 Form1 的代码窗口中编写窗体的 KeyUp 事件过程，代码如下。

```
Private Sub Form_KeyUp(KeyCode As Integer, Shift As Integer)
   Form_KeyDown KeyCode, Shift
End Sub
```

（7）将窗体文件和工程文件分别命名为 Form3-03.frm 和工程 3-03.vbp，保存在 D:\VB\项目 3\任务 3 中。

程序测试

（1）按 F5 键运行程序，按任意键，窗体中部标签显示所按键的字符和对应的代码。
（2）当按 Shift、Ctrl 和 Alt 键时，下方标签显示按下的具体键名，松开按键后显示"Alt、Ctrl、Shift 状态：未按"。
（3）当按 Esc 键时，关闭程序。

相关知识

1. 窗体的 KeyPreview 属性

窗体的 KeyPreview 属性用来返回或设置一个值，以决定是否在控件的键盘事件之前激活窗体的键盘事件，这些键盘事件包括 KeyDown、KeyUp 和 KeyPress。KeyPreview 属性可在设计阶段通过属性窗口进行设置，在本任务中就采用了这种方法。也可以在运行阶段通过代码改变设置，语法格式如下。

```
窗体名.KeyPreview = boolean
```

其中，Boolean 为布尔表达式，指定如何接收事件。如果设置为 True，则窗体先接收键盘事件，然后是活动控件接收事件；如果设置为 False（默认值），则活动控件接收键盘事件，而窗体不接收。

用 KeyPreview 属性可以生成窗体的键盘处理程序，例如，应用程序利用功能键时，需要在窗体级处理击键，而不是为每个可以接收击键事件的控件编写程序。

如果窗体中没有可见和有效的控件，它将自动接收所有键盘事件。

若要在窗体级处理键盘事件、而不允许控件接收键盘事件，则可以在窗体的 KeyPress 事件中设置参数 KeyAscii 为 0，在窗体的 KeyDown 事件中设置参数 KeyCode 为 0。

需要注意的是，一些控件能够拦截键盘事件，导致窗体不能接收它们。例如，当命令按钮控件有焦点时的 Enter 键以及焦点在列表框控件上时的方向键。

2．窗体的 KeyPress 事件

KeyPress 事件：当用户按下和松开一个 ANSI 键（ANSI 是可见的字符，相应的 ASCII 码为 1～127）时发生，语法格式如下。

```
Private Sub Form_KeyPress(KeyAscii As Integer)
```

其中，KeyAscii 返回一个标准数字 ANSI 键代码的整数。

具有焦点的对象接收该事件。一个窗体仅在 KeyPreview 属性被设置为 True 时才能接收该事件。KeyPress 事件可以引用任何可打印的键盘字符，如来自标准字母表的字符或少数几个特殊字符之一的字符与 Ctrl 键的组合，以及 Enter 或 Backspace 键。KeyPress 事件过程在截取击键时，它可立即测试击键的有效性或在字符输入时对其进行格式处理。在本任务中，通过 Chr(KeyAscii)函数将 KeyPress 事件获得的标准数字 ANSI 键代码转变成可显示的字符并在标签中显示。

3．窗体的 KeyUp 和 KeyDown 事件

KeyPress 无法处理的功能可以由 KeyDown 和 KeyUp 事件来处理，这些事件是当一个对象具有焦点时按下（KeyDown）或松开（KeyUp）一个键时发生的，语法格式如下。

```
Private Sub object_KeyDown(KeyCode As Integer, shift As Integer)
Private Sub object_KeyUp(KeyCode As Integer, shift As Integer)
```

其中，KeyCode 是一个键代码，诸如 vbKeyF1（F1 键）或 vbKeyHome（Home 键）；Shift 是在该事件发生时响应 Shift、Ctrl 和 Alt 键的状态的一个整数。Shift、Ctrl 和 Alt 键在这些位分别对应于值 1、2 和 4。例如，如果 Ctrl 和 Alt 两个键都被按下，则 Shift 的值为 6。

对于这两个事件来说，带焦点的对象都接收所有击键。一个窗体只有在不具有可视的和有效的控件时才可以获得焦点。KeyDown 和 KeyUp 事件可应用于大多数键，通常应用于扩展的字符键，如功能键、定位键、键盘修饰键和按键的组合、数字小键盘和常规数字键；在需要对按下和松开一个键都响应时，可使用 KeyDown 和 KeyUp 事件过程。

在下列情况下，不能引用 KeyDown 和 KeyUp 事件：窗体有一个命令按钮控件且 Default 属性设置为 True 时的 Enter 键；窗体有一个命令按钮控件且 Cancel 属性设置为 True 时的 Esc 键、Tab 键。

任务4 制作简单绘图程序

任务目标

- 掌握窗体的 MouseDown 和 MouseUp 事件。
- 掌握窗体的 MouseMove 事件。
- 掌握窗体的 Line 方法。

任务描述

在本任务中创建一个简单的绘画程序。当程序运行时，可通过拖动鼠标来连续画线，松开鼠标左键时停止画线，用这种方法绘制任意曲线如图 3.5 所示；若右击，则画一条从上次画图位置出发的线段，用这种方法绘制的五角星如图 3.6 所示。

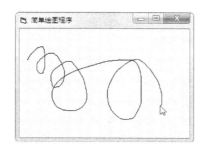

图 3.5　画任意曲线

图 3.6　画五角星

任务分析

要想实现这一任务的目标，首先要定义保存在窗体中画线时鼠标指针坐标的窗体级变量，有了这些窗体级变量，程序无论响应哪一个鼠标事件，均可得到当前鼠标指针的坐标。用窗体的鼠标事件 MouseMove 和 MouseDown 完成连续画线，用 MouseUp 事件结束画线，用窗体的鼠标事件 MouseDown 和 MouseMove 画出从上次画图位置到当前位置的直线。

 设计步骤

（1）在 Visual Basic 集成开发环境中新建一个标准 EXE 工程。

（2）把窗体 Form1 调整到所需大小，将其 Caption 属性设置为"简单绘图程序"。

（3）在窗体 Form1 的代码窗口中编写以下代码。

```
'声明窗体级变量
Private mouseBX As Integer, mouseEX As Integer    '用于保存鼠标指针位置
Private mouseBY As Integer, mouseEY As Integer
Private NYcrw As Boolean    '用于判断是否开始画线
```

（4）在窗体 Form1 的代码窗口中编写该窗体的 DblClick 事件过程，代码如下。

```
Private Sub Form_DblClick()
    Me.Cls    '双击窗体时清除窗体内容
End Sub
```

（5）在窗体 Form1 的代码窗口中编写该窗体的 Load 事件过程，代码如下。

```
Private Sub Form_Load()
    NYcrw = False    '将画线状态设为"否"
End Sub
```

（6）在窗体 Form1 的代码窗口中编写该窗体的 MouseDown 事件过程，代码如下。

```
'按下鼠标键时执行以下事件过程
Private Sub Form_MouseDown(Button As Integer, Shift As Integer, X As Single,
Y As Single)
    '按下鼠标左键时开始连续画线
    If Button = 1 Then
        mouseBX = X
        mouseBY = Y
        NYcrw = True
    End If
    '按下鼠标右键时画直线
    If Button = 2 Then
        Form1.Line -(X, Y)
    End If
End Sub
```

（7）在窗体 Form1 的代码窗口中编写该窗体的 MouseMove 事件过程，代码如下。

```
'在窗体上移动鼠标时执行以下事件过程
Private Sub Form_MouseMove(Button As Integer, Shift As Integer, X As Single,
Y As Single)
    '当画线状态为 True 时，开始连续画线
    If NYcrw = True Then
        Form1.Line (mouseBX, mouseBY)-(X, Y)
        mouseBX = X
        mouseBY = Y
    End If
End Sub
' 松开鼠标按钮时执行以下事件过程
Private Sub Form_MouseUp(Button As Integer, Shift As Integer, X As Single,
Y As Single)
    NYcrw = False
End Sub
```

（8）将窗体文件和工程文件分别命名为 Form3-04.frm 和工程 3-04.vbp，保存在 D:\VB\项目 3\任务 4 中。

程序测试

（1）按 F5 键运行程序。

（2）通过拖动鼠标连续画线，松开鼠标左键时停止画线。

（3）通过右击，给出从上次画图位置出发的线段。

（4）双击，清除当前窗体内容。

相关知识

1. 窗体的 MouseDown、MouseUp 和 MouseMove 事件

窗体的 MouseDown、MouseUp 两个事件是当按下（MouseDown）或者松开（MouseUp）鼠标按钮时发生的事件，语法格式如下。

```
Private Sub Form_MouseDown(Button As Integer, Shift As Integer, X As Single,
Y As Single)
Private Sub Form_MouseUp(Button As Integer, Shift As Integer, X As Single,
Y As Single)
```

MouseMove 事件是当鼠标指针在屏幕上移动时发生的事件。当鼠标指针处在窗体和控件的边框内时，窗体和控件均能识别 MouseMove 事件，语法格式如下。

```
Private Sub Form MouseMove(Button As Integer, Shift As Integer, X As Single,
Y As Single)
```

在上述鼠标事件过程中，参数 Button 返回一个整数，用来标识该事件的产生是按下（MouseDown）或者松开（MouseUp）哪个按钮引起的。Button 参数的值可以是 1、2 和 4，分别对应于左按钮、右按钮以及中间按钮。

参数 Shift 返回一个整数，在 button 参数指定的按钮被按下或者被松开时，该整数相应于 Shift、Ctrl 和 Alt 键的状态。Shift 的值分别等于 1、2 和 4，分别代表 Shift、Ctrl 和 Alt 键被按下，Shift 参数指示这些键的状态。这些键也可以组合按下，如 Ctrl 和 Alt 键都被按下时，Shift 的值就是 6。

参数 X 和 Y 返回一个指定鼠标指针当前位置的数据。

MouseDown 和 MouseUp 事件过程不同于 Click 和 DblClick 事件，鼠标事件被用来识别和响应各种鼠标状态，并把这些状态看做独立的事件。在按下鼠标按钮并松开时，Click 事件只能把此过程识别为一个单一的操作——单击操作，而 MouseDown 和 MouseUp 事件能够区分出鼠标的左、右和中间按钮。也可以为使用 Shift、Ctrl 和 Alt 键等编写用于鼠标加键盘组合操作的代码。这是 Click 和 DblClick 事件做不到的。

MouseDown 是 3 种鼠标事件中最常使用的事件。例如，在运行时可用它调整控件在窗体上的位置，也可用它实现某些图形效果，按下鼠标按钮时即可触发此事件。在本任务中，就使用了 MouseDown 事件和 Line 方法来实现绘图。

当指针移过屏幕时要调用多少次 MouseMove 事件？或者指针由屏幕顶端移动到底端时将经过多少个位置？Visual Basic 并不会对鼠标经过的每个像素都生成 MouseMove 事件。操作环境每秒生成有限个鼠标消息。

为了看到实际上有多少次识别 MouseMove 事件，可用下述代码，在每次识别 MouseMove 事件之处，应用程序都绘制一个小圆圈。

```
Private Sub Form_MouseMove(Button As Integer, Shift As Integer, X As Single,
Y As Single)
    Line -(X, Y)
```

```
    Circle (X, Y), 100
End Sub
```
运行结果如图 3.7 所示。

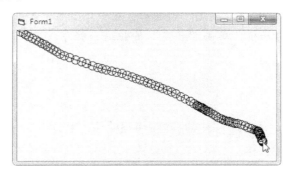

图 3.7 MouseMove 事件发生位置的演示

通过测试可以知道，指针移动越快，则在任何两点之间所能识别的 MouseMove 事件越少。如果很多圆圈挤在一起，则表明鼠标指针在此位置移动缓慢。应用程序能够迅速识别大量的 MouseMove 事件。因此，一个 MouseMove 事件过程不应去做那些需要大量计算的工作。

2. 窗体的 Line 方法

窗体的 Line 方法用于在窗体上画直线和矩形，语法格式如下。

```
窗体名.Line(x1, y1) - (x2, y2), [颜色],[B][F]
```

其中，参数(x1,y1)是可选的，其数值类型为 Single，指定直线或矩形的起点坐标。如果省略，则线起始于由 CurrentX 和 CurrentY 指示的位置。

参数(x2, y2)是必需的，其数值类型为 Single，指定直线或矩形的终点坐标。

参数"颜色"是可选的，其数值类型为 Long，画线时使用 RGB 颜色模式。如果省略该参数，则使用 ForeColor 属性值。可用 RGB 函数或 QBColor 函数指定颜色。

参数 B 是可选的。如果包括，则利用对角坐标画出矩形。

参数 F 是可选的。如果使用了 B 选项，则 F 选项规定矩形以矩形边框的颜色填充。不能不用 B 而用 F。如果不用 F 只用 B，则矩形用当前的 FillColor 和 FillStyle 填充。FillStyle 的默认值为 transparent。

画连接线时，前一条线的终点是后一条线的起点。线的宽度取决于 DrawWidth 属性值。在背景上画线和矩形的方法取决于 DrawMode 和 DrawStyle 属性值。执行 Line 方法时，CurrentX 和 CurrentY 属性被参数设置为终点。这个方法不能用于 With...EndWith 语句块。

任务 5　创建输入框和消息框

任务目标

- 掌握用 InputBox 函数创建输入框的方法。
- 掌握用 MsgBox 函数创建消息框的方法。
- 掌握窗体的 Activate 事件。

任务描述

在本任务中创建一个应用程序，当运行程序时首先弹出一个输入框提示输入用户名，如图 3.8 所示；输入用户名并单击"确定"按钮后，在窗体上显示欢迎信息，如图 3.9 所示；当关闭窗口时将弹出一个对话框，单击"确定"按钮退出程序，单击"取消"按钮返回窗口，如图 3.10 所示。

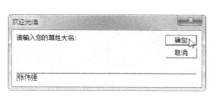

图 3.8　输入用户名

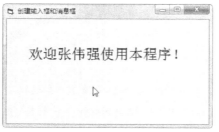

图 3.9　在窗体上显示欢迎信息

图 3.10　显示消息对话框

任务分析

要想实现这一任务的目标，需要在程序窗体被激活以前通过 Load 事件过程调用 InputBox 函数来获取用户输入的信息；得到用户信息后，可使用窗体的 Activate 事件在窗体激活时对该用户显示欢迎信息。

 设计步骤

（1）在 Visual Basic 集成开发环境中新建一个标准 EXE 工程。

（2）把窗体 Form1 调整到所需大小，将其 Caption 属性设置为"创建输入框和消息框"。

（3）在窗体 Form1 的代码窗口中声明一个窗体级变量，代码如下。

```
Private Username As String
```

（4）在窗体 Form1 的代码窗口中编写该窗体的 Activate 事件过程，代码如下。

```
'激活窗口时执行以下事件过程
Private Sub Form_Activate()
   Print: Print
   Print Tab(4); "欢迎" & Username & "使用本程序！"
End Sub
```

（5）在窗体 Form1 的代码窗口中编写该窗体的 Load 事件过程，代码如下。

```
'加载窗体时执行以下事件过程
Private Sub Form_Load()
   Me.FontSize = 20
   '将 InputBox 函数的返回值赋给变量 Username
   Username = InputBox("请输入您的尊姓大名:", "欢迎光临")
End Sub
```

（6）在窗体 Form1 的代码窗口中编写该窗体的 Load 事件过程，代码如下。

```
'卸载窗体时执行以下事件过程
Private Sub Form_Unload(Cancel As Integer)
    Dim Choice As Integer
    Choice = MsgBox("您确实要关闭窗口吗? ", vbQuestion + vbOKCancel, "提示信息")
    If Choice = vbCancel Then
        Cancel = 1 '不卸载
    End If
End Sub
```

（7）将窗体文件和工程文件分别命名为 Form3-05.frm 和工程 3-05.vbp，保存在 D:\VB\项目 3\任务 5 中。

程序测试

（1）按 F5 键运行程序。

（2）当弹出消息框提示"请输入您的尊姓大名"时，输入用户名并单击"确定"按钮。

（3）此时进入程序主画面，并在窗体上显示"欢迎 XXX 使用本程序！"。

（4）当单击窗体的"关闭"按钮时，弹出一个消息对话框，单击"确定"按钮结束程序，单击"取消"按钮继续程序的运行。

相关知识

1．窗体的 Activate 事件

当一个窗体成为活动窗口时会发生窗体的 Activate 事件，语法格式如下。

```
Private 窗体名_Activate()
```

一个对象通过用户单击，或使用代码中的 Show、SetFocus 方法等操作而变成活动的。Activate 事件仅当一个对象可见时才发生。

窗体的 Load 事件和 Activate 事件的区别：当程序载入（Load）一个 Visible 属性为 False 的窗体时不产生 Activate 事件，只有当使用 Show 方法将该窗体的 Visible 属性设置为 True 时产生 Activate 事件。Load 事件在 Activate 事件之前发生，Load 事件在看不到窗体时就已经发生了，一般是对窗体进行初始化，而 Activate 事件在看到窗体时（当前窗体）才发生。

2．用户对话框

在设计基于 Windows 的应用程序时，对话框用来提示用户应用程序继续运行所需的数据或者向用户显示信息。对话框是一种特殊类型的窗体对象。创建对话框有以下 3 种方法。

（1）使用 MsgBox 或 InputBox 函数的代码可以创建预定义对话框。

（2）使用标准窗体或自定义已存在的对话框可以创建自定义对话框。

（3）使用 CommonDialog 控件可以创建标准对话框，如"打印"和"打开文件"。

由于大多数对话框需要用户的交互作用，所以通常显示为模态对话框。在继续使用应用程序的其他部分以前，必须关闭（隐藏或卸载）模态对话框。例如，若在切换到其他窗体或其他对话框前必须单击"确定"或者"取消"按钮，则这个对话框是模态对话框。

非模态对话框不需要关闭就可以使焦点在该对话框和其他窗体之间移动。对话框显示时，可以在当前应用程序的其他地方继续工作。非模态对话框很少；通常在应用程序继续前需要响应时才显示对话框。Visual Basic 中"编辑"菜单的"查找"对话框就是一个非模态对话框。使用非模态对话框可显示常用命令或信息。在本任务中介绍创建对话框的第一种方式。

3．MsgBox 函数

MsgBox 函数在对话框中显示消息，等待用户单击按钮，并返回一个整数表明用户单击了哪一个按钮。其语法格式如下。

```
MsgBox(prompt[, buttons] [, title] [, helpfile, context])
```

其中，参数 prompt 是必需的，它是一个字符串表达式，指定显示在对话框中的消息。该参数的最大长度大约为 1024 个字符，由所用字符的宽度决定。如果该参数的内容超过一行，则可以在每一行之间用回车符[Chr(13)]、换行符[Chr(10)]或者回车符与换行符的组合[Chr(13) & Chr(10)]将各行分隔开来。

参数 buttons 参数是可选的，该参数为数值表达式值的总和，指定显示按钮的数目及形式、使用的图标样式、默认按钮及消息框的强制回应等。如果省略了 buttons，则默认值为 0。buttons 参数的设置值如表 3.2 所示。

表 3.2　buttons 参数的设置值

符号常量	数　值	描　　述
vbOKOnly	0	只显示"确定"按钮
vbOKCancel	1	显示"确定"和"取消"按钮
vbAbortRetryIgnore	2	显示"终止"、"重试"和"忽略"按钮
vbYesNoCancel	3	显示"是"、"否"和"取消"按钮
vbYesNo	4	显示"是"和"否"按钮
vbRetryCancel	5	显示"重试"和"取消"按钮
vbCritical	16	显示 Critical Message 图标❌
vbQuestion	32	显示 Warning Query 图标❓
vbExclamation	48	显示 Warning Message 图标⚠
vbInformation	64	显示 Information Message 图标ℹ
vbDefaultButton1	0	第一个按钮是默认值
vbDefaultButton2	256	第二个按钮是默认值
vbDefaultButton3	512	第三个按钮是默认值

参数 title 是可选的，用于指定在对话框标题栏中显示的字符串表达式。如果省略 title，则将应用程序名称放在标题栏中。

参数 helpfile 是可选的，该参数为字符串表达式，识别用来向对话框提供上下文相关帮助的文件。如果提供了 helpfile，则必须提供 context。

参数 context 参数是可选的。它是数值表达式，由帮助文件的作者指定给适当的主题的上下文编号。如果提供了 context，则必须提供 helpfile。

当提供 helpfile 与 context 时，用户可以按 F1 键来查看与 context 相应的帮助主题，此时会在对话框中添加一个"帮助"按钮。

MsgBox 函数的返回值如表 3.3 所示。

表 3.3　Msgbox 函数的返回值

常　数	数　值	返回的按钮
vbOK	1	OK
vbCancel	2	Cancel
vbAbort	3	Abort
vbRetry	4	Retry
vbIgnore	5	Ignore
vbYes	6	Yes
vbNo	7	No

如果对话框显示"取消"按钮，则按 Esc 键与单击"取消"按钮的效果相同。如果对话框中有"帮助"按钮，则对话框中提供了上下文相关的帮助。但是，直到其他按钮中有一个被单击之前，都不会返回任何值。

如果要指定第一个命名参数以外的参数，则必须在表达式中使用 MsgBox 函数。为了省略某些位置参数，必须加入相应的逗号分隔符。

4．InputBox 函数

InputBox 函数在一个对话框中显示提示，等待用户输入文本或单击按钮，并返回包含文本框内容的字符串。其语法格式如下。

```
InputBox(prompt[,title][,default][,xpos][,ypos][,helpfile,context])
```

其中，参数 prompt 是必需的，指定作为对话框消息出现的字符串表达式。prompt 的最大长度大约是 1024 个字符，由所用字符的宽度决定。如果 prompt 包含多个行，则可在各行之间用回车符[Chr(13)]、换行符[Chr(10)]或回车符号换行符的组合[Chr(13) & Chr(10)]来分隔。

参数 title 是可选的，指定显示在对话框标题栏中的字符串表达式。如果省略 title，则把应用程序名称放入标题栏。

参数 default 是可选的，指定显示文本框中的字符串表达式，在没有其他输入时作为默认值。如果省略 default，则文本框为空。

参数 xpos 是可选的，该参数为数值表达式，与 ypos 成对出现，指定对话框的左边与屏幕左边的水平距离。如果省略 xpos，则对话框会在水平方向居中。

参数 ypos 是可选的，该参数为数值表达式，与 xpos 成对出现，指定对话框的上边与屏幕上边的距离。如果省略 ypos，则对话框被放置在屏幕垂直方向距下边大约 1/3 处。

参数 helpfile 是可选的，该参数为字符串表达式，识别帮助文件，用该文件为对话框提供上下文相关帮助。如果已提供 helpfile，则必须提供 context。

参数 context 参数是可选的。该参数为数值表达式，由帮助文件的作者指定给某个帮助主题的帮助上下文编号。如果已提供 context，则必须要提供 helpfile。

如果用户单击"确定"按钮或按回车键，则 InputBox 函数返回文本框中的内容。如果用户单击"取消"按钮，则此函数会返回一个长度为零的字符串（""）。

如果要指定第一个命名参数以外的参数，则必须在表达式中使用 InputBox 函数。如果要省略某些位置参数，则必须加入相应的逗号分隔符。

任务 6 设置窗体的图标、文本颜色和字体

任务目标

- 掌握在窗体上添加 CommandDialog 控件的方法。
- 理解 CommandDialog 控件的常用属性。
- 掌握 CommandDialog 控件的常用方法。

任务描述

在本任务中创建一个应用程序，当运行程序时，通过单击"改变图标"按钮，弹出"打开"对话框，选择图标文件，改变窗体标题栏上的图标并在窗体上显示图标文件的路径，如图 3.11 所示；单击"改变颜色"按钮，弹出"颜色"对话框，可以改变窗体上文本的颜色，如图 3.12 所示；单击"改变字体"按钮，弹出"字体"对话框，可用于设置窗体上文本的字体、样式、大小及文本的颜色，如图 3.13 所示。

图 3.11 改变窗体图标

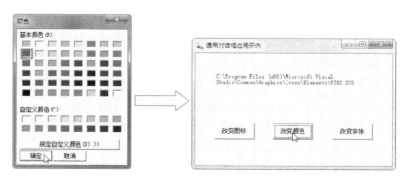

图 3.12 设置标签文本颜色

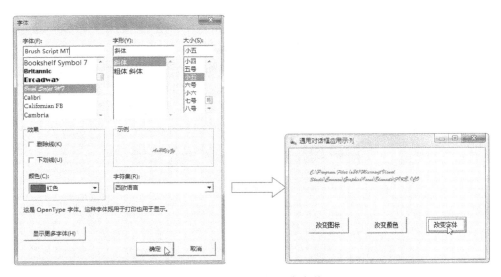

图 3.13　设置标签文本字体

任务分析

　　CommandDialog 控件就是通用对话框,该控件提供了诸如打开和保存文件、设置打印选项、选择颜色和字体等操作的一组标准对话框。在本任务中,可以添加 3 个命令按钮控件,通过单击这些按钮来弹出相关对话框。

设计步骤

　　(1) 在 Visual Basic 集成开发环境中新建一个标准 EXE 工程。
　　(2) 将窗体 Form1 调整到所需大小,将其 Caption 属性设置为"通用对话框应用示例"。
　　(3) 在窗体上添加一个标签控件 Label1,调整其位置、大小,将其 Caption 属性清空。
　　(4) 在工具箱中添加通用对话框控件。选择"工程"→"部件"命令,在弹出的"部件"对话框中选择"控件"选项卡,选中"Microsoft Common Dialog Control 6.0"复选框,单击"确定"按钮。此时,将在工具箱中添加一个 CommonDialog 控件,如图 3.14 所示。

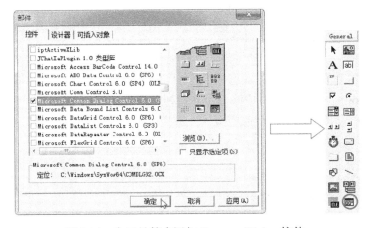

图 3.14　向工具箱中添加 CommonDialog 控件

（5）在工具箱中双击 CommonDialog 控件，在窗体 Form1 上添加一个 CommonDialog 控件，其名称默认为 CommonDialog1，控件大小自动调整。

（6）在工具箱窗口中单击 CommandButton 控件图标，在窗体 Form1 上拖动鼠标以添加 3 个命令按钮控件，名称分别为 Command1、Command2、Command3，调整控件位置及大小；在属性窗口中将它们的 Caption 属性分别设为"改变图标"、"改变颜色"、"改变字体"。

至此，应用程序用户界面设计已完成，效果如图 3.15 所示。

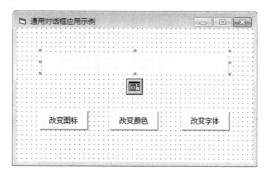

图 3.15　应用程序用户界面设计效果

（7）在窗体 Form1 的代码窗口中编写命令按钮 Command1 的 Click 事件过程，代码如下。

```
'单击"改变图标"按钮时执行以下事件过程
Private Sub Command1_Click()
  On Error GoTo nofile
  CommonDialog1.InitDir = "c:\"
  CommonDialog1.Filter = "图标文件(*.ico)|*.ico"
  CommonDialog1.CancelError = True
  CommonDialog1.ShowOpen
  Label1.Caption = Form1.CommonDialog1.FileName
  Form1.Icon = LoadPicture(CommonDialog1.FileName)
  Exit Sub
nofile:
  If Err.Number = 32755 Then
    Label1.Caption = " 放弃操作"
  Else
    Label1.Caption = " 其他错误"
  End If
End Sub
```

（8）在窗体 Form1 的代码窗口中编写命令按钮 Command2 的 Click 事件过程，代码如下。

```
'单击"改变颜色"按钮时执行以下事件过程
Private Sub Command2_Click()
  On Error GoTo nofile
  CommonDialog1.CancelError = True
  CommonDialog1.ShowColor
  Label1.ForeColor = CommonDialog1.Color
nofile:
```

```
End Sub
```

（9）在窗体 Form1 的代码窗口中编写命令按钮 Command3 的 Click 事件过程，代码如下。

```
'单击"改变字体"按钮时执行以下事件过程
Private Sub Command3_Click()
   On Error GoTo nofile
   CommonDialog1.CancelError = True
   '设置 CommonDialog 控件中与"字体"对话框相关的属性
   CommonDialog1.Flags = cdlCFEffects Or cdlCFBoth
   CommonDialog1.FontName = Label1.FontName
   CommonDialog1.FontSize = Label1.FontSize
   CommonDialog1.FontBold = Label1.FontBold
   CommonDialog1.FontStrikethru = Label1.FontStrikethru
   CommonDialog1.FontUnderline = Label1.FontUnderline
   CommonDialog1.FontItalic = Label1.FontItalic
   '弹出"字体"对话框
   CommonDialog1.ShowFont
   Label1.FontName = CommonDialog1.FontName
   Label1.FontSize = CommonDialog1.FontSize
   Label1.FontBold = CommonDialog1.FontBold
   Label1.FontItalic = CommonDialog1.FontItalic
   Label1.FontUnderline = CommonDialog1.FontUnderline
   Label1.FontStrikethru = CommonDialog1.FontStrikethru
   Label1.ForeColor = CommonDialog1.Color
nofile:
End Sub
```

（10）将窗体文件和工程文件分别命名为 Form3-06.frm 和工程 3-06.vbp，保存在 D:\VB\项目 3\任务 6 中。

程序测试

（1）按 F5 键运行程序。

（2）通过单击"改变图标"按钮，弹出"打开"对话框，选择图标文件，改变窗体标题栏上的图标，在窗体上显示图标文件的路径。

（3）单击"改变颜色"按钮，弹出"颜色"对话框，可以改变窗体上文本的颜色。

（4）单击"改变字体"按钮，弹出"字体"对话框，用于设置窗体上文本的字体、样式、大小及文本的颜色。

相关知识

1．通用对话框控件

通用对话框（CommonDialog）控件用于提供一组标准的操作对话框，进行诸如打开和保存文件、设置打印选项，以及选择颜色和字体等操作。在 Visual Basic 6.0 中，通用对话框控件不是标准控件工具箱，需要添加"Microsoft Common Dialog Control 6.0"部件。

使用通用对话框时，可在窗体的任何位置添加一个 CommonDialog 控件，并对其进行属性设置。工程设计阶段在窗体上显示的 CommonDialog 控件图标，在程序运行时不会显示。程序运行时想要显示通用对话框，则应该调用 CommonDialog 控件的以下方法。

① ShowOpen：弹出"打开"对话框。

② ShowSave：弹出"另存为"对话框。

③ ShowColor：弹出"颜色"对话框。

④ ShowFont：弹出"字体"对话框。

⑤ ShowPrinter：弹出"打印"对话框。

⑥ ShowHelp 方法：弹出"帮助"对话框。

（1）"打开"对话框：在程序运行时，通过调用通用对话框的 ShowOpen 方法，可以弹出"打开"对话框。需要指出的是，"打开"对话框并不能真正打开文件，而仅仅让用户选择要打开的文件，至于后续处理必须通过编程来解决。

使用"打开"对话框时，需要设置通用对话框控件的以下属性。

① FileName：指定在"文件名"文本框中初始显示的文件名，返回选定文件的标识符。

② FileTitle：关闭对话框后，返回所选择不包括路径的文件名。

③ Filter：文件类型过滤器，用于设置对话框中的"文件类型"下拉列表框中的项目及过滤显示的文件，Filter 属性值格式如下。

描述 1|过滤类型 1[描述 2|]过滤类型 2[．．．]

其中，描述是指在"文件类型"下拉列表框中的内容，过滤类型是指对话框中显示的文件类型。例如，在本任务中将 Filter 属性设置为"图标文件(*.ico)|*.ico"。

④ InitDir：指定对话框弹出时的默认路径。

（2）"颜色"对话框：程序运行时，通过调用通用对话框的 ShowColor 方法或设置 Action 属性为 3，以弹出"颜色"对话框，"颜色"对话框可以让用户从调色板中选择颜色，并通过 Color 属性返回用户选定的颜色值。

（3）"字体"对话框：在程序运行时，通过调用通用对话框的 ShowFont 方法，可以弹出"字体"对话框。"字体"对话框可以让用户设置应用程序所需要的字体。

使用"字体"对话框时，经常用到通用对话框控件的以下属性。

① Color：返回在对话框中选定的颜色。

② FontBold：返回在对话框中是否选定了粗体（True、False）。

③ FontItalic：返回在对话框中是否选定了斜体（True、False）。

④ FontStrikethru：返回在对话框中是否选定了下画线（True、False）

⑤ FontName：返回在对话框中选定的字体名称。

⑥ FontSize：返回在对话框中选定的字体大小。

2．错误处理

在本任务中，进行错误处理时用到了 On Error 语句和 Err 对象。

（1）On Error 语句用于设置错误程序，该语句有多种格式，本任务中使用了以下格式。

```
On Error GoTo nofile
```

此格式用于启动一个错误处理程序并指定该子程序在一个过程中的位置，也可以用来禁止一个错误处理程序。

（2）Err 对象是一个包括关于运行错误信息的对象。其主要属性是 Number 属性，该属性列出错误的序号，0 表示没有产生错误。如果将通用对话框的 CancelError 属性设置为 True，则单击"取消"按钮将产生 32755 号错误。在本任务中，用此属性判断是否放弃操作。

任务 7　创建多文档界面应用程序

任务目标

- 掌握创建 MDI 窗体的方法。
- 掌握设置 MDI 子窗体的方法。
- 掌握创建快速显示窗体的方法。
- 掌握设置应用程序启动对象的方法。

任务描述

在本任务中创建一个 MDI 应用程序，当启动该应用程序时首先打开一个快速显示窗体，如图 3.16 所示；当该窗体消失后打开一个 MDI 窗体，其中包含两个子窗体，如图 3.17 所示。

图 3.16　快速显示窗体

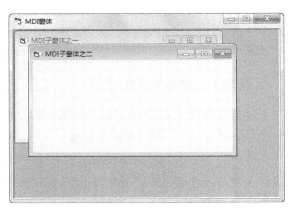

图 3.17　MDI 窗体

任务分析

基于 Windows 的应用程序按照界面可分为两大类：单文档界面（SDI）和多文档界面（MDI）。Windows 中常用的"记事本"、"画图"、"写字板"等应用程序都是典型的单文档界面，在这些应用程序中只能打开一个文件，如果希望打开另一个文档，则必须关闭前一个文档。除 SDI 界面的应用程序以外，许多功能强大的大型软件都是使用多文档界面的。例如，Microsift Word、Microsift Visual Basic 6.0 及 Adobe Photoshop 都是多文档界面应用程序，这一类软件允许在应用程序窗口中同时打开多个文件，每个文件占用一个文档窗口，可根据需要在不同的文档窗口之间切换。

 **设计步骤**

（1）在 Visual Basic 集成开发环境中新建一个标准 EXE 工程。

（2）把窗体 Form1 调整到所需大小，将其 Caption 属性设置为"MDI 子窗体之一"，将其 MDIChild 属性设置为 True，使该窗体成为一个 MDI 子窗体。

（3）添加 MDI 窗体。选择"工程"→"添加 MDI 窗体"命令，弹出"添加 MDI 窗体"对话框，在"新建"选项卡中选择"MDI 窗体"选项，然后单击"打开"按钮，如图 3.18 所示。

（4）将新添加 MDI 窗体的 Caption 属性设置为"MDI 窗体"。

（5）添加另一个 MDI 子窗体。选择"工程"→"添加窗体"命令，弹出"添加窗体"对话框，在"新建"选项卡中选择"窗体"选项，然后单击"打开"按钮，如图 3.19 所示。

图 3.18　"添加 MDI 窗体"对话框　　　　图 3.19　"添加窗体"对话框

（6）将窗体 Form2 的 Caption 属性设置为"MDI 子窗体之二"，将其 MDIChild 属性设置为 True，使之成为一个 MDI 子窗体。

（7）将 MDI 窗体 MDIForm1 保存为"MDIForm3-07.frm"，将两个 MDI 子窗体文件分别保存为"Form3-07a.frm"和"Form3-07b.frm"，将当前工程保存为工程"3-07.vbp"，所有文件均保存在 D:\VB\项目 3\任务 7 中。

（8）选择"工程"→"添加窗体"命令，弹出"添加窗体"对话框，在"新建"选项卡中选择"展示屏幕"选项，然后单击"打开"按钮，如图 3.20 所示。

（9）新添加窗体的默认名称为 frmSplash，将窗体文件命名为 frmSplash.frm，保存在 D:\VB\项目 3\任务 7 中；这个窗体包含一些控件（框架、图像控件和标签），如图 3.21 所示。

（10）对窗体 frmSplash 上控件的以下属性进行设置。

① 将标签 lblCompany 的 Caption 属性修改为"ABC 公司"。

② 将标签 lblCompanyProduct 的 Caption 属性修改为"ABC 公司产品"。

③ 将标签 lblPlatform 的 Caption 属性修改为"Windows 平台"。

④ 将标签 lblWarning 的 Caption 属性修改为"警告：本软件受版权法和国际条约保护"。

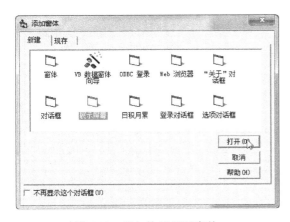

图 3.20　添加快速显示窗体

图 3.21　快速显示窗体默认外观

（11）设置应用程序的启动对象。选择"工程"→"属性"命令，弹出"工程 1-工程属性"对话框，选择"通用"选项卡，在"启动对象"列表框中选择启动对象为"frmSplash"，然后单击"确定"按钮，如图 3.22 所示。此时，可以在工程资源管理器窗口中看到应用程序包含的所有窗体，如图 3.23 所示。

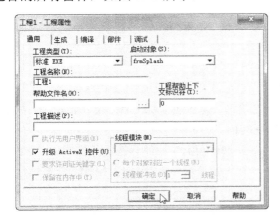

图 3.22　为应用程序设置启动对象

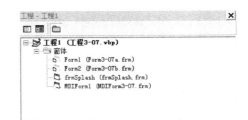

图 3.23　工程资源管理器窗口

（12）打开窗体 frmSplash 的代码窗口，对已有程序进行修改，代码如下。

```
'打开快显窗口时，按任意键关闭快显窗口，显示 MDI 窗口
Private Sub Form_KeyPress(KeyAscii As Integer)
    Unload Me
    MDIForm1.Show
End Sub
'加载快显窗口时，设置标签显示的内容
Private Sub Form_Load()
    lblVersion.Caption = "版本 " & App.Major & "." & App.Minor & "." &
App.Revision
    lblProductName.Caption = App.Title
End Sub
'在快显窗口中单击框架 Frame1 时，关闭快显窗口，显示 MDI 窗口
Private Sub Frame1_Click()
```

```
    Unload Me
    MDIForm1.Show
End Sub
```

（13）在窗体 MDIForm1 的代码窗口中编写该窗体的 Activate 事件过程。

```
'MDI 窗口成为活动窗口时显示两个子窗体
Private Sub MDIForm_Activate()
    Form1.Show
    Form2.Show
End Sub
```

（14）保存所有文件。

程序测试

（1）按 F5 键运行程序。

（2）当打开快速显示窗口时，按任意键或单击该窗口，该窗口会被隐藏。

（3）打开一个多文档界面窗体，其中包含两个子窗体。

（4）关闭 MDI 窗体，此时两个子窗体也随之关闭。

相关知识

1. MDI 应用程序

MDI 应用程序具有以下特性。

（1）所有子窗体均显示在 MDI 窗体的工作空间内。像其他窗体一样，用户能移动子窗体和改变子窗体的大小，但它们被限制在这一工作空间内。

（2）当最小化一个子窗体时，它的图标将显示在 MDI 窗体上而不是任务栏中。当最小化 MDI 窗体时，此 MDI 窗体及其所有子窗体将由一个图标来表示。当还原 MDI 窗体时，MDI 窗体及其所有子窗体将按最小化之前的状态显示出来。

（3）当最大化一个子窗体时，它的标题会与 MDI 窗体的标题组合在一起并显示在 MDI 窗体的标题栏上。

MDI 窗体拥有一些普通窗口没有的属性，包括如下两个属性。

AutoShowChildren：通过设置该属性，子窗体可以在窗体加载时自动显示或自动隐藏。

ActiveForm：该属性表示 MDI 窗体中的活动子窗体。

创建 MDI 应用程序的步骤如下。

（1）选择"工程"→"添加 MDI 窗体"命令。

注意：一个应用程序只能有一个 MDI 窗体。如果工程已经有了一个 MDI 窗体，则"工程"→"添加 MDI 窗体"命令不可使用。

（2）创建应用程序的子窗体。要创建一个 MDI 子窗体，需先创建一个新窗体（或者打开一个存在的窗体），然后把它的 MDIChild 属性设为 True。

（3）设计时使用 MDI 子窗体。在设计时，子窗体不限制在 MDI 窗体区域之内。可以添加控件、设置属性、编写代码及设计子窗体功能，就像在其他 Visual Basic 窗体中操作一样。

2．快速显示窗体

快速显示窗体一般作为程序的封面使用，这种窗体一般没有命令按钮，没有标题栏。当打开快速显示窗体时，按任意键或单击窗口，它会被卸载并调用应用程序主窗体。

制作快速显示窗体时，在工程中新建一个窗体，将窗体的 BorderStyle 属性设置为 3，ControlBox 属性设置为 False，Caption 属性设置为空字符串，并在该窗体中添加一些文字和图片。此外，还必须通过设置工程属性，把快速显示窗体设置为应用程序的启动对象。

项目小结

在本项目中介绍了 Visual Basic 6.0 窗体的常用属性、方法和事件的使用。

窗体的属性决定了窗体的外观。窗体的多数属性既可以在设计阶段通过属性窗口进行设置，又可以通过代码在程序运行阶段进行设置。常用的窗体属性有 Caption、BorderStyle、Height、Width、Top、Left 等。

通过对窗体事件的编程，可以实现在程序运行时对窗体的控制，或进行人机交互。常用的窗体事件有 Load 事件、Resize 事件、鼠标事件、键盘事件、Unload 事件。

窗体的方法是窗体固有的能力，通过窗体的方法对窗体进行控制。常用的窗体方法有 Show、Hide、Cls、Print 等。

实施本项目时，要求读者熟练掌握窗体的常用属性、方法和事件。

项目思考

一、选择题

1．当用户按下和松开一个 ANSI 键时发生（　　　）事件。

    A．Click   B．KeyUp   C．KeyPress   D．KeyDown

2．在鼠标事件中，若 button 参数的值为 2，则说明用户按下了鼠标的（　　　）。

    A．左键   B．右键   C．中间键   D．左键和右键

3．在鼠标事件中，若 Shift 参数的值为 6，则说明用户按下了（　　　）。

    A．Alt 键   B．Ctrl 键   C．Shift 键   D．Ctrl 键和 Alt 键

4．如果用户在对话框中单击了"确定"按钮，则 MsgBox 函数的返回值为（　　　）。

    A．1   B．2   C．3   D．4

二、填空题

1．窗体或控件的名称对应于_____属性。

2．用来设置下一次打印或绘图方法的水平或垂直坐标的属性分别为_____和_____。

3．要在对话框中显示问号图标，应在 MsgBox 函数的第二个参数中包含符号常量_____。

4．要显示"打开"对话框，应调用通用对话框控件的_____方法。

5．要显示"字体"对话框，应调用通用对话框控件的_____方法。

6．要使一个窗体成为 MDI 子窗体，应将其_____属性设置为 True。

三、简答题

1．窗体的所有属性都可以通过代码来设置吗？

2．窗体的 Name 属性与 Caption 属性有何区别？

3．窗体上显示文本时使用的字体和字号分别用什么属性来设置？

4．运行时如何在窗体上输出文本？

5．窗体的 Resize 事件何时发生？

6．窗体的 Unload 事件何时发生？

7．如何使窗体先接收键盘事件？

8．如何使用 Line 方法在窗体上绘制填充矩形？

9．当一个窗体成为活动窗口时会发生什么事件？

10．MDI 应用程序具有哪些特性？

项目实训

1．创建一个应用程序，要求使用 Print 方法在窗体中央显示一行文字。

2．创建一个应用程序，用于测试键盘按钮，当在键盘上按任意一个键时，在窗体上显示该键的代码和相应的字符并显示 Shift、Ctrl 和 Alt 键的状态，当按 Esc 键时退出程序。

3．创建一个简单的绘画程序，可通过拖动鼠标左键连续画线，松开鼠标左键时停止画线；若右击，则画一条从上次画图位置出发的线段。

4．创建一个应用程序时，运行时首先弹出一个输入框提示输入用户名，输入用户名并单击"确定"按钮后，在窗体上显示对用户的欢迎信息，关闭窗口时将弹出一个对话框，单击"确定"按钮退出程序，单击"取消"按钮则返回窗口。

5．创建一个应用程序，在窗体上包含一些按钮和标签，通过单击这些按钮可以弹出"打开"、"字体"和"颜色"对话框，并用来设置窗体的图标、标签文字的字体、字号和颜色。

6．创建一个 MDI 应用程序，要求运行时显示 MDI 窗体和两个 MDI 子窗体。

项目 4

使用标准控件构建用户界面

项目 3 讨论了如何设计应用程序窗体，已经知道窗体是 Visual Basic 应用程序的基本构造模块，是在视窗操作系统中运行应用程序时与用户交互的实际窗口。在 Visual Basic 可视化编程中，图形用户界面就是通过在窗体中添加各种控件来实现的。在 Visual Basic 中，控件分为标准控件和 ActiveX 控件两大类。每当启动 Visual Basic 集成开发环境时，标准控件便自动出现在工具箱中；ActiveX 控件在默认情况下是看不到的，需要在使用之前添加到工具箱中。本项目将通过 7 个任务来介绍大多数标准控件的使用方法。

任务 1　制作文本缩放效果

任务目标

- 理解标签控件的常用属性、方法和事件。
- 掌握控件的基本操作。

任务描述

本任务介绍如何应用标签控件的属性、方法和事件。在程序运行期间，当将鼠标指针指向标签文字时，文字会放大，如图 4.1 所示；当鼠标指针离开标签文字时，文字恢复为原来的大小，如图 4.2 所示。若单击标签文字"退出程序"，则结束程序运行。

任务分析

标签文字字体大小由 FontSize 属性决定。为了使标签控件随着字体改变而改变，可将标签的 AutoSize 属性设置为 True。在加载窗体时，可使用一个模块级变量来保存标签文字的字体大小。当鼠标指针在标签控件上移动时，可增加标签控件的 FontSize 属性值；一旦鼠标指针在窗体上移动，则可将标签控件的 FontSize 属性恢复为原来的值，从而呈现出缩放效果。这个效果可以通过标签和窗体的 MouseMove 事件过程来实现。

图 4.1　文字放大效果　　　　　　　　　　图 4.2　恢复文字原来大小

设计步骤

（1）在 Visual Basic 集成开发环境中新建一个标准 EXE 工程。

（2）将窗体 Form1 的 Caption 属性设置为"标签控件应用示例"。

（3）在工具箱中单击"Label"图标，通过在窗体上拖动鼠标绘制一个标签控件，其默认名称为 Label1；然后对标签 Label1 的以下属性进行设置。

① 将 Caption 属性设置为"文本缩放效果"。

② 设置 Font 属性。双击"Font"，以弹出"字体"对话框，把字体设置为"华文行楷"，大小设置为"二号"，如图 4.3 所示。

③ 设置 ForeColor 属性。单击 ForeColor 属性栏中的向下箭头，选择"调色板"选项卡，并选择红色（相应颜色值为&H000000FF&），如图 4.4 所示。

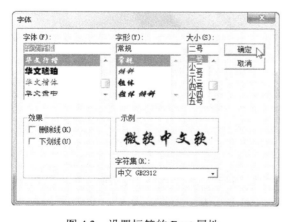

图 4.3　设置标签的 Font 属性　　　　　　图 4.4　设置标签的 ForeColor 属性

（4）在窗体上添加标签 Label2，将其 Caption 属性设置为"退出程序"，将其 ForeColor 属性设置为蓝色（&H00FF0000&）。

（5）在窗体 Form1 的代码窗口中声明一个模块级变量，用于保存标签的 FontSize 属性值。

```
Dim fntsize As Single
```

（6）在窗体 Form1 的代码窗口中编写一个名为 LblCenter 的通用过程，代码如下。

```
Private Sub LblCenter()
   Label1.Left = Int((Me.ScaleWidth - Label1.Width) / 2)
   Label1.Top = Int((Me.ScaleHeight - Label1.Height)/2) - Label1.Height / 2
End Sub
```

（7）在窗体 Form1 的代码窗口中编写窗体的 Load 事件过程，代码如下。

```
Private Sub Form_Load()
   fntsize = Label1.FontSize
End Sub
```

（8）在窗体 Form1 的代码窗口中编写窗体的 MouseMove 事件过程，代码如下。

```
Private Sub Form_MouseMove(Button As Integer, Shift As Integer, X As Single,
Y As Single)
   Label1.FontSize = fntsize
   LblCenter
End Sub
```

（9）在窗体 Form1 的代码窗口中编写标签 Label1 的 MouseMove 事件过程，代码如下。

```
Private Sub Label1_MouseMove(Button As Integer, Shift As Integer, X As
Single, Y As Single)
   Label1.FontSize = 36
   LblCenter
End Sub
```

（10）在窗体 Form1 的代码窗口中编写标签 Label2 的 Click 事件过程，代码如下。

```
Private Sub Label2_Click()
   Unload Me
End Sub
```

（11）将窗体文件和工程文件分别命名为 Form4-01.frm 和工程 4-01.vbp，保存在 D:\VB\项目 4\任务 1 中。

程序测试

（1）按 F5 键运行程序。

（2）当鼠标指针指向窗口上方的标签文字时，标签文字被放大。

（3）当鼠标指针离开窗口上方的标签文字时，标签文字恢复为原来的大小。

（4）若单击标签文字"退出程序"，则退出程序。

相关知识

标签即 Label 控件，它是一种常用的图形控件，以显示用户不能直接改变的文本。

1．标签控件的属性

标签控件的属性分为两部分：一部分是多数控件的通用属性，另一部分是标签控件特有的属性。以下是多数控件的一些通用属性，这些属性也适用于标签控件。

（1）**Name**：返回在代码中用于控件的名称，在属性窗口中显示为"（名称）"，在运行时是只读的。

（2）BackColor：返回或设置控件中文本和图形的背景颜色。

（3）Caption：返回或设置在控件中显示的文本。

（4）Enabled：返回或设置一个布尔值，决定控件是否响应用户生成事件。

（5）ForeColor：返回或设置控件中文本和图形的前景颜色。

（6）Font：返回或设置一个 Font 对象，用于指定控件中文本的字体名称、字体样式和字体大小。Font.Name 属性等效于 FontName 属性，Font.Bold 属性等效于 FontBold 属性，Font.Size 属性等效于 FontSize 属性，等等。

（7）Height 和 Width：返回或设置控件的高度和宽度。

（8）Left 和 Top：返回或设置控件左边缘、上边缘与容器左边缘、上边缘间的距离。

（9）Visible：返回或设置一个布尔值，决定控件是否可见。

除了上述通用属性外，标签控件还具有以下属性。

（1）Alignment：返回或设置标签中文本的水平对齐方式。该属性有以下 3 个取值：0（默认值）表示左对齐，1 表示右对齐，2 表示居中对齐。

（2）AutoSize：返回或设置一个布尔值，以决定控件是否自动改变大小以显示其全部内容。若该属性值为 True，则自动改变控件大小以显示全部内容；若为 False（默认值），则保持控件大小不变，超出控件区域的内容被裁剪掉。

（3）BackStyle：返回或设置一个值，指定标签控件的背景是透明的还是非透明的。有以下两个取值：0 表示透明，即在控件后的背景色和任何图片上都是可见的；1（默认值）表示非透明，即用控件的 BackColor 属性设置值填充该控件，并隐藏该控件后面的所有颜色和图片。

（4）BorderStyle：返回或设置一个值，指定标签控件的边框样式。该属性有以下两个取值：0（默认值）表示无边框，1 表示有固定单线边框。

（5）WordWrap：返回或设置一个布尔值，指示一个 AutoSize 属性设置为 True 的标签控件是否要进行水平或垂直展开，以适用于其 Caption 属性中指定的文本的要求。

2．标签控件的方法

标签控件具有一些方法，其中最常用的是 Move 方法，用于在窗体上移动标签控件，语法格式如下。

```
object.Move left, top, width, height
```

其中，object 表示标签控件，Move 后面的 4 个参数均为单精度值；left 和 top 是必选参数，分别指示 object 左边的水平坐标（x 轴）和 object 顶边的垂直坐标（y 轴）；width 和 height 为可选参数，分别指示 object 的新宽度和新高度。

3．标签控件的事件

标签控件能够响应多数鼠标事件，但由于标签所显示的文本不能被编辑，因此标签不能获得焦点，也不能响应与焦点相关的事件和键盘事件。以下是标签控件的常用事件。

（1）Change 事件：通过代码改变 Caption 属性的设置时发生。

（2）Click 事件：当单击标签控件时发生。

（3）DblClick 事件：当双击标签控件时发生。

（4）MouseDown 和 MouseUp 事件：分别在按下和松开鼠标键时发生。

（5）MouseMove 事件：在移动鼠标时发生。

4．控件的基本操作

为应用程序设计图形用户界面时，通常需要在窗体上添加各种各样的控件，并对控件的属性和布局格式进行设置。

（1）添加控件。在工具箱中单击表示某个控件的图标，然后在窗体上拖动鼠标指针以绘制一个控件；也可以在工具箱中双击表示某个控件的图标，此时将在窗体中央添加一个具有默认大小的控件。

（2）选取控件。在工具箱中单击指针图标 ，然后单击要选取的控件；若要选取多个控件，可按住 Shift 键同时依次单击各个控件，或者在窗体上拖动出一个选择框，把这些控件框选起来。

（3）移动控件。用鼠标指针指向控件内部并将其拖动到新位置上即可。也可以在按住 Ctrl 键的同时按方向键来移动控件。

（4）调整控件大小。用鼠标指针拖动控件四周的控制点并向适当方向拖动鼠标左键，直到控件大小符合要求时松开鼠标左键。也可以在按住 Shift 键的同时按方向键来调整控件的大小。

提　示

可以在窗体上选择控件，然后使用属性窗口来设置其 Left、Top、Width 和 Height 属性值，以精确地设置控件的位置和大小。

（5）复制控件。有时需要在窗体上添加多个相同类型的控件，而且这些控件的外观也大致一样，此时可以先添加一个控件并设置其属性，然后通过以下复制操作来添加其他控件。

由在窗体上选取要复制的一个或多个控件，选择"编辑"→"复制"命令。

若要把该控件的副本粘贴到某个容器控件（如图像框或框架）中，则单击该容器控件，选择"编辑"→"粘贴"命令。

当出现提示已经有某控件、是否要创建控件数组时，若要创建控件数组，可单击"是"按钮；若不想创建控件数组，可单击"否"按钮。

（6）删除控件。在窗体上选取要删除的一个或多个控件，然后选择"编辑"→"删除"命令，或直接按 Delete 键。

（7）设置控件的格式。设计用户界面时，往往需要使一组控件按某种方式对齐或把它们调整成相同的尺寸。在 Visual Basic 集成开发环境中，可以使用窗体编辑器来完成这些操作。

默认情况下，窗体编辑器工具栏是不显示的。若要显示窗体编辑器工具栏，则可选择"视图"→"工具栏"→"窗体编辑器"命令，使该命令项中出现复选标记，这将使窗体编辑器工具栏显示出来，如图 4.5 所示。

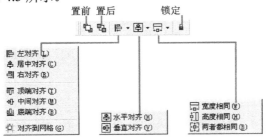

图 4.5　窗体编辑器工具栏

使用窗体编辑器工具栏可以对控件进行以下设置。

① 置前与置后：单击"置前"按钮可把所选控件移动到窗体上所有其他控件的上方，单

击"置后"按钮可把所选控件移动到窗体上所有其他控件的下方。

② 设置控件之间的对齐方式：首先选取一组控件（具有蓝色控制点的控件将作为参考控件），然后单击窗体编辑器左侧的向下箭头，并在弹出的菜单中选择需要的对齐方式。

③ 设置控件相对于窗体的居中对齐方式：首先选取一组控件，然后单击窗体编辑器中间的向下箭头，并在弹出的菜单中选择"水平对齐"或"垂直对齐"命令。

④ 把控件调整成相同大小：首先选取一组控件（具有蓝色控制点的控件将作为参考控件），然后单击窗体编辑器左侧的向下箭头，并在弹出的菜单中选择"宽度相同"、"高度相同"或"两者都相同"命令。

⑤ 锁定控件：当完成控件布局时，可单击"锁定"按钮，使之处于凹陷状态，这将锁定窗体上的所有控件的当前位置。

（8）若要把多于两个的控件设置为相同间距，则可先选取这些控件，然后选择"格式"→"水平间距"→"相同间距"或"格式"→"垂直间距"→"相同间距"命令。

任务 2　制作个人信息录入窗体

任务目标

● 理解文本框控件的常用属性、方法和事件。
● 掌握为文本框控件设置访问键的方法。

任务描述

本任务说明如何使用文本框控件的属性、方法和事件。当程序运行时，通过如图 4.6 所示的窗口录入个人信息，单击"确定"按钮后对录入的信息进行检查，若这些信息符合要求，则通过如图 4.7 所示的窗口显示个人信息。

图 4.6　录入个人信息

图 4.7　显示个人信息

任务分析

要通过 Visual Basic 窗体输入文本信息，在窗体上添加文本框控件即可。通过设置文本框控件的 MultiLine 属性，允许用户输入多行文本；若要对文本框内容进行检查，则可针对"确定"按钮编写 Click 事件过程。

 **设计步骤**

（1）在 Visual Basic 集成开发环境中新建一个标准 EXE 工程。

（2）利用属性窗口将窗体 Form1 的 Caption 属性设置为"录入个人信息"。

（3）在窗体 Form1 上添加以下控件。

① 标签 lblUsername，将其 AutoSize 属性设置为 True，将 Caption 属性设置为"用户名(&U)："。

② 在工具箱中单击"TextBox"图标，在窗体 Form1 上绘制一个文本框并将其命名为 txtUsername，将其 Text 属性清空。

③ 标签 lblGender,，将其 AutoSize 属性设置为 True，Caption 属性设置为"性别(&G)："。

④ 文本框 txtGender，将其 Text 属性清空。

⑤ 标签 lblBirthDate，将其 AutoSize 属性设置为 True，Caption 属性设置为"出生日期(&B)："。

⑥ 文本框 txtBirthDate，将其 Text 属性清空。

⑦ 标签 txtEmail，将其 AutoSize 属性设置为 True，Caption 属性设置为"电子信箱(&E)："。

⑧ 文本框 txtEmail，将其 Text 属性清空。

⑨ 标签 lblCellPhoneNumber，将其 AutoSize 属性设置为 True，Caption 属性设置为"手机号码(&C)："。

⑩ 文本框 txtCellPhoneNumber，将其 Text 属性清空。

⑪ 标签 lblIntroduction，将其 AutoSize 属性设置为 True，Caption 属性设置为"个人简介(&I)："。

⑫ 文本框 txtIntroduction，将其 Text 属性清空，MultiLine 属性设置为 True，ScrollBars 属性设置为 2（显示垂直滚动条）。

⑬ 在工具箱中单击"CommandButton"图标，在窗体 Form1 上添加一个命令按钮，并命名为 cmdOK，将其 Caption 属性设置为"确定"。

⑭ 在窗体上添加另一个命令按钮，命名为 cmdCancel，将其 Caption 属性设置为"取消"。

（4）在窗体 Form1 的代码窗口中编写命令按钮 cmdCancel 的 Click 事件过程，代码如下。

```
'单击"取消"按钮时执行以下事件过程
Private Sub cmdCancel_Click()
    Unload Me
End Sub
```

（5）在窗体 Form1 的代码窗口中编写命令按钮 cmdOK 的 Click 事件过程，代码如下。

```
'单击"确定"按钮时执行以下事件过程，对用户输入的内容进行检查
Private Sub cmdOK_Click()
    If txtUsername.Text = "" Then
        MsgBox "用户名不能为空！", vbInformation + vbOKOnly
```

```
      txtUsername.SetFocus    '焦点置于"用户名"文本框
     Exit Sub
   End If
   If txtGender.Text = "" Then
     MsgBox "请输入性别！", vbInformation + vbOKOnly
     txtGender.SetFocus   '焦点置于"性别"文本框
     Exit Sub
   ElseIf txtGender.Text <> "男" And txtGender.Text <> "女" Then
     MsgBox "输入的内容无效！", vbInformation + vbOKOnly
     txtGender.SelStart = 0
     txtGender.SelLength = Len(txtGender.Text)
     txtGender.SetFocus   '选取输入的内容并将焦点置于"性别"文本框
     Exit Sub
   End If
   If txtBirthDate.Text = "" Then
     MsgBox "请输入出生日期！", vbInformation + vbOKOnly
     txtBirthDate.SetFocus   '焦点置于"出生日期"文本框
     Exit Sub
   ElseIf Not IsDate(txtBirthDate.Text) Then
     MsgBox "出生日期格式无效！", vbInformation + vbOKOnly
     txtBirthDate.SetFocus   '焦点置于"出生日期"文本框
     Exit Sub
   End If
   If txtEmail.Text = "" Then
     MsgBox "请输入电子信箱！", vbInformation + vbOKOnly
     txtEmail.SetFocus
     Exit Sub
   End If
   If txtCellPhoneNumber.Text = "" Then
     MsgBox "请输入 11 位有效的手机号码！", vbInformation + vbOKOnly
     txtCellPhoneNumber.SetFocus
     Exit Sub
   End If

   Me.Hide       '隐藏窗体 Form1
   Form2.Show   '显示窗体 Form2

End Sub
```

（6）在窗体 Form1 的代码窗口中编写文本框 txtBirthDate 的 KeyPress 事件过程，代码如下。

```
'在"手机号码"文本框中输入时执行以下事件过程，若输入无效字符，则取消之
Private Sub txtBirthDate_KeyPress(KeyAscii As Integer)
   If KeyAscii < 48 Or KeyAscii > 57 Then
     KeyAscii = 0
   End If
```

```
End Sub
```

（7）将窗体文件和工程文件分别命名为 Form4-02a.frm 和工程 4-02.vbp，保存在 D:\VB\项目 4\任务 2 中。

（8）在当前工程中添加另一个窗体。选择"工程"→"添加窗体"命令，弹出"添加窗体"对话框，单击"窗体"按钮，然后单击"打开"按钮，此时将向当前工程中添加窗体 Form2。

（9）将窗体 Form2 的 Caption 属性设置为"确认个人信息"。

（10）在窗体 Form2 上添加一个标签控件并命名为 lblUserInfo，将其 AutoSize 属性设置为 True，WordWrap 属性设置为 True。

（11）在窗体 Form2 的代码窗口中编写窗体的 Load 事件过程，代码如下。

```
'加载窗体 Form2 时执行以下事件过程
Private Sub Form_Load()
  Dim str As String
  Me.Height = Form1.Height
  Me.Width = Form1.Width

  str = Space(16) & "个人信息" & vbCrLf
  str = str & "======================================" & vbCrLf & vbCrLf
  str = str & "用 户 名: " & Form1.txtUsername.Text & vbCrLf & vbCrLf
  str = str & "性    别: " & Form1.txtGender.Text & vbCrLf & vbCrLf
  str = str & "出生日期: " & Form1.txtBirthDate.Text & vbCrLf & vbCrLf
  str = str & "电子信箱: " & Form1.txtEmail.Text & vbCrLf & vbCrLf
  str = str & "手机号码: " & Form1.txtCellPhoneNumber.Text & vbCrLf & vbCrLf
  str = str & "个人简介: " & Form1.txtIntroduction.Text

  lblUserInfo.Caption = str
End Sub
```

（12）在窗体 Form2 的代码窗口中编写窗体的 Load 事件过程，代码如下。

```
'卸载窗体 Form2 时执行以下事件过程
Private Sub Form_Unload(Cancel As Integer)
  Unload Form1
End Sub
```

（13）把窗体 Form2 保存为 Form4-02b.frm。

程序测试

（1）按 F5 键运行程序。

（2）直接单击"确定"按钮，弹出一个对话框，提示"用户名不能为空！"。

（3）输入用户名并单击"确定"按钮，弹出一个对话框，提示输入密码。

（4）输入密码后单击"确定"按钮，弹出一个对话框，提示再次输入密码。

（5）再次输入密码后单击"确定"按钮，若两次输入的密码不相同，则弹出对话框。

（6）如果在"出生日期"文本框中输入无效字符（如 A、B），则弹出对话框。

（7）测试各个文本框的访问键。例如，按 Alt+U 组合键，把焦点置于"用户名"文本框；按 Alt+P 组合键，把焦点置于"密码"文本框，等等。

（8）如果在各个文本框中输入了数据并且数据符合要求，则单击"确定"按钮时将隐藏当前窗体，并通过另一个窗体显示用户注册信息。

相关知识

文本框即 TextBox 控件，有时也称为编辑字段或者编辑控件，显示设计时用户输入的信息，或者显示运行时在代码中赋予控件的信息。

1．文本框的常用属性

除拥有控件的通用属性外，文本框控件还具有以下常用属性。

（1）MaxLength：返回或设置一个值，指出在文本框控件中能够输入的字符是否有一个最大数量，如果是，则指定能够输入的字符的最大数量。在 DBCS（双字节字符集）系统中，每个字符能够取两个字节而不是一个字节，以此来限制用户能够输入的字符的数量。

（2）MultiLine：返回或设置一个布尔值，决定文本框是否可以接收和显示多行文本。若设置为 True，则文本框允许多行文本，此时可在文本框内用 Alignment 属性设置文本的对齐方式；若设置为 False（默认值），则忽略回车符并将数据限制在一行内，此时 Alignment 属性不起作用。该属性在运行时是只读的。

（3）PasswordChar：返回或设置一个值，指示所键入的字符或占位符在文本框控件中是否显示。例如，在文本框中输入密码时，通常将该属性设置为"*"。若将 MultiLine 属性设置为 True，则设置 PasswordChar 属性将不起作用。

（4）ScrollBars：返回或设置一个值，指示一个对象是有水平滚动条还是有垂直滚动条。该属性有以下 4 个取值。

① vbSBNone－0（默认值）：无滚动条。

② vbHorizontal－1：有水平滚动条。

③ vbVertical－2：有垂直滚动条。

④ vbBoth－3：同时有两种滚动条。

提示

ScrollBars 属性在运行时是只读的。若文本框的 MultiLine 属性设置为 True 且其 ScrollBars 属性设置为 None（0），则滚动条总出现在文本框上。

（5）SelLength、SelStar 和 SelText：这些属性用于对文本框中的文本进行选定操作。其中，SelLength 属性返回或设置所选择的字符数；SelStart 属性返回或设置所选择的文本的起点，若未选中文本，则指出插入点的位置；SelText 属性返回或设置包含当前所选择文本的字符串，若未选中字符，则为零长度字符串（""）。

（6）TabIndex：返回或设置文本框访问 Tab 键的顺序。

（7）TabStop：返回或设置一个值，指定用户是否可用 Tab 键来选定文本框。

（8）Text：返回或设置文本框中的文本。

2．文本框的常用方法

SetFocus 是文本框控件的一个常用方法，用于将焦点移动到文本框控件中，语法格式如下。

```
object.SetFocus
```

其中，object 表示文本框控件。

3．文本框的常用事件

（1）Change 事件：当文本框中的内容改变时发生此事件。

（2）KeyDown、KeyUp 事件：这些事件是当一个控件具有焦点并按下（KeyDown）或松开（KeyUp）一个键时发生的。其语法格式如下。

```
Private Sub object_KeyDown(keycode As Integer, shift As Integer)
Private Sub object_KeyUp(keycode As Integer, shift As Integer)
```

其中，keycode 是一个键代码，如 vbKeyF1 表示 F1 键，vbKeyHome 表示 Home 键；shift 是在该事件发生时响应 Shift、Ctrl 和 Alt 键的状态的一个整数，shift 取值为 1，表示 Shift 键被按下；取值为 2，表示 Ctrl 键被按下；取值为 4，表示 Alt 键被按下。

（3）KeyPress 事件：当用户按下和松开一个 ANSI 键时发生此事件。其语法格式如下。

```
Private Sub object_KeyPress(keyascii As Integer)
```

其中，object 表示文本框控件，keyascii 用于返回一个标准数字 ANSI 键代码的整数。keyascii 通过引用传递，对它进行改变可给文本框发送一个不同的字符。当将 keyascii 改变为 0 时，可取消击键，这样控件便接收不到字符。在本任务中就是这样做的。

4．为文本框设置访问键

为文本框设置访问键的具体方法：首先添加一个标签并在其 Caption 属性中通过&字符指定一个访问键，然后添加一个文本框，这样标签的 TabIndex 属性比文本框的该属性小 1，而标签不能接收焦点，在这种情况下使用访问键即可把焦点置于文本框。

任务 3　制作用户登录窗体

任务目标

- 掌握命令按钮控件的常用属性。
- 掌握命令按钮控件的常用事件。

任务描述

在本任务中创建一个登录窗体。只要有一个文本框为空，则"登录"按钮将被禁用，如图 4.8 所示。当通过文本框输入用户名和密码后，"登录"按钮可用，如图 4.9 所示。当输入正确的用户名和密码时，可单击"登录"按钮，以卸载登录窗体，并通过另一个窗体显示登录成功信息，如图 4.10 所示。若用户名或密码错误，则弹出对话框显示出错信息。

图 4.8　"登录"按钮被禁用

图 4.9　两个按钮均可用

图 4.10　显示登录成功信息

任务分析

　　命令按钮能否可以对用户操作做出响应，需要根据文本框是否包含内容来控制。为此应将所在窗体的 KeyPreview 属性设置为 True，并在该窗体的 KeyUp 事件处理过程中对命令按钮的 Enabled 属性进行设置。

设计步骤

（1）在 Visual Basic 集成开发环境中新建一个标准 EXE 工程。

（2）利用属性窗口对窗体 Form1 的以下属性进行设置。

① 将其 Caption 属性设置为"用户登录"。

② 将其 BorderStyle 属性为 1，即 Fixed Dialog。

③ 将其 KeyPreview 属性设置为 True。

（3）在窗体 Form1 中依次添加以下控件。

① 标签 lblUsername，将其 Caption 属性设置为"用户名(&U):"。

② 文本框 txtUsername，将其 Text 属性设置为空。

③ 标签 lblPassword，将其 Caption 属性设置为"密码(&P):"。

④ 文本框 txtPassword，将其 Text 属性设置为空，其 PasswordChar 属性设置为"*"。

⑤ 命令按钮 cmdLogin，将其 Caption 属性设置为"登录(&R)"，Default 属性设置为 True，Enabled 属性设置为 False。

⑥ 命令按钮 cmdCancel，将其 Caption 属性设置为"取消(&C)"，Cancel 属性设置为 True。

（4）在窗体 Form1 的代码窗口中编写命令按钮 cmdCancel 的 Click 事件过程，代码如下。

```
'单击"取消"按钮时执行以下事件过程
Private Sub cmdCancel_Click()
    Unload Me
End Sub
```

（5）在窗体 Form1 的代码窗口中编写命令按钮 cmdOK 的 Click 事件过程，代码如下。

```
'单击"登录"按钮时执行以下事件过程
Private Sub cmdLogin_Click()
    If txtUsername.Text = "张三小" And txtPassword.Text = "123456" Then
        Unload Me
        Form2.Show
    Else
        MsgBox "用户名或密码错误，登录失败！", vbOKOnly + vbInformation
    End If
End Sub
```

（6）在窗体 Form1 的代码窗口中编写窗体的 KeyUp 事件过程，代码如下。

```
'在窗体上输入字符松开按键时执行以下事件过程
Private Sub Form_KeyUp(KeyCode As Integer, Shift As Integer)
    cmdLogin.Enabled = txtUsername.Text <> "" And txtPassword.Text <> ""
End Sub
```

（7）将窗体文件和工程文件分别命名为 Form4-03a.frm 和工程 4-03.vbp，保存在 D:\VB\项目 4\任务 3 中。

（8）在当前工程中添加窗体 Form2，并在该窗体上添加标签 Label1，将其 Caption 属性设置为"登录成功欢迎您访问本系统"，如图 4.10 所示。

（9）将窗体 Form2 命名为 Form4-03b.frm，保存在 D:\VB\项目 4\任务 3 中。

程序测试

（1）按 F5 键运行程序，当输入用户名和密码时，"确定"按钮由禁止状态变为可用状态。

（2）当输入用户名"张三小"、密码"123456"并单击"确定"按钮时，卸载登录窗体并通过另一个窗体显示欢迎信息。

（3）如果输入的用户名不是"张三小"或密码不是"123456"，则单击"确定"按钮时，会弹出一个对话框，提示用户名或密码错误。

相关知识

命令按钮即 CommandButton 控件，用它可以开始、中断或者结束一个进程。选取这个控件后，它会显示按下的形状，所以有时也称之为下压按钮。

1. 命令按钮的常用属性

除了具有控件的通用属性外，命令按钮还有以下属性。

（1）Cancel：返回或设置一个值，用来指示窗体中命令按钮是否为取消按钮。如果设置为 True，则命令按钮控件是取消按钮，此时可通过按 Esc 键选中该按钮；如果设置为 False（默认值），则命令按钮控件不是取消按钮。窗体中只能有一个命令按钮可以是取消命令按钮。当某个命令按钮的 Cancel 设置为 True 时，其他命令按钮将自动设置为 False。

（2）Default：返回或设置一个值，以确定哪一个命令按钮控件是窗体的默认命令按钮。若设置为 True，则该命令按钮是默认命令按钮，此时可通过按 Enter 键选中该按钮。若设置为 False（默认值），则该命令按钮不是默认命令按钮。窗体中只能有一个命令按钮可以是默认命令按钮。当将某个命令按钮的 Default 设置为 True 时，同一窗体中的其他命令按钮将自动设置为 False。

（3）Style：返回或设置一个值，指示控件的显示类型和行为。该属性有以下设置值：0-vbButtonStandard（默认值）表示标准的没有相关图像的命令按钮，1-vbButtonGraphical 表示图像样式按钮，可通过 Picture 属性设置在按钮中显示的图像。该属性在运行时是只读的。

（4）Value：返回或设置指示该按钮是否可选的值，在设计时不可用。如果该属性为 True，则表示已选中该按钮；如果为 False（默认值），则表示没有选中该按钮。如果在代码中设置 Value 属性值为 True，则激活该按钮的 Click 事件。

（5）Enabled：返回或设置一个值，该值用来确定一个命令按钮控件是否能够对用户产生的事件做出反应。通过设置该属性，可在运行时使命令按钮控件成为有效或无效的。

（6）ToolTipText：返回或设置一个工具提示字符串。程序运行时，当光标在对象上徘徊约 1s 时，该字符串将显示在该控件下面的一个小矩形框中。

2. 命令按钮的常用事件

Click 事件是命令按钮的最常用事件。要为命令按钮创建 Click 事件过程时，在窗体上双击命令按钮控件即可。

任务 4　改进个人信息录入窗体

任务目标

- 掌握单选按钮控件的应用。
- 掌握框架控件的应用。
- 掌握复选框控件的应用。

任务描述

在本任务中创建一个个人信息录入窗体，其中包含文本框、单选按钮、复选框和命令按钮等控件，如图 4.11 所示。当在用户注册窗体中输入用户信息单击"确定"按钮时，将隐藏信息录入窗体，打开另一个窗体并显示所提交的个人信息，如图 4.12 所示。

图 4.11　录入个人信息

图 4.12　显示个人信息

任务分析

文本信息通常是使用文本框来输入的。但对于某些具有固定选项的文本信息，也可以使用单选按钮或复选框来进行选择。在本任务中，让用户在录入时通过单选按钮来选择性别，通过复选框来选择是否共青团员，与文本框相比，这样更加方便快捷。

 设计步骤

（1）在 Visual Basic 集成开发环境中新建一个标准 EXE 工程。
（2）利用属性窗口对窗体 Form1 的以下属性进行设置。
① 将其 Caption 属性设置为"录入个人信息"。
② 将其 BorderStyle 属性设置为 1。

（3）在窗体 Form1 上依次添加以下控件。

① 标签 lblUsername，将其 Caption 属性设置为"用户名(&U)："。

② 文本框 txtUsername，将其 Text 属性设置为空白。

③ 标签 lblGender，将其 Caption 属性设置为"性别(&G)："。

④ 在工具箱中单击"Frame"图标 ，并通过在窗体上拖动鼠标绘制一个框架控件，其默认名称为 Frame1，将其 Caption 属性设置为空白。

⑤ 在工具箱中单击"OptionButton"图标 ，并通过在框架 Frame1 上拖动鼠标绘制一个单选按钮控件，其默认名称为 Option1，将其更名为 optMale，将其 Caption 属性设置为"男"，将其 Value 属性设置为 True；用同样的方法在框架 Frame1 中绘制一个单选按钮控件并命名为 optFemale，将其 Caption 属性设置为"女"。

⑥ 标签 lblBirthDate，将其 Caption 属性设置为"出生日期(&B)："。

⑦ 文本框 txtBirthDate，将其 Text 属性清空。

⑧ 在工具箱中单击"CheckBox"图标，并通过在窗体上拖动鼠标绘制一个复选框控件，其默认名称为 Check1，将其更名为 chkIsCY，将其 Caption 属性设置为"是否共青团员"。

⑨ 标签 lblEmail，将其 Caption 属性设置为"电子信箱(&E)："。

⑩ 文本框 txtEmail，将其 Text 属性清空。

⑪ 标签 lblCellPhoneNumber，将其 Caption 属性设置为"手机号码(&C)："

⑫ 文本框 txt CellPhoneNumber，将其 Text 属性清空。

⑬ 标签 lblIntroduction，将其 AutoSize 属性设置为 True，Caption 属性设置为"个人简介(&I)："。

⑭ 文本框 txtIntroduction，将其 Text 属性清空，MultiLine 属性设置为 True，ScrollBars 属性设置为 2（显示垂直滚动条）。

⑮ 命令按钮 cmdOK，将其 Caption 属性设置为"确定"，Default 属性设置为 True。

⑯ 命令按钮 cmdCancel，将其 Caption 属性设置为"取消"，Cancel 属性设置为 True。

（4）在窗体 Form1 的代码窗口中编写命令按钮 cmdCancel 的 Click 事件过程，代码如下。

```
'单击"取消"按钮时执行以下事件过程
Private Sub cmdCancel_Click()
   Unload Me
End Sub
```

（5）在窗体 Form1 的代码窗口中编写命令按钮 cmdReg 的 Click 事件过程，代码如下。

```
'单击"确定"按钮时执行以下事件过程
Private Sub cmdOK_Click()

   If txtUsername.Text = "" Then
     MsgBox "用户名不能为空！", vbInformation + vbOKOnly
     txtUsername.SetFocus
     Exit Sub
   End If

   If txtBirthDate.Text = "" Then
     MsgBox "请输入出生日期！", vbInformation + vbOKOnly
     txtBirthDate.SetFocus
```

```
        Exit Sub
    End If

    If txtEmail.Text = "" Then
      MsgBox "请输入电子信箱！", vbInformation + vbOKOnly
      txtEmail.SetFocus
      Exit Sub
    End If

    If txtCellPhoneNumber.Text = "" Then
      MsgBox "请输入手机号码！", vbInformation + vbOKOnly
      txtCellPhoneNumber.SetFocus
      Exit Sub
    End If

    Form1.Hide
    Form2.Show

End Sub
```

（6）将窗体文件和工程文件分别命名为 Form4-4a.frm 和工程 4-04.vbp，保存在 D:\VB\项目 4\任务 4 中。

（7）在当前工程中添加一个新窗体并命名为 Form2，将其 Caption 属性设置为"用户注册信息"，BorderStyle 属性设置为 1。

（8）在窗体 Form2 上添加一个标签控件并命名为 lblUserInfo，将其 AutoSize 属性设置为 True，WordWrap 属性设置为 Ture。

（9）在窗体 Form2 的代码窗口中编写该窗体的 Load 事件过程，代码如下。

```
'加载窗体 Form2 时执行以下事件过程
Private Sub Form_Load()
  Dim str As String

  Me.Height = Form1.Height
  Me.Width = Form1.Width

  str = Space(16) & "个人信息" & vbCrLf
  str = str & "=====================================" & vbCrLf & vbCrLf
  str = str & "性    别：" & IIf(Form1.optMale, "男", "女") & vbCrLf & vbCrLf
  str = str & "出生日期：" & Form1.txtBirthDate.Text & vbCrLf & vbCrLf
  str = str & "是否团员：" & IIf(Form1.chkIsCY.Value, "是", "否") & vbCrLf &
vbCrLf
  str = str & "电子信箱：" & Form1.txtEmail.Text & vbCrLf & vbCrLf
  str = str & "手机号码：" & Form1.txtCellPhoneNumber.Text & vbCrLf & vbCrLf
  str = str & "个人简介：" & Form1.txtIntroduction.Text
  lblUserInfo.Caption = str
```

110

```
End Sub
```

（10）在窗体 Form2 的代码窗口中编写该窗体的 Unload 事件过程，代码如下。

```
'卸载窗体 Form2 时执行以下事件过程
Private Sub Form_Unload(Cancel As Integer)
   Unload Form1
End Sub
```

（11）将窗体 Form2 命名为 Form4-04b.frm，保存在 D:\VB\项目 4\任务 4 中。

程序测试

（1）按 F5 键运行程序。

（2）在文本框中输入相关信息，通过单选按钮选择性别，通过复选框选择是否共青团员。

（3）单击"确定"按钮时隐藏注册窗体，并通过另一个窗体显示用户的注册信息。

相关知识

1．单选按钮控件

单选按钮（OptionButton）控件显示一个可以打开或者关闭的选项。在单选按钮组中用一些单选按钮显示选项，用户只能选择其中的一项。在 Frame 控件、PictureBox 控件或窗体这样的容器中绘制单选按钮控件，即可把这些控件分组。为了在 Frame 或 PictureBox 中将单选按钮控件分组，首先绘制 Frame 或 PictureBox，然后在其内部绘制单选按钮控件。同一容器中的单选按钮控件为一个组。

在窗体上添加单选按钮后，通常需要对其以下属性进行设置。

① Alignment：返回或设置单选按钮的提示文本的对齐方式，0 表示文本显示在左边，1 表示文本显示在右边。

② Caption：返回或设置单选按钮旁边的提示文本，通过设置 Caption 属性可以为单选按钮指定访问键。

③ Value：返回或设置单选按钮的值，指明单选按钮是否被选中。如果为 True，则表明单选按钮被选中；如果为 False，则表明单选按钮未被选中。

Click 是单选按钮的常用事件，在以下情况下会发生该事件。

① 选中单选按钮。

② 当单选按钮具有焦点时按 Space 键。

③ 将单选按钮的 Value 属性设置为 True。

2．框架控件

框架（Frame）控件为其他控件提供可标识的分组，可以在功能上进一步分割一个窗体，例如，把单选按钮控件分成几组。为了将控件分组，首先需要绘制一个框架控件，然后绘制框架中的控件，这样可以把框架和其中的控件同时移动。如果在框架外部绘制了一个控件并试图把它移动到框架内部，那么控件将在框架的上部，这时需要分别移动框架和控件。

为了在框架中选择多个控件，需要使用鼠标在控件周围绘制框时按住 Ctrl 键。

框架控件的常用属性是 Caption，用于设置显示在框架左上方的文本。

3．复选框控件

复选框（CheckBox）控件可以用来提供 True/False 或 Yes/No 选项。选中复选框控件后，该控件将呈现为☑，而取消选中复选框控件后，✓消失。使用复选框控件构成一个控件组可以显示多项选择，可以选择其中的一项或多项。

复选框与单选按钮控件功能相似，但二者也存在重要差别：在一个窗体中可以同时选择任意数量的复选框控件。反之，在一个组中，在任何时候只能选择一个单选按钮控件。

在窗体上添加单选按钮后，通常需要设置以下属性。

① Alignment：返回或设置复选框的提示文本的对齐方式，0 表示文本显示在左边，1 表示文本显示在右边。

② Caption：返回或设置复选框控件旁边显示的文本，通过设置此属性可以为复选框指定访问键。

③ Value：返回或设置复选框控件的状态，0 表示选中，1 表示已选中，2 表示不可用。

Click 是复选框的常用事件，在以下情况下会发生该事件。

① 选中复选框。

② 当复选框具有焦点时按 Space 键。

③ 将复选框的 Value 属性设置为 True。

任务 5　列表框和组件框应用

任务目标

- 掌握列表框控件的应用。
- 掌握组合框控件的应用。

任务描述

在本任务中创建了一个简单的选课系统。当从组合框中选择不同专业时，通过列表框列出相关的课程，可以从中选择所需的课程，并允许添加或删除课程，如图 4.13 所示；当选择一些课程并单击"确定"按钮时，通过另一个窗体列出选课结果，如图 4.14 所示。

图 4.13　选择专业和课程

图 4.14　显示选课结果

任务分析

列表框和组合框都可以用于显示项目列表。在本任务中，通过组合框显示专业名称列表，当选择某个专业时，在列表框中显示相关专业的可选课程。要实现这一点，可以对"专业"组合框的 Click 事件编程，通过 ListIndex 属性获取当前所选择的专业，并根据专业不同，调用 AddItem 方法动态加载项目。通过模块级数组来存储这些项目，并在窗体 Form1 的 Load 事件过程把字符串拆分成数组，然后把每个数组元素添加到列表框中。

 设计步骤

（1）在 Visual Basic 集成开发环境中新建一个标准 EXE 工程。

（2）将窗体 Form1 的 Caption 属性设置为"选课系统"。

（3）在窗体 Form1 上依次添加以下控件并设置相关属性。

① 标签 lblMajor，将其 Caption 属性设置为"专业(&M):"。

② 在工具箱中单击"ComboBox"图标■，并在窗体上绘制一个组合框控件，然后将其命名为 cboMajor。

③ 标签 lblCourse，将其 Caption 属性设置为"可选课程(&A):"。

④ 在工具箱中单击"ListBox"图标■，并在窗体上绘制一个列表框控件，然后将其命名为 lstCourse。

⑤ 命令按钮 cmdAdd，将其 Caption 属性设置为">"，ToolTipText 属性设置为"添加选中的课程"。

⑥ 命令按钮 cmdAddAll，将其 Caption 属性设置为">>"，ToolTipText 属性设置为"添加全部课程"。

⑦ 命令按钮 cmdRemove，将其 Caption 属性设置为"<"，ToolTipText 属性设置为"移除选中的课程"。

⑧ 命令按钮 cmdRemoveAll，将其 Caption 属性设置为"<<"，ToolTipText 属性设置为"移除全部课程"。

⑨ 标签 lblSelectedCourse，将其 Caption 属性设置为"已选课程(&S):"。

⑩ 列表框 lstSelectedCourse。

⑪ 命令按钮 cmdOK，将其 Caption 属性设置为"确定"，Default 属性设置为 True。

⑫ 命令按钮 cmdCancel，将其 Caption 属性设置为"取消"，Cancel 属性设置为 True。

（4）在窗体 Form1 的代码窗口中声明一些窗体级变量。

```
'声明模块级变量
Private sMajor As String, sCourse1 As String, sCourse2 As String, sCourse3 As String
Private aMajor() As String, aCourse1() As String, aCourse2() As String, aCourse3() As String
```

（5）在窗体 Form1 的代码窗口中编写一个名为 ListFill 的通用过程，代码如下。

```
'''''''''''''''''''''''''''''''''''''''''''''
'过程名：ListFill
'参数：oName 指定一个列表框或组合框，aItem 指定一个数组名
'功能：用数组 aItem 中的元素填充由 oName 指定的列表框或组合框
'''''''''''''''''''''''''''''''''''''''''''''
Sub ListFill(ByVal oName As Control, aItem() As String)
```

```
    Dim i As Integer

    For i = 0 To UBound(aItem)
      oName.AddItem aItem(i)
    Next
  End Sub
```

（6）在窗体 Form1 的代码窗口中编写该窗体的 Load 事件过程，代码如下。

'当加载窗体 Form1 时执行以下事件过程

```
Private Sub Form_Load()
    sMajor = "计算机软件,多媒体技术应用,计算机网络技术"
    sCourse1 = "计算机操作与使用,计算机网络技术与应用,基于过程的程序设计,网页制作,数据库
应用开发,桌面应用程序开发,软件开发实训"
    sCourse2 = "计算机操作与使用,美术设计,多媒体技术应用,计算机图形图像处理,二维动画制作,
三维动画制作,音频视频编辑处理,平面设计,影视制作,多媒体制作"
    sCourse3 = "计算机操作与使用,计算机组装与维修,操作系统与网络服务器管理,计算机网络技
术与应用,网络布线与小型局域网搭建,网页制作,中小型网站建设与管理"
    aMajor = Split(sMajor, ",")
    ListFill cboMajor, aMajor
    cboMajor.Text = cboMajor.List(0)
    aCourse1 = Split(sCourse1, ",")
    aCourse2 = Split(sCourse2, ",")
    aCourse3 = Split(sCourse3, ",")
    ' 用数组 aCourse1 中的元素填充"课程"列表框
    ListFill lstCourse, aCourse1
End Sub
```

（7）在窗体 Form1 的代码窗口中编写组合框 cboMajor 的 Click 事件过程，代码如下。

'当在"专业"列表框中选择一个专业时执行以下事件过程

```
Private Sub cboMajor_Click()
    '清除"课程"列表框
    lstCourse.Clear
    '根据选择专业不同，用不同的课程填充"课程"列表框
    Select Case cboMajor.ListIndex
    Case 0
      ListFill lstCourse, aCourse1
    Case 1
      ListFill lstCourse, aCourse2
    Case 2
      ListFill lstCourse, aCourse3
    End Select
End Sub
```

（8）在窗体 Form1 的代码窗口中编写命令按钮 cmdAdd 的 Click 事件过程，代码如下。

'当单击">"按钮时执行以下事件过程

```
Private Sub cmdAdd_Click()
    If lstCourse.ListCount > 0 And lstCourse.ListIndex <> -1 Then
```

```
      lstSelectedCourse.AddItem lstCourse.List(lstCourse.ListIndex)
      lstCourse.RemoveItem lstCourse.ListIndex
   ElseIf lstCourse.ListCount > 0 And lstCourse.ListIndex = -1 Then
      MsgBox "请选择要添加的课程! ", vbInformation + vbOKOnly, "提示信息"
   End If
End Sub
```

（9）在窗体 Form1 的代码窗口中编写命令按钮 cmdAddAll 的 Click 事件过程，代码如下。

```
'单击">>"按钮时执行以下事件过程
Private Sub cmdAddAll_Click()
   Dim i As Integer
   If lstCourse.ListCount > 0 Then
      For i = lstCourse.ListCount - 1 To 0 Step -1
         lstSelectedCourse.AddItem lstCourse.List(0)
         lstCourse.RemoveItem 0
      Next
   End If
End Sub
```

（10）在窗体 Form1 的代码窗口中编写命令按钮 cmdRemove 的 Click 事件过程，代码如下。

```
'当单击"<"时执行以下事件过程
Private Sub cmdRemove_Click()
   If lstSelectedCourse.ListCount > 0 And lstSelectedCourse.ListIndex <> -1
Then
      lstCourse.AddItem lstSelectedCourse.List(lstSelectedCourse.ListIndex)
      lstSelectedCourse.RemoveItem lstSelectedCourse.ListIndex
   End If
End Sub
```

（11）在窗体 Form1 的代码窗口中编写命令按钮 cmdClear 的 Click 事件过程，代码如下。

```
'单击"<<"按钮时执行以下事件过程
Private Sub cmdClear_Click()
   Dim i As Integer

   If lstSelectedCourse.ListCount > 0 Then
      For i = lstSelectedCourse.ListCount - 1 To 0 Step -1
         lstCourse.AddItem lstSelectedCourse.List(0)
         lstSelectedCourse.RemoveItem 0
      Next
   End If
End Sub
```

（12）在窗体 Form1 的代码窗口中编写命令按钮 cmdCancel 的 Click 事件过程，代码如下。

```
'当单击"取消"按钮时执行以下事件过程
Private Sub cmdCancel_Click()
   Unload Me
End Sub
```

（13）在窗体 Form1 的代码窗口中编写命令按钮 cmdOK 的 Click 事件过程，代码如下。

```
'当单击"确定"按钮时执行以下事件过程
Private Sub cmdOK_Click()
  If lstSelectedCourse.ListCount > 0 Then
    Me.Hide
    Form2.Show
  Else
    MsgBox "你还没有选择任何课程! ", vbInformation + vbOKOnly, "提示信息"
  End If
End Sub
```

（14）在窗体 Form1 的代码窗口中编写列表框 lstCourse 的 DblClick 事件过程，代码如下。

```
'当在"可选课程"列表框中双击一门课程时执行以下事件过程
Private Sub lstCourse_DblClick()
  cmdAdd_Click
End Sub
```

（15）在窗体 Form1 的代码窗口中编写列表框控件 lstSelectedCourse 的 DblClick 事件过程，代码如下。

```
'当在"已选课程"列表框中双击一门课程时执行以下事件过程
Private Sub lstSelectedCourse_DblClick()
  cmdRemove_Click
End Sub
```

（16）在窗体 Form1 的代码窗口中编写列表框控件 lstSelectedCourse 的 DblClick 事件过程，代码如下。

```
'当在"已选课程"列表框中双击一门课程时执行以下事件过程
Private Sub lstSelectedCourse_DblClick()
  cmdRemove_Click
End Sub
```

（17）在窗体 Form1 的代码窗口中编写列表框控件 lstSelectedCourse 的 DblClick 事件过程，代码如下。

```
'当在"已选课程"列表框中双击一门课程时执行以下事件过程
Private Sub lstSelectedCourse_DblClick()
  cmdRemove_Click
End Sub
```

（18）在当前工程中添加一个新窗体并命名为 Form2。

（19）在窗体 Form2 上依次添加以下控件。

① 标签 lblResult，将其 Caption 属性清空。

② 文本框 txtResult，将其 MultiLine 属性设置为 True，Enabled 属性设置为 False，ScrollBars 属性设置为 3。

③ 命令按钮 cmdReturn，将其 Caption 属性设置为"返回"。

④ 命令按钮 cmdClose，将其 Caption 属性设置为"关闭"。

（20）在窗体 Form2 的代码窗口中编写该窗体的 Activate 事件过程，代码如下。

```
'当窗体 Form2 成为活动窗体时执行以下事件过程
Private Sub Form_Activate()
    Dim i As Integer, sResult As String

    lblResult = "你选择了" & Form1.cboMajor.Text & "专业。" & vbCrLf & _
    "选择了以下 " & Form1.lstSelectedCourse.ListCount & " 门课程："
    For i = 0 To Form1.lstSelectedCourse.ListCount - 1
        sResult = sResult & Form1.lstSelectedCourse.List(i) & vbCrLf
    Next
    txtResult.Text = sResult
End Sub
```

（21）在窗体 Form2 的代码窗口中编写命令按钮 cmdReturn 的 Click 事件过程，代码如下。

```
'当单击"返回"按钮时执行以下事件过程
Private Sub cmdClose_Click()
    Unload Me
    Form1.Show
End Sub
```

（22）在窗体 Form2 的代码窗口中编写命令按钮 cmdClose 的 Click 事件过程，代码如下。

```
'当单击"关闭"按钮时执行以下事件过程
Private Sub cmdClose_Click()
    Unload Me
    Unload Form1
End Sub
```

（23）将窗体文件分别命名为 Form4-05a.frm 和 Form4-05b.frm，工程文件命名为工程 4-04.vbp，保存在 D:\VB\项目 4\任务 5 中。

程序测试

（1）按 F5 键运行程序。

（2）在"专业"列表框中选择一个专业，此时"可选课程"列表框中包含的项目将随之发生变化。

（3）在"可选课程"列表框中选中一门课程并单击">"按钮或者双击要选择的课程，使之进入"已选课程"列表框。也可以单击">>"按钮以选取全部课程。

（4）若要从"已选课程"列表框中移除某门课程，则可在该列表框中选中该课程并单击"<"按钮或者双击该课程。也可以单击"<<"按钮以移除已选择的全部课程。

（5）单击"确定"按钮，此时将显示另一个窗体并给出选课结果。

相关知识

1．列表框控件

列表框（ListBox）控件用于显示项目列表，从其中可以选择一项或多项。如果项目总数超过了可显示的项目数，则自动在列表框控件上添加滚动条。

列表框控件的常用属性如下。

① List：返回或设置控件的列表部分的项目。该属性值是一个字符串数组，数组的每个元素都是一个列表项目，设计列表框控件时可以通过属性窗口来设置。

② ListCount：返回控件的列表部分项目的个数。

③ ListIndex：返回或设置控件中当前选择项目的索引，在设计时不可用。当选定列表的第一项时，ListIndex 属性值为 0；如果未选定项目，则 ListIndex 属性值是－1。ListCount 属性包含项目数，其值总是比最大的 ListIndex 值大 1。

④ SelCount：返回在列表框控件中被选中项的数量。

⑤ Selected：返回或设置在列表框控件中的一个项的选择状态。该属性是一个布尔值数组，其项数与 List 属性相同，在设计时是不可用的。

⑥ Sorted：指定控件的元素是否自动按字母表顺序排序。

⑦ Style：指定列表框的样式。如果该属性值为 0，则呈现为标准列表框；如果属性值为 1，则呈现为复选框式列表框，每个文本项的边上都有一个复选框，可以选择多项。

⑧ 列表框控件的常用方法如下。

⑨ AddItem：用于将项目添加到列表框控件中，语法格式如下。

```
oList.AddItem item, index
```

其中，oList 表示列表框控件；参数 item 为字符串表达式，用来指定添加到该列表框的项目；参数 index 为整数，用来指定新项目在该列表框中的位置。对于列表框控件的首项，index 为 0。

如果给出的 index 值有效，则 item 将放置在 oList 中相应的位置。如果省略 index，则当 Sorted 属性设置为 True 时，item 将添加到恰当的排序位置；当 Sorted 属性设置为 False 时，item 将添加到列表的结尾。

⑩ RemoveItem：从列表框控件中删除一项，语法格式如下。

```
oList.RemoveItem index
```

其中，oList 表示列表框控件；参数 index 是一个整数，表示要删除的项在列表框中的位置。对于列表框中的首项，index 为 0。

2. 组合框控件

组合框（ComboBox）控件将文本框控件和列表框控件的特性结合在一起，既可以在控件的文本框部分输入信息，也可以在控件的列表框部分选择一项。

组合框控件的常用属性如下。

① Style：用于设置组合框控件的样式。如果该属性值为 0（默认值），则呈现为下拉式组合框，包括一个下拉列表框和一个文本框，可以从列表框中选择或在文本框中输入。如果该属性值为 1，则得到一个简单组合框，包括一个文本框和一个不能下拉的列表框，可以从列表框中选择或在文本框中输入。如果该属性值为 2，则呈现为下拉列表框，这种样式仅允许从下拉列表框中选择。

② Text：对于 Style 属性设置为 0 的下拉组合框或 Style 属性设置为 1 的简单组合框，返回或设置编辑域中的文本；对于 Style 属性设置为 2 的下拉列表框，返回在列表框中选择的项目，返回值总与表达式 List(ListIndex)的返回值相同。

为了添加或删除组合框控件中的项目，需要使用 AddItem 或 RemoveItem 方法。利用 List、ListCount 和 ListIndex 属性可以实现对组合框中项目的访问。也可以在设计时使用 List

属性将项目添加到列表中。

任务 6 制作调色板

任务目标

- 掌握滚动条的常用属性。
- 掌握滚动条的常用事件。

任务描述

在本任务中创建了一个调色板，通过滚动条或文本框设置红、绿、蓝三基色的比例，以生成所需的颜色值，并用于设置标签的前景颜色，如图 4.15 所示。

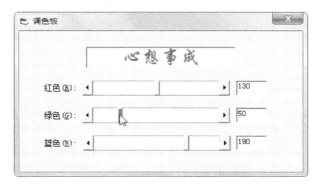

图 4.15 调色板

任务分析

根据颜色混合原理，任何一种颜色均可由红、绿、蓝三基色混合而成，而这 3 种颜色值的取值都是 0~255。在本任务中，可以使用滚动条来设置三基色分量的大小，将滚动条的 Min 和 Max 属性分别设置为 0 和 255 即可。另外，为了实现滚动条与文本框的同步，可以分别对滚动条和文本框的 Change 事件编程。

 设计步骤

（1）在 Visual Basic 集成开发环境中新建一个标准 EXE 工程。

（2）将窗体 Form1 的 Caption 属性设置为"调色板"，将其 BorderStyle 属性设置为 1。

（3）在窗体 Form1 上添加以下控件。

① 标签 lblSample，将其 Caption 属性设置为"心想事成"，BorderStyle 属性设置为 1，BackColor 属性设置为白色，Alignment 属性设置为 2，并对其 Font 属性进行设置。

② 标签 lblColor(0)~lblColor(2)，将它们的 Caption 属性分别设置为"红色(&R):"、"绿色(&G):"和"蓝色(&B):"，这些标签构成一个控件数组。

③ 在工具箱中单击"HScrollBar"图标，通过拖动鼠标在窗体上绘制一个水平滚动条，并命名为 hsbColor，将其 Min 属性设置为 0，Max 属性设置为 255，SmallChange 属性设置为 1，LargeChange 属性设置为 10。

④ 通过复制控件 hsbColor，生成一个控件数组，该数组由 hsbColor(0)～hsbColor(2)组成。

⑤ 文本框 txtColor(0)、txtColor(1)，将它们的 Text 属性清空，这些文本框组成了一个控件数组。

（4）在窗体 Form1 的代码窗口中编写一个名为 SetColor 的通用过程，代码如下。

```
'通用过程，用于设置标签 lblSample 的前景颜色
Private Sub SetColor()
    lblSample.ForeColor = RGB(hsbColor(0).Value, hsbColor(1).Value, hsbColor(2).Value)
End Sub
```

（5）在窗体 Form1 的代码窗口中编写该窗体的 Load 事件过程，代码如下。

```
'加载窗体时执行以下事件过程
Private Sub Form_Load()
    Dim i As Integer
    For i = 0 To 2
        txtColor(i) = 0 : hsbColor(i) = 0
    Next
    SetColor
End Sub
```

（6）在窗体 Form1 的代码窗口中编写控件数组 hsbColor 的 Change 事件过程，代码如下。

```
'当滚动条的值发生变化时执行以下事件过程
Private Sub hsbColor_Change(Index As Integer)    'Index 参数为控件的索引
    txtColor(Index).Text = hsbColor(Index).Value
    SetColor
End Sub
```

（7）在窗体 Form1 的代码窗口中编写控件数组 txtColor 的 Change 事件过程，代码如下。

```
'当文本框的内容发生变化时执行以下事件过程
Private Sub txtColor_Change(Index As Integer)
    If CInt(txtColor(Index).Text) > 255 Then txtColor(Index).Text = 255
    If CInt(txtColor(Index).Text) < 0 Then txtColor(Index).Text = 0
    hsbColor(Index).Value = txtColor(Index).Text
    SetColor
End Sub
```

（8）将窗体文件和工程文件分别命名为 Form4-06.frm 和工程 4-06.vbp，保存在 D:\VB\项目 4\任务 6 中。

程序测试

（1）按 F5 键运行程序。

（2）拖动滚动条上的滑块或单击滚动条两端的箭头，此时相应的文本框中显示指定颜色分量的值，由红、绿、蓝三基色合成的颜色自动应用于样本标签。

（3）在文本框中输入指定颜色分量的值，此时相应的滚动条上的滑块将移动到由该值确定的位置，由红、绿、蓝三基色合成的颜色自动应用于样本标签。

（4）如果在文本框中输入的颜色分量值小于 0，则被设置为 0；如果在文本框中输入的颜色分量值大于 255，则被设置为 255。

相关知识

在项目列表很长或者信息量很大时，可以使用水平滚动条（HScrollBar）或垂直滚动条（VScrollBar）控件来提供简便的定位，还可以模拟当前所在的位置。滚动条可以作为输入设备，或者速度、数量的指示器来使用。例如，可以用它来控制计算机游戏的音量，或者查看计时处理中已用的时间。

1．滚动条的常用属性

滚动条的常用属性如下。

① LargeChange：返回或设置当用户单击滚动条和滚动箭头之间的区域时，滚动条控件的 Value 属性值的改变量。

② SmallChange：返回或设置当用户单击滚动箭头时，滚动条控件的 Value 属性值的改变量。

③ Max：返回或设置当滚动框处于底部或最右位置时，一个滚动条位置的 Value 属性最大的设置值。

④ Min：返回或设置当滚动框处于顶部或最右位置时，一个滚动条位置的 Value 属性最小的设置值。

⑤ Value：返回或设置滚动条的当前位置，其返回值始终介于 Max 和 Min 属性值之间，包括这两个值。

使用滚动条作为数量或速度的指示器或者作为输入设备时，可以利用 Max 和 Min 属性设置控件的适当变化范围。

为了指定滚动条内所示变化量，在单击滚动条时要使用 LargeChange 属性，在单击滚动条两端的箭头时，要使用 SmallChange 属性。滚动条的 Value 属性或递增或递减，增减的量是通过 LargeChange 和 SmallChange 属性设置的值。在运行时，在 0～32767 中设置 Value 属性的值，即可将滚动框定位。

2．滚动条的常用事件

Change 事件是水平滚动条和垂直滚动条的常用事件。该事件在进行滚动或通过代码改变 Value 属性的值时发生。

3．控件数组

控件数组是由一些相同类型的控件构成的数组，数组元素就是这些控件。同一个控件数组中的各个控件都拥有一个相同的名称，可用 Index 属性来标识数组中的控件。编程时，可针对控件数组创建事件过程，该事件过程包含一个 Index 参数，通过这个参数可以引用指定的控件。在本任务中创建了 3 个控件数组，它们分别由标签控件、水平滚动条控件和文本框组成。根据需要，针对水平滚动条控件数组和文本框控件数组编写了事件处理程序。

任务 7 制作滚动字幕

任务目标

● 掌握计时器控件的常用属性。
● 掌握计时器控件的常用事件。

任务描述

在本任务中利用计时器的 Timer 事件移动标签控件在窗体上的位置，以生成滚动字幕，并允许通过复选框开启或停止字幕的滚动，如图 4.16 所示。

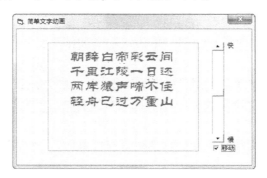

图 4.16 滚动字幕

任务分析

要想使标签文字在窗体上移动，则可使用计时器的 Timer 事件在预定的时间间隔后重复执行一段代码，以改变标签文字的 Top 属性；如果要控制标签文字移动或停止，则可使用复选框的 Click 事件来更改计时器控件的 Enabled 属性；如果要调整标签移动速度的快慢，则可使用垂直滚动条来更改计时器控件的 Interval 属性。

 设计步骤

（1）在 Visual Basic 集成开发环境中新建一个标准 EXE 工程。

（2）将窗体 Form1 的 Caption 属性设置为"颜色编辑器"，将其 BorderStyle 属性设置为 1。

（3）在窗体 Form1 上添加以下控件。

① 框架 Frame1，将其 Caption 属性清空。

② 在框架 Frame1 内部添加一个标签并命名为 Label1，将其 Caption 属性设置为"朝辞白帝彩云间—千里江陵一日还—两岸猿声啼不住 轻舟已过万重山"，Font 属性设置为"华文隶书"、二号，ForeColor 属性设置为红色。

③ 垂直滚动条 VScroll1，将其 Max 属性设置为 30，Min 属性设置为 10，SmallChange

属性设置为 1，LargeChange 属性设置为 2。

④ 标签 Label1 和 Label2，将其 Caption 属性分别设置为"快"和"慢"。

⑤ 复选框 Check1，将其 Caption 属性设置为"移动"，Value 属性设置为 1。

⑥ 在工具箱中双击"Timer"图标❀，保留其默认名称 Timer1，将其 Interval 属性设置为 30。

（4）在窗体 Form1 的代码窗口中编写复选框 Check1 的 Click 事件过程，代码如下。

```
'当选中复选框 Check1 时执行以下事件过程
Private Sub Check1_Click()
    '根据复选框的值设置是否启用计时器
    Timer1.Enabled = Check1.Value
End Sub
```

（5）在窗体 Form1 的代码窗口中编写该窗体的 Load 事件过程，代码如下。

```
'当加载窗体时执行以下事件过程
Private Sub Form_Load()
    '根据计时器的 Interval 属性设置垂直滚动条的 Value 属性
    VScroll1.Value = Timer1.Interval
End Sub
```

（6）在窗体 Form1 的代码窗口中编写计时器控件 Timer1 的 Timer 事件过程，代码如下。

```
'每当经过预定的时间间隔后执行以下事件过程
Private Sub Timer1_Timer()
    If Label1.Top < Frame1.Top - Label1.Height Then
        Label1.Top = Frame1.Top + Frame1.Height
    End If
    Label1.Top = Label1.Top - 10
End Sub
```

（7）在窗体 Form1 的代码窗口中编写垂直滚动条 VScroll1 的 Change 事件过程，代码如下。

```
'当垂直滚动条的值发生变化时执行以下事件过程
Private Sub VScroll1_Change()
    '根据垂直滚动条的 Value 属性设置计时器的 Interval 属性
    Timer1.Interval = VScroll1.Value
End Sub
```

（8）将窗体文件和工程文件分别命名为 Form4-07.frm 和工程 4-07.vbp，保存在 D:\VB\项目 4\任务 7 中。

程序测试

（1）按 F5 键运行程序，此时标签文字将按照事先设定的速度自下而上移动。

（2）将滚动条的滑块向下移动，则标签文字的移动速度变慢；将滚动条的滑块向上移动，则标签文字的移动速度变快。

（3）取消选中"移动"复选框，则标签文字停止移动；再次选中"移动"复选框，则标签恢复移动。

相关知识

计时器（Timer）控件用于背景进程，它是不可见的。通过引发 Timer 事件，计时器控件可以有规律地隔一段时间执行一次代码。在一个窗体上可以添加多个计时器控件。

计时器控件的常用属性如下。

（1）Enabled：设置或返回计时器控件的有效性，该属性值为布尔值，如果设置为 True，则每经过指定的时间间隔触发 Timer 事件。通过把 Enabled 属性设置为 False 可以使计时器控件无效，取消由控件的 Interval 属性建立的倒计数。

可以在设计时或在运行时设置计时器控件的 Interval 属性。使用 Interval 属性时，应当记住：计时器控件的 Enabled 属性决定该控件是否对时间的推移做出响应。将 Enabled 属性设置为 False 会关闭计时器控件，设置为 True 会打开它。当计时器控件设置为有效时，倒计时总是从其 Interval 属性的设置值开始。

（2）Interval：设置或返回对计时器控件的计时事件各调用间的毫秒数。其语法格式如下。

```
oTimer.Interval [= milliseconds]
```

其中，oTimer 表示计时器控件；milliseconds 为数值表达式，用于指定毫秒数，如果设置为 0（默认值），则计时器控件无效，如果设置为 1～65535，则对计时器控件设置一个时间间隔（以毫秒计），在计时器控件的 Enabled 属性设置为 True 时开始有效。例如，10000ms 等于10s；最大值为 65535ms，等于 1min 多一些。

计时器控件有一个 Timer 事件，通过对该事件创建事件过程可以告诉 Visual Basic 在每次 Interval 到时怎样做。在本任务中，通过 Timer 事件过程包含的代码对标签控件的 Top 属性进行修改，从而实现文字动画效果。

项目小结

在 Visual Basic 应用程序中，图形用户界面就是通过在窗体上添加各种控件来实现的。控件分为标准控件和 ActiveX 控件两大类。

每当启动 Visual Basic 集成开发环境时，标准控件便自动出现在工具箱中。本章介绍了大多数标准控件的使用方法，主要包括标签、文本框、框架、命令按钮、复选框、单选按钮、列表框、组合框、水平和垂直滚动条、计时器等。

实施本项目时应着重掌握各个标准控件的常用属性、常用方法和事件的使用。

 **项目思考**

一、选择题

1．当在控件上移动鼠标时将发生（　　）事件。

　A．Change　　　　B．DblClick　　　　C．MouseDown　　　　D．MouseMove

2．要使标签控件中的文本水平居中时，应将其 Alignment 属性设置为（　　）。

    A．0   B．1   C．2   D．3

3．要使文本框同时包含两种滚动条，则应将其 ScrollBars 属性设置为（　　）。

    A．0   B．1   C．2   D．3

4．在文本框的 KeyDown 事件中，如果参数 shift 的值为 6，则表示（　　）。

    A．Shift 键被按下   B．Ctrl 键被按下

    C．Alt 键被按下   D．Ctrl 和 Alt 键同时被按下

5．运行时要向列表框中添加项目，应调用（　　）方法。

    A．Add   B．AddItem   C．Fill   D．FillItem

6．要创建一个下拉式组合框（包括一个下拉列表框和一个文本框），则应将 Style 属性设置为（　　）。

    A．0   B．1   C．2   D．3

二、填空题

在下列横线处填写适当的属性名称。

1．_____属性返回或设置控件中文本和图形的背景颜色。

2．_____属性返回或设置在控件中显示的文本

3．_____属性返回或设置一个布尔值，决定控件是否响应用户生成的事件。

4．_____属性返回或设置控件中文本和图形的前景颜色。

5．_____属性返回或设置一个 Font 对象，以指定控件中文本的字体名称、字体样式字体和大小。

6．_____和_____属性分别返回或设置控件的高度和宽度。

7．_____和_____属性分别返回或设置控件左边缘、上边缘与容器左边缘、上边缘间的距离。

8．_____属性返回或设置一个布尔值，决定控件是否可见。

9．若要制作透明标签，则应将其_____属性设置为_____。

10．若要自动改变标签控件的大小以显示全部内容，则应将其_____属性设置为_____。

11．若要使文本框可以接收多行文本，则应将其_____属性设置为_____。

12．若要使文本框具有垂直滚动条，则应将其_____属性设置为_____。

13．在使用文本框输入密码时，通常应将其_____属性设置为_____。

14．_____属性指定用户是否可用 Tab 键来选定文本框。

15．在文本框的 KeyDown 和 KeyUp 事件中，keycode 参数表示_____，shift 参数表示_____。

16．_____属性用来指示窗体中命令按钮是否为取消按钮（可通过按_____键选中），_____属性用来指示窗体中命令按钮是否为默认按钮（可通过按_____键选中）。

17．_____属性返回列表框控件的列表部分项目的个数；_____属性返回或设置控件中当前选择项目的索引。

18．_____方法从列表框控件中删除一项。

19．滚动条控件的_____属性返回或设置滚动条的当前位置，其值始终介于_____和

_____属性值之间，包括这两个值。

三、简答题

1. 向窗体上添加控件时，可以使用哪两种方法？

2. 如何设置控件之间的对齐方式？

3. 如何设置控件相对于窗体的居中对齐方式？

4. 如何创建控件数组？

5. 如何把一组控件设置为相同的大小？

6. 如何为多于两个的控件设置相同的间距？

7. 如何为文本框设置访问键？

8. 设计时如何向列表框控件添加选项？

9. 对于计时器控件，如何取消由 Interval 属性建立的倒计数？

项目实训

1. 创建一个应用程序，要求用鼠标指针指向窗体上的标签文字时出现阴影字效果，当鼠标指针离开标签文字时阴影效果消失。

2. 创建一个用户注册窗体，要求窗体上包含文本框、单选按钮、复选框和命令按钮控件，当在用户注册窗体中输入用户信息并单击"确定"按钮时，隐藏用户注册窗体，打开另一个窗体并显示用户的注册信息。

3. 创建一个简单的选课系统，当从组合框中选择不同专业时，通过列表框列出相关的课程，可以从中选择所需的课程，并允许添加或删除课程；当选择一些课程并单击"确定"按钮时，通过另一个窗体列出选课结果。

4. 创建一个颜色编辑器，通过滚动条或文本框设置红、绿、蓝三基色的比例，以生成所需的颜色值，并用于设置标签的前景颜色。要求滚动条的值与文本框内容同步。

5. 创建一个应用程序，利用计时器的计时事件移动标签控件在窗体上的位置，以生成滚动文字效果，并允许通过复选框开启或停止动画。

项目 5

制作多媒体程序

Visual Basic 具有很强的多媒体处理控制功能，可以用于处理文本、图像、动画、声音等多媒体数据，因而被誉为最富有创新精神的编程工具之一。Visual Basic 为开发者提供了简便实用的图形图像处理能力，也提供了一系列基本的绘图方法，支持在窗体上绘制几何图形，并允许设置颜色、线型及填充样式，还允许在窗体上加载各种流行的图像文件格式。此外，通过调用 Windows API 函数或添加 ActiveX 控件，还可以在应用程序中播放声音、动画和视频，从而使应用程序具有引人入胜的多媒体表现能力。本项目将通过 8 个任务来演示如何使用 Visual Basic 来制作多媒体程序。

任务1　绘制数学函数曲线

任务目标

- 理解 VB 窗体坐标系。
- 掌握颜色的使用方法。
- 掌握 PSet 和 Line 语句的使用方法。

任务描述

在多媒体教学时，经常需要动态地画出各种曲线进行教学演示，以加深学生对知识的理解。本任务要求动态绘制两条抛物线，效果如图 5.1 所示。

任务分析

绘图时首先要建立坐标系，为此可用 Scale 方法设定用户坐标系，将坐标原点设置在图像框控件 Picture1 的中心，并通过执行 Line 方法分别绘出蓝色的坐标系的 X 轴、Y 轴及箭头线；绘制抛物线时可在 For 循环中用 PSet 方法绘出红色的点，并通过设置很小的步长值来形成动画效果。

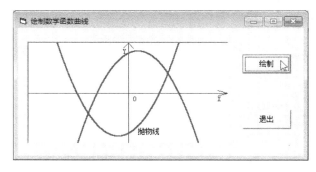

图 5.1　绘制抛物线

 **设计步骤**

（1）在 Visual Basic 集成开发环境中新建一个标准 EXE 工程。

（2）在属性窗口中，将窗体 Form1 的 Caption 属性设置为"绘制正弦曲线"。

（3）在窗体 Form1 上添加以下控件，并将各控件调整大小移动到合适的位置。

① 图像框（PictureBox）控件 Picture1，将其 BackColor 属性设置为白色。

② 两个命令按钮控件 Command1 和 Command2，将其 Caption 属性分别设置为"绘制"和"退出"。

（4）在窗体 Form1 的代码窗口中编写命令按钮 Command1 的 Click 事件过程，代码如下。

```
'单击"绘制"按钮时执行以下事件过程
Private Sub Command1_Click()
  Dim x As Single

  '清除 Picture1 包含的内容
  Picture1.Cls
  '用 Scale 方法设定用户坐标系，坐标原点在 Picture1 中心
  Picture1.ScaleMode = 0
  Picture1.ScaleMode = 3
  Picture1.Scale (-10, 10)-(10, -10)
  '设置绘线宽度
  Picture1.DrawWidth = 1
  '绘制坐标系的 X 轴及箭头线
  Picture1.Line (-10, 0)-(10, 0), QBColor(9)
  Picture1.Line (9, 0.5)-(10, 0), QBColor(9)
  Picture1.Line -(9, -0.5), QBColor(9)
  Picture1.ForeColor = QBColor(9)
  Picture1.Print "X"
  '绘制坐标系的 Y 轴及箭头线
  Picture1.Line (0, 10)-(0, -10), QBColor(9)
  Picture1.Line (0.5, 9)-(0, 10), QBColor(9)
```

```
Picture1.Line -(-0.5, 9), QBColor(9)
Picture1.Print "Y"
'指定位置显示原点 O
Picture1.CurrentX = 0.5
Picture1.CurrentY = -0.5
Picture1.Print "O"
'重设绘线宽度
Picture1.DrawWidth = 2
'用 For 循环绘点，步长值要设置得很小，以形成动画效果
'For x = -2 * PI To 2 * PI Step PI / 6000
For x = -8 To 8 Step 1 / 6000
  'Picture1.PSet (x, Sin(x) * 5), QBColor(12)
  Picture1.PSet (x, 0.5 * x * x + x - 8), QBColor(12)
  Picture1.PSet (x, -0.5 * x * x + x + 8), QBColor(12)
Next
'指定位置显示描述文字
'Picture1.CurrentX = PI / 2 + 3
Picture1.CurrentX = 1
Picture1.CurrentY = -7
Picture1.ForeColor = QBColor(0)
Picture1.Print "抛物线"

End Sub
```

（5）在窗体 Form1 的代码窗口中编写命令按钮 Command1 的 Click 事件过程，代码如下。

```
'单击"关闭"按钮时执行以下事件过程
Private Sub Command2_Click()
  Unload Me
End Sub
```

（6）将窗体文件和工程文件分别命名为 Form5-01.frm 和工程 5-01.vbp，保存在 D:\VB\项目 5\任务 1 中。

程序测试

（1）按 F5 键运行程序。

（2）当单击"演示"按钮时，将绘制出一条红色的正弦曲线。

（3）当单击"关闭"按钮时，退出程序。

相关知识

Visual Basic 提供了一些在控件上绘制图形的方法。编写绘图程序之前，首先需要了解窗体坐标系和颜色的应用并掌握相关的绘图方法。

1. 窗体坐标系

坐标用于描述一个像素在屏幕上的位置或打印纸上的点的位置。窗体上的任何一点都可

以用 X 坐标和 Y 坐标表示。Visual Basic 的窗体坐标系如图 5.2 所示。

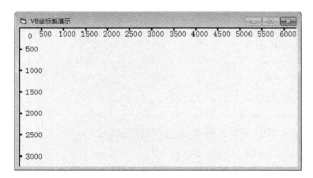

图 5.2　Visual Basic 窗体坐标系

窗体的 ScaleMode 属性返回或设置一个值，指定坐标的度量单位，其值在表 5.1 中列出。

表 5.1　ScaleMode 属性的设置值

符号常量	数　值	说　明	大　小
vbUser	0	用户定义坐标系	
vbTwips	1	Twips（缇）	1440twips/inch
vbPoints	2	Points（点）	72dot/inch
vbPixels	3	Pixels（像素）	
vbCharacters	4	字符数	宽 120twips，高 240twips
vbInches	5	英寸	
vbMillimeters	6	毫米	
vbCentimeters	7	厘米	

若要改变默认的坐标系，则设置 ScaleMode 属性即可。如果设置 ScaleMode 属性为 vbInches，则控件上的距离必须指定为英寸（inch），这时相距 1 个单位的两个点表示相距 1 英寸 inch。还可以指定小数形式的距离，如 0.1，对应于 1/10inch。改变 ScaleMode 属性并不影响控件的大小，只是改变控件上点的网格分布密度。

要建立用户自定义坐标系，可以用 Scale 方法或 Scale 方法的相关属性。Scale 方法的语法格式如下。

```
Scale (x1, y1) - (x2, y2)
```

其中，(x1, y1)是绘图区域左上角的坐标；(x2, y2)是绘图区域右下角的坐标。

例如，Scale (−320, 240)−(320,−240) 定义的绘图区域大小为 640×480，坐标原点（0，0）在绘图区域中心。

Visual Basic 设置坐标的方式有绝对坐标与相对坐标两种。绝对坐标是相对于原点（对象左上角）的横向距离与纵向距离而言的。相对坐标则是相对于最后参照点（调用绘图方法后停留的位置）的横向距离与纵向距离而言的。在坐标前面加 Step 表示相对坐标，没有加 Step 表示绝对坐标，使用相对坐标时有延续效果。

2．使用 Visual Basic 颜色

Visual Basic 提供了两个选择颜色的函数 QBColor 和 RGB，其中 QBColor 函数能够选择 16 种颜色。表 5.2 列出了 QBColor 函数能够选择的颜色。

表 5.2 QBColor()可选择的颜色

编 号	颜 色	编 号	颜 色	编 号	颜 色	编 号	颜 色
0	黑	4	暗红	8	灰	12	红
1	暗蓝	5	暗紫	9	蓝	13	紫
2	暗绿	6	暗黄	10	绿	14	黄
3	暗青	7	亮灰	11	青	15	白

RGB 函数返回一个 Long 型整数，用来表示一个 RGB 颜色值，语法格式如下。

```
RGB (red, green, blue)
```

其中，参数 red、green、blue 分别指定三原色中红色、绿色、蓝色的比例，它们的取值为 0~255。

BackColor 属性设置对象的背景颜色，ForeColor 属性设置对象的前景颜色，对于窗体而言，前景颜色表示输出文字或图形的颜色。在设计时，可以利用属性窗口来设置颜色。在程序代码中，可以利用语句来设置颜色。

3．PSet 方法

PSet 方法将对象上的点设置为指定颜色，语法格式如下。

```
object.PSet [Step] (x, y), [color]
```

其中，object 是可选的，其值为在其上绘图的对象，可以是窗体、图像框或打印机的名称。如果省略 object，则具有焦点的窗体作为 object。关键字 Step 是可选的，指定相对于由 CurrentX 和 CurrentY 属性提供的当前图形位置的坐标。

参数(x, y)是必需的，其值为单精度浮点数，指定点的水平（x 轴）和垂直（y 轴）坐标。

参数 color 是可选的，其值是长整型数，即为该点指定的 RGB 颜色。如果它被省略，则使用当前的 ForeColor 属性值。可以用 RGB 函数或 QBColor 函数指定颜色。

使用 PSet 所画点的尺寸取决于 DrawWidth 属性值。当 DrawWidth 为 1 时，PSet 将一个像素的点设置为指定颜色。当 DrawWidth 大于 1 时，点的中心位于指定坐标。

画点的方法取决于 DrawMode 和 DrawStyle 属性值。

执行 PSet 时，CurrentX 和 CurrentY 属性被设置为参数指定的点。

要想用 PSet 方法清除单一像素，可以设置该像素的坐标，并以 BackColor 属性值作为 color 参数的值。

4．Line 方法

Line 方法用于在窗体或图像框中画直线和矩形，语法格式如下。

```
object.Line [Step] (x1, y1) [Step] (x2, y2), [color], [B][F]
```

其中，object 是可选参数，用于指定执行 Line 方法的对象，省略此参数，则以具有焦点的窗体作为对象。

两个 Step 关键字都是可选参数，第一个 Step 用于指定相对于当前绘图位置（CurrentX，CurrentY）的起点坐标；第二个 Step 用于指定相对于直线起点的终点坐标。

(x1, y1)是可选参数，其值为单精度浮点数，用于指定直线或矩形的起点坐标。窗体的 ScaleMode 属性决定了使用的度量单位。当省略(x1, y1)时，直线起始于由属性 CurrentX 和 CurrentY 所指定的位置。

(x2, y2)是必选参数，用于指定直线或矩形的终点坐标。

color 是可选参数，其值是一个长整型数，用于指定画线时用的 RGB 颜色。如果省略 color 参数，则使用窗体的 ForeColor 属性值画线。在程序中可以用 Visual Basic 预定义的符号常量来设置颜色值，也可以用 RGB 函数或 QBColor 函数来设置颜色值。

B 和 F 都是可选项。如果同时使用 B 和 F 选项，则利用对角坐标画出一个矩形，此时 F 选项规定矩形内部以其边框的颜色来填充。如果仅使用 B 而不使用 F，则矩形内部按窗体的 FillColor 和 FillStyle 属性值指定的填充颜色和填充样式来填充。FillStyle 的默认值为 transparent（透明的），此时不填充矩形内部。只有在使用 B 的前提下才能使用 F。

使用 Line 方法时，应注意以下几点。

① 画两条相连的直线时，前一条直线的终点就是后一条直线的起点。

② 线宽取决于 DrawWidth 属性值，其取值为 1～32767，以像素为单位，默认线宽为 1。

③ 在背景上画线和矩形的方法取决于 DrawMode 和 DrawStyle 属性值，前者的取值为 1～16，后者的取值为 0～6，其中 0 表示实线（默认值），1 表示虚线，2 表示点线，3 表示点画线，4 表示双点画线，5 表示无线，6 表示内收实线。

④ 执行 Line 方法时，将以线的终点坐标来设置 CurrentX 和 CurrentY 属性。

任务2 绘制绘制各种几何图形

任务目标

- 理解 Circle 方法的语法格式。
- 掌握用 Circle 方法绘制圆、椭圆和扇形的方法。

任务描述

在本任务中演示的是使用 Circle 方法在窗体上绘制圆、椭圆和扇形，使用 Line 方法绘制矩形，效果如图 5.3 所示。

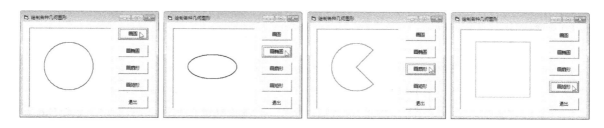

图 5.3　绘制圆、椭圆、扇形及矩形

任务分析

通过修改 Circle 方法中的参数，可以绘制出圆形、椭圆形及扇形；通过在 Line 方法中使用 B 选项可绘制出矩形。

 **设计步骤**

（1）在 Visual Basic 集成开发环境中新建一个标准 EXE 工程。

（2）将窗体 Form1 的 Caption 属性设置为"绘制圆、椭圆和扇形"。

（3）在窗体 Form1 上添加以下控件。

① 图像框控件 Picture1，将其 BackColor 属性设置为白色。

② 4 个命令按钮控件 Command1～Command4，其 Caption 属性分别为"画圆"、"画椭圆"、"画扇形"和"退出"。

（4）在窗体 Form1 的代码窗口中编写 Command1 的 Click 事件过程，代码如下。

```
'单击"画圆"按钮时执行以下事件过程
Private Sub Command1_Click()
    '清除 Picture1 内的图形
    Picture1.Cls
    '设置绘线宽度
    Picture1.DrawWidth = 2
    Picture1.Circle (1567, 1567), 1000, QBColor(12)
End Sub
```

（5）在窗体 Form1 的代码窗口中编写 Command2 的 Click 事件过程，代码如下。

```
'单击"画椭圆"按钮时执行以下事件过程
Private Sub Command2_Click()
    '清除 Picture1 内的图形
    Picture1.Cls
    '设置绘线宽度
    Picture1.DrawWidth = 2
    Picture1.Circle (1567, 1567), 1000, QBColor(9), , , 0.5
End Sub
```

（6）在窗体 Form1 的代码窗口中编写 Command3 的 Click 事件过程，代码如下。

```
'单击"画扇形"按钮时执行以下事件过程
Private Sub Command3_Click()
    Const PI = 3.14159
    '清除 Picture1 内的图形
    Picture1.Cls
    '设置绘线宽度
    Picture1.DrawWidth = 2
    Picture1.Circle (1567, 1567), 1000, QBColor(13), -PI / 4, -PI * 7 / 4
End Sub
```

（7）在窗体 Form1 的代码窗口中编写 Command4 的 Click 事件过程，代码如下。

```
'单击"画矩形"按钮时执行以下事件过程
Private Sub Command4_Click()
    Picture1.DrawWidth = 2
    Picture1.Cls
    Picture1.Line (600, 500)-(2800, 2800), QBColor(10), B
End Sub
```

（8）在窗体 Form1 的代码窗口中编写 Command5 的 Click 事件过程，代码如下。

```
'单击"退出"按钮时执行以下事件过程
Private Sub Command4_Click()
    Unload Me
End Sub
```

（9）将窗体文件和工程文件分别命名为 Form5-02.frm 和工程 5-02.vbp，保存在 D:\VB\项目 5\任务 2 中。

程序测试

（1）按 F5 键运行程序；

（2）单击"画圆"按钮，会在窗体上绘制一个圆形。

（3）单击"画椭圆"按钮，会在窗体上绘制一个椭圆形。

（4）单击"画扇形"按钮，会在窗体上绘制一个扇形。

（5）单击"退出"按钮，退出程序。

相关知识

在本任务中，通过向 Circle 方法传递不同的参数在图像框控件中分别绘制了圆、椭圆和扇形。

Circle 方法用于在对象上画圆、椭圆或弧，语法格式如下。

```
object.Circle [Step] (x, y), radius, [color, start, end, aspect]
```

其中，object 是一个可选参数，用于指定执行 Circle 方法的对象，如果省略该参数，则以当前具有焦点的窗体作为执行对象。

Step 关键词是一个可选项，用此选项可将圆、椭圆或弧的中心指定为相对坐标，参考点的坐标即当前对象的 CurrentX 和 CurrentY 属性值。

(x, y) 和 radius 都是必选参数，它们的值为单精度浮点数。(x, y)用于指定圆、椭圆或弧的中心坐标。radius 用于指定圆、椭圆或弧的半径。圆心坐标和半径所用的度量单位由对象的 ScaleMode 属性决定，默认值为 1，此时的度量单位是缇（twip）。

color 是一个可选参数，其值是一个长整型数，用于指定圆周的 RGB 颜色，可以用 Visual Basic 预定义的符号常量来设置 color 参数，也可以用 RGB 函数或 QBColor 函数指定颜色。如果省略 color 参数，则使用窗体的 ForeColor 属性值。

start、end 和 aspect 也是可选参数，它们的值为单精度浮点数。start 和 end 以弧度为单位，取值为$-2\pi \sim 2\pi$。当弧或部分圆或椭圆画完以后，这两个参数指定弧的起点和终点。起点的默认值是 0，终点的默认值是 2π。aspect 参数用于指定圆的纵横尺寸比，其默认值为 1.0（标准圆），当该参数不等于 1 时，将画出椭圆。

使用 Circle 方法时，应注意以下几点。

① 如果要填充圆或椭圆，则应把所属对象的 FillStyle 属性设置为除 1（透明）以外的其他值，并选择适当的 FillColor 属性。只有封闭图形才能填充，这里所说的封闭图形包括圆、椭圆和扇形。

② 画部分圆或椭圆时，如果 start 参数为负数，则 Circle 方法画一个半径到由 start 指定

的角度，并将该角度处理为正值；如果 end 参数为负，则 Circle 画一个半径到由 end 指定的角度，也将该角度处理为正值。Circle 方法总是按逆时针方向绘图的。

③ 画圆、椭圆或弧时，线宽取决于 DrawWidth 属性值。在背景上画圆的方法则取决于 DrawMode 和 DrawStyle 属性值。

④ 画角度为 0 的扇形时，要画出一个半径（即向右画一条水平线段），这时应给 start 指定一个很小的负值，不要取 0。

⑤ 在 Circle 方法中可以省略语法中的某个参数，但不能省略分隔参数的逗号。最后一个参数后面的逗号可以省略。

⑥ 执行 Circle 方法时，将以中心点坐标来设置 CurrentX 和 CurrentY 的属性。

任务 3　改变图形的形状、线型和填充样式

任务目标

- 理解 Line 控件的常用属性。
- 理解 Shape 控件的常用属性。

任务描述

在本任务中创建一个应用程序，通过单击相关按钮，可以改变图形的形状、线型或填充样式，程序运行情况如图 5.4 所示。

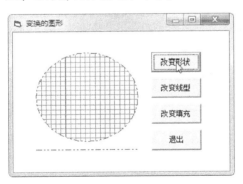

(a) 改变形状　　　　　　　　　(b) 改变填充

图 5.4　图形变换的演示效果

任务分析

对于 Line 控件和 Shape 控件，通过修改其 BorderStyle 可以呈现出不同的线型。对于 Shape 控件，通过修改其 Shape 属性值可以使之呈现不同的形状，通过修改其 FillStyle 属性值可得到不同的填充样式。为了使图形控件的属性值不断地变化，可用 Static 关键字声明静态变量，这样事件过程每次运行后变量值会保留下来，从而实现图形不断变换的效果。

设计步骤

（1）在 Visual Basic 集成开发环境中新建一个标准 EXE 工程。

（2）将窗体 Form1 的 Caption 属性设置为"变换的图形"，在属性窗口中将其 BackColor 属性设置为白色。

（3）在窗体 Form1 上添加 Line 控件 Line1、Shape 控件 Shape1、命令按钮 Command1～Command4。

（4）将 Line 控件 Line1 和 Shape 控件 Shape1 的 BorderColor 设置为红色，将 Shape 控件 Shape1 的 FillColor 属性设置为绿色。

（5）将 4 个命令按钮的 Caption 属性分别设置为"改变形状"、"改变线型"、"改变填充"和"退出"。

（6）在窗体 Form1 的代码窗口中编写各个命令按钮的 Click 事件过程，代码如下。

```
'单击"改变形状"按钮时执行以下事件过程
Private Sub Command1_Click()
  Static i As Integer
  Shape1.Shape = i
  i = i + 1
  If i = 5 Then i = 0
End Sub
'单击"改变线型"按钮时执行以下事件过程
Private Sub Command2_Click()
  Static i As Integer
  Shape1.BorderStyle = i
  Line1.BorderStyle = i
  i = i + 1
  If i = 6 Then i = 0
End Sub
'单击"改变填充"按钮时执行以下事件过程
Private Sub Command3_Click()
  Static i As Integer
  Shape1.FillStyle = i
  i = i + 1
  If i = 8 Then i = 0
End Sub
'单击"退出"按钮时执行以下事件过程
Private Sub Command4_Click()
  Unload Me
End Sub
```

（7）将窗体文件和工程文件分别命名为 Form5-03.frm 和工程 5-03.vbp，保存在 D:\VB\项目 5\任务 3 中。

程序测试

（1）按 F5 键运行程序。

（2）单击"演示"按钮，变换一次图形，并用不同的颜色、效果填充。单击"退出"按钮，退出窗体。

相关知识

1．Line 控件

Line 控件是图形控件，它显示水平线、垂直线或者对角线。

在设计时，可以使用 Line 控件在窗体上绘制线。在运行时，除了使用 Line 方法外，还可以使用 Line 控件，或者使用后者代替前者。即使 AutoRedraw 属性设置为 False，Line 控件绘制的线也仍会保留在窗体上。可以在窗体、图像框和框架中显示 Line 控件。运行时不能使用 Move 方法移动 Line 控件，但是可以通过改变 X1、X2、Y1 和 Y2 属性来移动它或者调整它的大小。

Line 控件的常用属性如下。

（1）BorderColor：返回或设置对象的边框颜色。

（2）BorderStyle：返回或设置对象的边框样式。BorderStyle 属性有以下设置值——0 表示透明，1（默认值）表示实线，2 表示虚线，3 表示点线，4 表示点画线，5 表示双点画线，6 表示内收实线。

（3）BorderWidth：返回或设置控件边框的宽度。

（4）X1、Y1、X2、Y2：返回或设置 Line 控件的起始点（X1，Y1）和终止点（X2，Y2）的坐标。水平坐标是 X1 和 X2；垂直坐标是 Y1 和 Y2。

设置 BorderStyle 属性的效果取决于 BorderWidth 属性的设置。如果 BorderWidth 不是 1 且 BorderStyle 不是 0 或 6，则要将 BorderStyle 设置为 1。

2．Shape 控件

Shape 控件是图形控件，可以用于显示矩形、正方形、椭圆、圆形、圆角矩形或者圆角正方形。

除了 BorderColor、BorderStyle 和 BorderWidth 属性外，Shape 形状控件还具有以下属性。

（1）Shape：用于设置所显示的形状，该属性有 6 个可选值——0 表示矩形，1 表示正方形，2 表示椭圆，3 表示圆，4 表示圆角矩形，5 表示圆角正方形。

（2）FillColor：用来设置形状控件的填充颜色。

（3）FillStyle：设置填充效果，该属性有以下设置值——0 表示实心，1 表示透明，2 表示水平线，3 表示垂直线，4 表示左上对角线，5 表示右下对角线，6 表示交叉线，7 表示对角交叉线。

在容器中可以绘制 Shape 控件，但是不能把该控件当做容器。设置 BorderStyle 属性产生的效果取决于 BorderWidth 属性的设置。如果 BorderWidth 不是 1，并且 BorderStyle 不是 0 或者 6，则要将 BorderStyle 设置为 1。

任务 4　实现图像的缩放和翻转

任务目标

- 掌握图像框控件的常用属性。
- 掌握图像框控件的常用方法。

在本任务中创建一个应用程序，用于对图像进行放大、缩小、水平翻转或垂直翻转处理，运行情况如图 5.5～图 5.8 所示。

图 5.5　放大图像

图 5.6　缩小图像

图 5.7　水平翻转

图 5.8 垂直翻转

任务分析

在本任务中可使用图像框控件加载图像并对图像进行放大、缩小和翻转处理。通过将图像框的 AutoRedraw 属性设置为 True，使图像存储在内存中。利用 PaintPicture 方法把一个源图像资源任意复制到指定的区域，并且通过改变参数 destWidth 与 destHeight 的值可改变复制后的图像尺寸，以实现图像的放大或缩小，也可以将这两个属性设置为负值，用以实现目标图像的翻转。

 设计步骤

（1）在 Visual Basic 集成开发环境中新建一个标准 EXE 工程。

（2）将窗体 Form1 的 Caption 属性设置为"图像处理程序"。

（3）在窗体 Form1 上添加以下控件。

① 框架 Frame1，将其 Caption 属性设置为"图像"。

② 在框架 Frame1 内添加图像框控件 Picture1 和 Picture2，将它们的 AutoSize 属性设置为 True。

③ 在图像框控件 Picture1 和 Picture2 下方各添加一个标签控件，将它们的 Caption 属性分别设置为"原图像"和"处理后的图像"。

④ 在框架 Frame1 下方添加 4 个命令按钮，分别命名为 Command1、Command2、Command3 和 Command4，将它们的 Caption 属性分别设置为"放大图像"、"缩小图像"、"水平翻转"和"垂直翻转"。

（4）在窗体 Form1 的代码窗口中编写以下事件过程。

```
'加载窗体时执行以下事件过程
Private Sub Form_Load()
   Picture1.Picture = LoadPicture(App.Path & "\village.jpg")
End Sub
' 当单击"放大图像"按钮时执行以下事件过程
Private Sub Command1_Click()
   Picture2.Cls
   Picture2.PaintPicture Picture1.Picture, 0, 0, _
```

```
                Picture1.Width * 1.2, Picture1.Height * 1.2
End Sub
'当单击"缩小图像"按钮时执行以下事件过程
Private Sub Command2_Click()
    Picture2.Cls
    Picture2.PaintPicture Picture1.Picture, 0, 0, _
        Picture1.Width * 0.6, Picture1.Height * 0.6
End Sub
'当单击"水平翻转"按钮时执行以下事件过程
Private Sub Command3_Click()
    Picture2.Cls
    Picture2.PaintPicture Picture1.Picture, _
        Picture1.Width, 0, -Picture1.Width, Picture1.Height
End Sub
'当单击"垂直翻转"按钮时执行以下事件过程
Private Sub Command4_Click()
    Picture2.Cls
    Picture2.PaintPicture Picture1.Picture, 0, _
        Picture1.Height, Picture1.Width, -Picture1.Height
End Sub
```

（5）将窗体文件和工程文件分别命名为 Form5-04.frm 和工程 5-04.vbp，保存在 D:\VB\项目 5\任务 4 中。

程序测试

（1）按 F5 键运行程序。
（2）单击"放大图像"按钮，右边图像框中的图像被放大。
（3）单击"缩小图像"按钮，右边图像框中的图像被缩小。
（4）单击"水平翻转"按钮，图像会在水平方向翻转 180°。
（5）单击"垂直翻转"按钮，图像会在垂直方向翻转 180°。

相关知识

图形可以放在窗体上，也可以放在图像框（PictureBox）控件或图像（Image）控件上。图像控件专门用于显示图像，窗体和图像框除了可以显示图像外，还提供了画图的方法，可以在运行时画图。

图像框控件除了可以接收和输出一般图形以外，还可用于创建动态画图，并支持 Print 方法，因此可以在对象中输出文本。与窗体一样，图像框也是容器对象，可以在此控件中放置其他控件。

1. 图像框控件的常用属性

图像框控件的常用属性如下。

（1）AutoRedraw：返回或设置从图形方法到持久图形的输出。如果设置为 True，则使图像框控件的自动重绘有效，图形和文本输出到屏幕上并存储在内存的图像中，必要时用存储在内存中的图像进行重绘；如果设置为 False（默认值），则使对象的自动重绘无效，且将图形或文本只写到屏幕上。

（2）AutoSize：返回或设置一个值，以决定控件是否自动改变大小来显示其全部内容。

（3）Height、Width：返回或设置图片的高度和宽度。

（4）Picture：返回或设置图像框控件中要显示的图片。

2．图像框控件的常用方法

图像框控件有以下两个常用方法。

（1）PaintPicture：在图像框控件上绘制图形文件（扩展名为.bmp、.wmf、.emf、.cur、.ico 或.dib）的内容，语法格式如下。

```
object.PaintPicture picture, x1, y1, width1, height1, x2, y2, width2,
height2, opcode
```

其中，object 表示图像框控件或窗体。如果省略 object，则带有焦点的窗体默认为 object。

参数 picture 是必需的，指定要绘制到 object 上的图形源。可以是窗体或图像框控件的 Picture 属性。

参数 x1 和 y1 是必需的，均为单精度值，指定在 object 上绘制 picture 的目标坐标（x 轴和 y 轴）。object 的 ScaleMode 属性决定了使用的度量单位。

参数 width1 是可选的，为单精度值，指示 picture 的目标宽度。object 的 ScaleMode 属性决定了使用的度量单位。如果目标宽度比源宽度（width2）大或小，则将适当地拉伸或压缩 picture。如果省略该参数，则使用源宽度。

参数 height1 是可选的，为单精度值，指示 picture 的目标高度。object 的 ScaleMode 属性决定了使用的度量单位。如果目标高度比源高度（height2）大或小，则将适当地拉伸或压缩 picture。如果省略该参数，则使用源高度。

参数 x2 和 y2 是可选的，均为单精度值，指示 picture 内剪贴区的坐标（x 轴和 y 轴）。object 的 ScaleMode 属性决定了使用的度量单位。如果省略这些参数，则默认值为 0。

参数 width2 是可选的，为单精度值，指示 picture 内剪贴区的源宽度。object 的 ScaleMode 属性决定了使用的度量单位。如果省略该参数，则使用整个源宽度。

参数 height2 是可选的，为单精度值，指示 picture 内剪贴区的源高度。object 的 ScaleMode 属性决定了使用的度量单位。如果省略该参数，则使用整个源高度。

参数 opcode 是可选的，是长整型值或仅由位图使用的代码，用来定义在将 picture 绘制到 object 上时对 picture 执行的位操作。

在本任务中，通过使用负的目标宽度值（width1）和目标高度值（height1）实现了图像的水平或垂直翻转。

（2）LoadPicture：将图像加载到图像控件、图像框控件或窗体上，语法格式如下。

```
object.Picture = LoadPicture([filename])
```

其中，参数 filename 指定要加载的图像文件，如果省略该参数，则清除窗体、图像框及图像控件中的图形。

3．通过 App 对象访问程序路径

App 对象是通过关键字 App 访问的全局对象，通过它指定可获取以下信息：应用程序的标题、版本信息、可执行文件和帮助文件的路径及名称，以及是否运行前一个应用程序的示例。利用 App 对象的 Path 属性可返回或设置当前程序所在的路径。该属性在设计时是不可用的，在运行时是只读的。本任务中通过 App.Path 获取位于当前程序文件夹中一个图像文件的路径。

任务5　奔跑的豹子

任务目标

- 掌握图像控件的使用方法。
- 掌握计时器控件的使用方法。

任务描述

在本任务中制作一个简单的动画程序，有一头豹子在草原上不停地奔跑，通过命令按钮可以控制蝴蝶的运动和停止，效果如图 5.9 所示。

图 5.9　奔跑的豹子

任务分析

在本任务中，利用计时器控件的 Timer 事件过程使图像控件反复更换显示的内容形成豹子奔跑的效果，并通过另一个计时器控件 Timer 事件过程不断改变图像的位置而形成动画效果。此外，还能通过计时器控件的 Interval 属性设置两次调用 Timer 事件间隔的毫秒数，通过计时器控件的 Enabled 属性来设置是否启用 Timer 事件，以控制图像的运动和停止。

 设计步骤

（1）在 Visual Basic 集成开发环境中新建一个标准 EXE 工程。

（2）将窗体 Form1 的 Caption 属性设置为"奔跑的豹子"，通过设置窗体的 Picture 属性加载一幅草原风景图片作为窗体的背景图片。

（3）在窗体 Form1 上添加以下控件。

① 添加一个控件数组，其名称为 Leopards，由 8 个图像控件组成，这些控件的 Index 属性为 0~7，通过其 Picture 属性加载 8 个 GIF 格式的背景透明的豹子图片，将它们的 Visible 属

142

性均设置为 False。

② 添加一个图像控件，保留其默认名称 Image1。

③ 在图像控件 Image1 上方添加两个命令按钮，保留其默认名称 Command1 和 Command2，Caption 属性分别设置为"开始"和"结束"。

④ 添加两个计时器控件 Timer1 和 Timer2，将其 Interval 属性设置为 150 和 200。

（4）在窗体 Form1 的代码窗口中编写命令按钮 Command1 的 Click 事件过程，程序代码如下。

```
'单击"开始"/"停止"按钮时执行以下事件过程
Private Sub Command1_Click()
    If Command1.Caption = "停止" Then
        Timer2.Enabled = False
        Command1.Caption = "开始"
    ElseIf Command1.Caption = "开始" Then
        Timer2.Enabled = True
        Command1.Caption = "停止"
    End If
End Sub
```

（5）编写命令按钮 Command2 的 Click 事件过程，程序代码如下。

```
'单击"结束"按钮时执行以下事件过程
Private Sub Command2_Click()
    Unload Me
End Sub
```

（6）编写计时器控件 Timer1 的 Timer 事件过程，程序代码如下。

```
'每隔200ms执行一次以下事件过程
Private Sub Timer1_Timer()
    Image1.Picture = Leopards(Index)
    Index = Index + 1
    If Index = 7 Then Index = 0
End Sub
```

（7）编写计时器控件 Timer1 的 Timer 事件过程，程序代码如下。

```
'每隔150ms执行一次以下事件过程
Private Sub Timer2_Timer()
    Image1.Left = Image1.Left + 30
    If Image1.Left >= Me.ScaleWidth Then Image1.Left = 0
End Sub
```

（8）将窗体文件和工程文件分别命名为 Form5-05.frm 和工程 5-05.vbp，保存在 D:\VB\项目 5\任务 5 中。

程序测试

（1）按 F5 键运行程序。

（2）当单击"开始"按钮时，豹子在草原上奔跑，"开始"按钮同时变为"停止"按钮。

（3）当单击"停止"按钮时，豹子停止奔跑。

（4）当单击"结束"按钮时，退出程序。

（5）替换练习：通过加大计时器控件 Timer2 的 Interval 属性值使豹子奔跑的速度变慢，反之，通过减小计时器控件 Timer2 的 Interval 属性值使豹子奔跑的速度变快。

相关知识

在本任务中利用图像控件和计时器控件制作了简单的动画程序。

图像（Image）控件是 Visual Basic 提供的一种显示图像的控件，它可以从文件中装入并显示以下几种格式的图形：位图、图标、图元文件、增强型图元文件、JPG 和 GIF 格式的文件。除此之外，图像框控件还可响应 Click 事件，并可用图像框控件代替命令按钮或作为工具条的内容。此外，它还可以用来制作简单动画。

图像控件的主要属性如下。

（1）Picture：返回或设置控件中要显示的图片。

（2）Stretch：返回或设置一个值，指定一个图形是否要调整大小，以适应图像控件的大小。若设置为 True，则表示图形要调整大小以与控件相适合；若设置为 False（默认值），则控件要调整大小以与图形相适应。

（3）Tag：返回或设置一个表达式用来存储程序中需要的额外数据。与其他属性不同，Tag 属性值不被 Visual Basic 使用；可以用该属性来标识对象。

在本任务中，还通过调用图像控件的 Move 方法来移动该控件，其语法格式如下。

```
object.Move left, top, width, height
```

其中，object 是一个可选的对象表达式。若省略 object，则带有焦点的窗体默认为 object。

参数 left 是必需的，为单精度值，指示 object 左边的水平坐标（x 轴）。

参数 top 是可选的，为单精度值，指示 object 顶边的垂直坐标（y 轴）。

参数 width 是可选的，为单精度值，指示 object 新的宽度。

参数 height 是可选的，为单精度值，指示 object 新的高度。

任务 6 制作音乐播放器

任务目标

- 掌握声明 API 函数的方法。
- 掌握 API 函数 mciSendString 的使用方法。

任务描述

在本任务中制作一个音乐播放器，用于播放 MP3、MIDI 和 WAV 格式的文件并对播放过程进行控制。使用这个音乐播放器播放 MP3 歌曲的情形如图 5.10 所示。

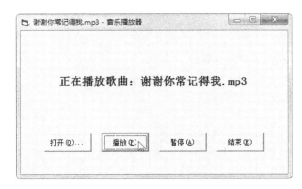

图 5.10　音乐播放器

任务分析

Visual Basic 6.0 核心语言和控件没有直接提供播放声音文件的功能。要在应用程序中播放各种声音文件，可以通过调用 Windows API 函数 mciSendStringA 来实现。该函数是一个 DLL 函数，存储在 Windows 媒体库 winmm.dll 中。要在程序中调用该函数，首先需要使用 Declare 语句对它进行声明。

设计步骤

（1）在 Visual Basic 集成开发环境中新建一个标准 EXE 工程。

（2）将窗体 Form1 的 Caption 属性设置为"音乐播放器"。

（3）在窗体 Form1 上添加以下控件。

① 添加一个标签控件，保留其默认名称，将其 Caption 属性值清空。

② 添加 4 个命令按钮，分别命名为 cmdOpen、cmdPlay、cmdPause 和 cmdEnd，将它们的 Caption 属性分别设置为"打开(&O)…"、"播放(&P)"、"暂停(&A)"和"结束(&E)"。

③ 添加一个通用对话框控件并命名为 cdlOpen，将该控件的 DialogTitle 属性设置为"打开文件"，Filter 属性设置为"MP3 文件(*.mp3)|*.mp3|MIDI 文件(*.mid)|*.mid|波形文件(*.wav)|*.wav"。

（4）在窗体 Form1 的代码窗口中，声明对动态链接库中外部过程的引用并声明一个模块级变量，代码如下。

```
'在模块级中声明对动态链接库中外部过程的引用
Private  Declare  Function  mciSendString  Lib  "winmm.dll"  Alias
"mciSendStringA" (ByVal lpstrCommand As String, ByVal lpstrReturnString As
String, ByVal uReturnLength As Long, ByVal hwndCallback As Long) As Long
'声明模块级变量，用于保存打开的音乐文件名
Private sFilename As String
```

（5）在窗体 Form1 的代码窗口中编写各个命令按钮的 Click 事件过程，代码如下。

```
' 单击"结束"按钮时执行以下事件过程
Private Sub cmdEnd_Click()
   mciSendString "Stop " & sFilename, 0, 0, 0
   mciSendString "Close " & sFilename, 0, 0, 0
```

145

```
      Unload Me
   End Sub
   ' 单击"打开"按钮时执行以下事件过程
   Private Sub cmdOpen_Click()
      On Error GoTo ErrorHandler
      cdlOpen.ShowOpen
      If cdlOpen.FileName <> "" Then
        sFilename = cdlOpen.FileName
      End If
      Me.Caption = cdlOpen.FileTitle & " - 音乐播放器"
      Label1.Caption = "正在播放歌曲: " & cdlOpen.FileTitle
      mciSendString "Play " & sFilename, 0, 0, 0
   ErrorHandler:
   End Sub
   ' 单击"暂停"按钮时执行以下事件过程
   Private Sub cmdPause_Click()
      mciSendString "Pause " & sFilename, 0, 0, 0
   End Sub
   ' 单击"播放"按钮时执行以下事件过程
   Private Sub cmdPlay_Click()
      If sFilename = "" Then
        cmdOpen_Click
      End If
      mciSendString "Play " & sFilename, 0, 0, 0

   End Sub
```

（6）将窗体文件和工程文件分别命名为 Form5-06.frm 和工程 5-06.vbp，保存在 D:\VB\项目 5\任务 6 文件夹中。

程序测试

（1）按 F5 键运行程序。

（2）单击"打开"按钮时，会弹出"打开"对话框，可选择要播放的音乐文件。

（3）单击"播放"按钮，开始播放音乐。

注意：由于兼容性原因，在 Windows 7 中可能无法播放音乐，在 Windows XP 中无此问题。

（4）单击"暂停"按钮，音乐播放过程会暂时停止，当再次单击"播放"按钮时，音乐会从暂停位置继续播放。

（5）单击"结束"按钮，结束音乐播放并退出程序。

相关知识

在本任务中通过声明和调用 API 函数 mciSendString 实现了声音文件的播放。

1. Declare 语句

Declare 语句用于在模块级中声明对动态链接库中外部过程的引用。该语句有以下两种语法格式。

格式一：

```
[Public | Private] Declare Sub name Lib "libname" [Alias "aliasname"]
[([arglist])]
```

格式二：

```
[Public | Private] Declare Function name Lib "libname" [Alias "aliasname"]
[([arglist])] [As type]
```

其中，Public 和 Private 是可选的，Public 用于声明对所有模块中的所有过程都可以使用的过程，Private 用于声明只能在包含该声明的模块中使用的过程。

Sub 或 Function 二者需选其一，Sub 表示该过程没有返回值，Function 表示该过程会返回一个可用于表达式的值。

name 是必需的，可以是任何合法的过程名。注意，动态链接库的入口处区分大小写。

Lib 是必需的，指明包含所声明过程的动态链接库或代码资源。所有声明都需要使用 Lib 子句。

libname 是必需的，指定包含所声明的过程的动态链接库名或代码资源名。

Alias 是可选的，表示将被调用的过程在动态链接库中还有其他名称。

aliasname 是可选的，指定动态链接库或代码资源中的过程名。如果首字符不是数字符号（#），则 aliasname 是动态链接库中该过程的入口处的名称；如果首字符是（#），则随后的字符必须指定该过程的入口处的顺序号。

arglist 是可选的，代表调用该过程时需要传递的参数的变量表。

type 是可选的，指定 Function 过程返回值的数据类型，可以是 Byte、Boolean、Integer、Long、Currency、Single、Double、Decimal（目前尚不支持）、Date、String（只支持变长）、Variant、用户自定义类型或对象类型。

arglist 参数的语法及语法各部分如下。

```
[Optional] [ByVal | ByRef] [ParamArray] varname[( )] [As type]
```

其中，Optional 是可选的，表示参数不是必需的。如果使用该选项，则 arglist 中的后续参数都必须是可选的，而且必须都使用 Optional 关键字声明。如果使用了 ParamArray，则任何参数都不能使用 Optional。

ByVal 是可选的，表示该参数按值传递。

ByRef 表示该参数按地址传递。ByRef 是 Visual Basic 的默认选项。

ParamArray 是可选的，只用于 arglist 的最后一个参数，表示最后的参数是一个 Variant 元素的 Optional 的数组。使用 ParamArray 关键字可以提供任意数目的参数。ParamArray 关键字不能与 ByVal、ByRef 或 Optional 一起使用。

varname 是必需的，表示传给该过程的参数的变量名，应遵循标准的变量命名约定。

( )对数组变量是必需的，指明 varname 是一个数组。

type 是可选的，指定传递给该过程的参数的数据类型，可以是 Byte、Boolean、Integer、Long、Currency、Single、Double、Decimal（目前尚不支持）、Date、String（只支持变长）、Object、Variant、用户自定义的类型或对象类型。

2. mciSendString 函数

mciSendString 函数使用字符串作为操作命令来控制媒体的设置，常用的操作命令如下。

① Open：打开媒体设备。
② Close：关闭媒体设备。
③ Play：播放媒体设备。
④ Pause：暂停播放媒体文件。
⑤ Stop：停止播放媒体文件。
⑥ Seek：设置播放位置。
⑦ Set：设置设备状态。
⑧ Status：确定设备当前的状态。

在本任务中，使用 Open、Close、Play 和 Pause 命令来打开和播放音乐文件并对播放过程进行控制。

任务 7　制作 Flash 动画播放器

任务目标

● 掌握在工具箱中添加 Shockwave Flash 控件的方法。
● 掌握 Shockwave Flash 控件的常用属性。
● 掌握 Shockwave Flash 控件的常用方法。

任务描述

在本任务中制作一个 Flash 动画播放器，用于打开 Flash 动画文件（扩展名为.swf）并对播放过程进行控制（播放、停止、重播），运行效果如图 5.11 所示。

任务分析

Visual Basic 6.0 核心语言和控件没有直接提供播放 Flash 动画文件的功能。要在应用程序中播放 Flash 动画文件，可以通过 Shock Flash 控件来实现。

图 5.11　Flash 动画播放器

 **设计步骤**

（1）在 Visual Basic 集成开发环境中新建一个标准 EXE 工程。

（2）将窗体 Form1 的属性 Caption 设置为"Flash 动画播放器"。

（3）在工具箱中添加两个 ActiveX 控件。选择"工具"→"部件"命令，弹出"部件"对话框，选择"控件"选项卡，依次选中"Microsoft Common Dialog Control 6.0"和"Shockwave Flash"复选框，单击"确定"按钮。

（4）在窗体 Form1 上添加工具箱中的 Shockwave Flash 控件，通过在窗体上拖动鼠标添加一个 Shockwave Flash 控件并命名为 Flash1。

（5）添加一个通用对话框控件并命名为 cdlOpen，将其 DialogTitle 属性设置为"选择要播放的 Flash 动画文件"，Filter 属性设置为"Flash 动画文件(*.swf)|*.swf"。

（6）添加 5 个命令按钮控件，分别命名为 cmdOpen、cmdPlay、cmdPause、cmdReplay 和 cmdExit，Caption 属性分别设置为"打开(&O)..."、"播放(&P)"、"暂停(&A)"、"重播(&R)"和"退出(&X)"。

（7）在窗体 Form1 的代码窗口中编写各个命令按钮的 Click 事件过程，代码如下。

```
'单击"退出"按钮时执行以下事件过程
Private Sub cmdExit_Click()
  Flash1.Stop
  Unload Me
End Sub
'单击"打开"按钮时执行以下事件过程
Private Sub cmdOpen_Click()
  On Error GoTo ErrorHandler

  cdlOpen.ShowOpen
  If cdlOpen.FileName <> "" Then
    Flash1.Movie = cdlOpen.FileName
    Me.Caption = cdlOpen.FileTitle & "Flash 动画播放器"
  End If

ErrorHandler:
End Sub
'单击"暂停"按钮时执行以下事件过程
Private Sub cmdPause_Click()
  Flash1.Stop
End Sub
'单击"播放"按钮时执行以下事件过程
Private Sub cmdPlay_Click()
  If Flash1.Movie = "" Then
    cmdOpen_Click
  End If
  Flash1.Play
End Sub
```

```
'单击"重播"按钮时执行以下事件过程
Private Sub cmdReplay_Click()
    Flash1.Rewind
    Flash1.Play
End Sub
```

（8）将窗体文件和工程文件分别命名为 Form5-07.frm 和工程 5-07.vbp，保存在 D:\VB\项目 5\任务 7 中。

程序测试

（1）按 F5 键运行程序。

（2）单击"打开"按钮，然后在弹出的"打开"对话框中选择要播放的 Flash 动画文件。

（3）单击"播放"按钮，开始播放 Flash 动画。

（4）单击"暂停"按钮，Flash 动画播放被暂停，若单击"播放"按钮，则从暂停处继续播放 Flash 动画。

（5）单击"重播"按钮，重新播放 Flash 动画。

（6）单击"退出"按钮，退出程序。

相关知识

在本任务中通过 ShockWaveFlash 控件实现了 Flash 动画播放。

1．ShockWaveFlash 控件的常用属性

ShockWaveFlash 控件的常用属性如下。

（1）Movie：指定要播放的 Flash 动画文件。

（2）TotalFrames：返回总共帧数。

（3）CurrentFrame：返回当前帧编号。

2．ShockWaveFlash 控件的常用方法

ShockWaveFlash 控件的常用方法如下。

（1）Play：开始播放动画。

（2）Back：跳到动画的上一帧。

（3）Forward：跳到动画的下一帧。

（4）Rewind：返回动画的第一帧。

（5）Stop：暂停 Flash 动画播放。

任务 8　制作视频播放器

任务目标

- 掌握在窗体上添加 Windows Media Player 控件的方法。
- 掌握 Windows Media Player 控件的常用属性。

　　在本任务中制作一个视频播放程序，用于播放 Windows 视频文件和电影文件，并对播放过程进行控制。利用这个视频播放器播放电视剧《围城》的情形如图 5.12 所示。

图 5.12　用视频播放器播放 WMV 文件

任务分析

　　Visual Basic 6.0 核心语言和控件没有直接提供播放视频文件的功能。播放视频最简捷的方法是使用 Windows 媒体播放器控件，该控件具有强大的多媒体播放功能，通过它可以制作出类似于 Windows 操作系统附带的 Windows Media Player 播放器。

 设计步骤

　　（1）在 Visual Basic 集成开发环境中新建一个标准 EXE 工程。

　　（2）将窗体 Form1 的 Caption 属性设置为"视频播放器"。

　　（3）在工具箱中添加两个 ActiveX 控件。选择"工具"→"部件"命令，弹出"部件"对话框，选择"控件"选项卡，依次选中"Microsoft Common Dialog Control 6.0"和"Windows Media Player"复选框，单击"确定"按钮。

　　（4）添加一个 Windows Media Player 控件并命名为 wmp。

　　（5）添加一个通用对话框控件并命名为 cdlOpen，将其 DialogTitle 属性设置为"选择要播放的视频文件"，Filter 属性设置为"视频文件(*.avi;*.mpg;*.dat)|*.avi;*.mpg;*.dat"。

　　（6）在窗体上添加一个命令按钮并命名为 cmdOpen，将其 Capion 属性清空，Style 属性设置为 1，为 Picture 属性设置一个图片 open.bmp，ToolTipText 属性设置为"打开"。

　　（7）在窗体 Form1 的代码窗口中编写命令按钮 cmdOpen 的 Click 事件过程，代码如下。

```
Private Sub cmdOpen_Click()
  On Error GoTo ErrorHandler
  cdlOpen.ShowOpen
  If cdlOpen.FileName <> "" Then
    wmp.URL = cdlOpen.FileName
```

```
    Me.Caption = cdlOpen.FileTitle & "视频播放器"
  End If
ErrorHandler:
End Sub
```

（8）将窗体文件和工程文件分别命名为 Form5-08.frm 和工程 5-08.vbp，保存在 D:\VB\项目 5\任务 8 中。

程序测试

（1）按 F5 键运行程序。

（2）单击"打开"按钮 ，然后在弹出的"打开"对话框中选择要播放的视频文件，单击"确定"按钮后，自动开始播放视频文件。

（3）单击"关闭"按钮，退出程序。

相关知识

在本任务中，通过 Windows Media Player 控件制作了一个视频播放器。

1．媒体播放器控件的常用属性

MediaPlayer 控件的常用属性如下。

（1）URL：指定媒体文件的位置。

（2）enableContextMenu：设置是否显示播放位置的右键快捷菜单。

（3）fullScreen：设置是否处于全屏显示状态。

（4）stretchToFit：设置非全屏状态时是否伸展到最佳大小。

（5）uiMode：设置播放器的模式。如果设置为 full，则包含控制条；如果设置为 none，则只有播放部分而没有控制条。

（6）playState：返回当前控件状态。1 表示已停止，2 表示暂停，3 表示正在播放。

2．媒体播放器控件的常用对象

MediaPlayer 控件包含一些对象，通过这些对象的属性和方法可以对播放进行控制并获取相关信息。

（1）controls 相关属性和方法：通过 WindowsMediaPlayer.controls 可以对播放器进行控制并取得相关信息。

① controls.play 方法：播放媒体。

② controls.stop 方法：停止播放。

③ controls.pause 方法：暂停播放。

④ controls.currentPosition 属性：返回当前播放进度。

⑤ controls.currentPositionString 属性：返回时间格式的字符串，如"0:32"。

（2）currentMedia 相关属性：通过 WindowsMediaPlayer.currentMedia 可以取得当前媒体的信息。

① currentMedia.duration：返回媒体的总长度 。

② currentMedia.durationString：返回时间格式的字符串，如"4:34"。

（3）settings：通过 WindowsMediaPlayer.settings 可以对播放器进行设置，包括设置音量和

左右声道等。

① settings.volume：设置音量，设置为 0~100。

② settings.balance：设置立体声的左声道和右声道的音量。

项目小结

本项目通过 8 个任务介绍了利用 Visual Basic 6.0 设计多媒体程序的基本知识，主要内容包括以下 3 个方面。

在窗体上画图：利用 Visual Basic 提供的绘图方法可以在窗体或图像框控件上绘制点、线段、矩形、弧线、圆、椭圆和扇形等基本几何图形，也可以使用 Line 控件在窗体或图像框控件上绘制简单的线段，或者使用 Shape 控件来创建矩形、正方形、椭圆和圆形等几何图形。

在窗体上显示图像：Visual Basic 6.0 提供了图像框控件和图像控件，用于在窗体上显示图片，其中图像框控件也可以作为其他控件的容器来使用，或者使用 Line、Circle 和 Print 方法来显示图形和文本。

在应用程序中播放声音（如 MP3、MIDI）、Flash 动画和视频等媒体文件：由于 Visual Basic 6.0 核心语言和控件没有提供直接播放这些媒体文件的功能，因此可以通过调用 Windows API 函数或加载相关 ActiveX 控件来实现媒体文件的播放和控制。

 **项目思考**

一、选择题

1．Visual Basic 窗体坐标系默认的度量单位是（　　）。

　　A．厘米　　　　　B．缇　　　　　C．像素　　　　　D．英寸

2．在窗体或图像框中画直线的方法是（　　）。

　　A．Line　　　　　B．Circle　　　　C．Scale　　　　　D．PSet

3．在窗体或图像框中画"点"的方法是（　　）。

　　A．Line　　　　　B．Circle　　　　C．Scale　　　　　D．PSet

4．用 Circle 方法可以画出（　　）。

　　A．圆弧　　　　　B．椭圆　　　　　C．圆形　　　　　D．以上都是

5．若 Shape 控件的 FillStyle 属性为 6，则图形的填充效果为（　　）。

　　A．水平线　　　　B．垂直线　　　　C．左上对角线　　D．交叉线

6．要在模块级中声明对动态链接库中外部过程的引用，则应使用（　　）语句。

　　A．Dim　　　　　B．Call　　　　　C．Declare　　　　D．ReDim

二、填空题

1．窗体的_____属性用于指定窗体坐标系的度量单位。

2．窗体或控件的背景颜色用_____属性设置，前景颜色用_____属性设置。

3．QBColor 函数可设置_____种颜色，其参数值为_____～_____。

4．若要用 RGB 函数生成红色，则 3 个参数分别为_____、_____和_____。

5．ShockWaveFlash 控件的_____属性指定要播放的 Flash 动画文件。

6．Windows Media Player 控件的_____属性指定要播放的媒体文件的位置。

三、简答题

1．如何使用 PSet 方法清除窗体上的一个像素？

2．如何使用 Circle 方法在窗体上画出扇形？

3．Shape 控件可以用来显示哪些图形？

4．如何使用图像框控件来实现图像的放大和缩小？

5．如何使用图像框控件来实现图像的水平和垂直翻转？

6．要使用 mciSendString 函数播放音乐，则应使用什么字符串作为操作命令？

项目实训

1．创建一个应用程序，用于在窗体上绘制一条正弦曲线。

2．创建一个应用程序，用于在窗体上绘制线段、矩形和填充矩形。

3．创建一个应用程序，用于在窗体上绘制圆、椭圆、圆弧和扇形。

4．创建一个应用程序，使用 Line 控件在窗体上创建不同线型的线段。

5．创建一个应用程序，使用 Shape 控件在窗体上创建不同填充效果的图形。

6．创建一个音乐播放程序，可以从计算机中选择要播放的音乐文件，并且可以暂停播放和继续播放。

7．创建一个 Flash 播放程序，可以从计算机中选择要播放的 Flash 动画文件，并且可以暂停播放、继续播放和重新播放。

8．创建一个视频播放程序，可以从计算中选择要播放的视频文件，并且可以对播放过程进行控制。

设计菜单和工具栏

使用 Visual Basic 开发一个功能复杂的应用程序时，通常需要为用户提供一系列的操作命令，此时单凭标准控件往往难以满足设计要求。在这种情况下，使用菜单可以方便地对这些操作命令进行分组，用户使用鼠标或键盘就能够很容易地访问这些命令。对于某些常用的菜单命令，往往通过在工具栏中设置相应的按钮来提供用户访问菜单命令的快捷途径。在本项目中，将结合一个写字板程序介绍如何为应用程序设计菜单和工具栏。

任务 1 设计菜单导航的文本编辑器

任务目标

- 掌握菜单控件的使用方法。
- 掌握 RichTextBox 控件的使用方法。
- 掌握 StatusBar 控件的使用方法。
- 掌握 Clipboard 对象的使用方法。

任务描述

在本任务中制作一个写字板程序，要求在窗体上添加系统菜单和 ActiveX 控件 Rich TextBox，并通过菜单命令打开文件、保存文件及完成常见的编辑操作，效果如图 6.1 所示。

任务分析

菜单控件用于创建应用程序的菜单。与其他标准控件一样，菜单控件也具有属性和事件，但是菜单控件只能使用菜单编辑器来创建，其属性可以利用菜单编辑器或属性窗口来设置。为了对不同文本部分进行格式设置，在本任务中使用了 RichTextBox 控件。为了显示当前日期和键盘状态，在本任务中使用了 StatusBar 控件。

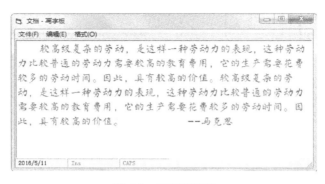

图 6.1　写字板程序

 **设计步骤**

（1）在 Visual Basic 6.0 中创建一个标准 EXE 工程。——

（2）将窗体 Form1 的 Caption 属性设置为"文档 — 写字板"。

（3）要在窗体 Form1 上创建菜单，首先要打开菜单编辑器。为此，可执行下列操作之一。

① 选择"工具"→"菜单编辑器"命令。

② 在工具栏中单击"菜单编辑器"按钮 ▣。

③ 右击窗体，在弹出的快捷菜单中选择"菜单编辑器"命令。

打开菜单编辑器后，可以看到它由 3 个区域组成，如图 6.2 所示。

图 6.2　菜单编辑器

在菜单属性设置区中，可以设置菜单控件的下列属性。

① 在"标题"文本框中输入菜单控件的标题文字，设置菜单项的 Caption 属性。

② 在"名称"文本框中输入菜单控件的名称，设置菜单项的 Name 属性。

③ 在"快捷键"下拉列表框中选择所需的快捷键，设置菜单项的 Shortcut 属性。

④ 选中"复选"复选框，设置菜单控件的 Checked 属性，指定是否在菜单项旁边显示一个复选标记。

⑤ 选中"有效"复选框，设置菜单控件的 Enabled 属性，指定菜单项是否响应用户事件。

⑥ 选中"可见"复选框，设置菜单的 Visible 属性，指定菜单项是否可见。

也可以在菜单控件编辑区使用以下按钮对菜单项进行编辑。

① 使用 ← 按钮使当前菜单项级别上升一级，最高级别为 1 级。

② 使用 → 按钮使当前菜单项级别下降一级，最低级别为 6 级。

③ 使用 ↑ 按钮使当前菜单项向上移动一个位置。

④ 使用 ↓ 按钮使当前菜单项向下移动一个位置。

⑤ 使用"下一个"按钮使光标从当前菜单项移动到下一个菜单项，如果当前菜单项为最后一个菜单项，则创建一个与当前菜单项级别相同的菜单项。

⑥ 使用"插入"按钮在当前菜单项前面插入一个与当前菜单项级别相同的菜单项。

⑦ 使用"删除"按钮删除当前菜单项。

（4）在窗体 Form1 上创建菜单系统，并按照表 6.1 设置各个菜单控件的属性。

表 6.1 菜单控件属性设置

菜单标题	名　　称	级　　别	快　捷　键
文件(&F)	mnuFile	一级	
新建(&N)	mnuFileNew	二级	Ctrl+N
打开(&O)...	mnuFileOpen	二级	Ctrl+O
保存(&S)	mnuFileSave	二级	Ctrl+S
另存为(&A)...	mnuFileSaveAs	二级	F12
−	mnuFileBar1	二级	
打印(&P)	mnuFilePrint	二级	Ctrl+P
−	mnuFileBar2	二级	
退出(&X)	mnuFileExit	二级	Ctrl+Q
编辑(&E)	mnuEdit	一级	
剪切(&T)	mnuEditCut	二级	Ctrl+X
复制(&C)	mnuEditCopy	二级	Ctrl+C
粘贴(&P)	mnuEditPaste	二级	Ctrl+V
全选(&A)	mnuEditSelectAll	二级	Ctrl+A
−	mnuEditBar1	二级	
日期/时间	mnuEditDateTime	二级	F5
格式(&O)	mnuFormat	一级	
字体(&F)...	mnuFormatFont	二级	
项目符号	mnuFormatBullet	二级	

完成菜单设计后的菜单编辑器如图 6.3 所示。

（5）在工具箱中添加 RichTextBox 控件。选择"工程"→"部件"命令，弹出"部件"对话框，选择"控件"选项卡，选中"Microsoft Rich Textbox Control 6.0"复选框，单击"应用"按钮，此时 RichTextBox 控件图标 ▤ 出现在工具箱中，如图 6.4 所示。

（6）在窗体 Form1 上添加 RichTextBox 控件。在工具箱中单击"RichTextBox"图标 ▤，并在窗体上拖动鼠标，绘制出一个 RichTextBox 控件，然后利用属性窗口将该控件命名为

rtbBox，将其 ScrollBars 属性设置为 2－vtfVertical。

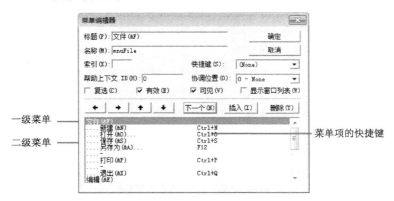

图 6.3   用菜单编辑器创建菜单控件

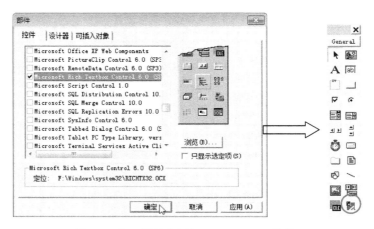

图 6.4   向工具箱中添加 RichTextBox 控件

（7）在工具箱中添加通用对话框控件。选择"工程"→"部件"命令，弹出"部件"对话框，选择"控件"选项卡，选中"Microsoft Common Dialog Control 6.0"复选框，单击"确定"按钮。此时 CommonDialog 控件图标已添加到工具箱中，如图 6.5 所示。

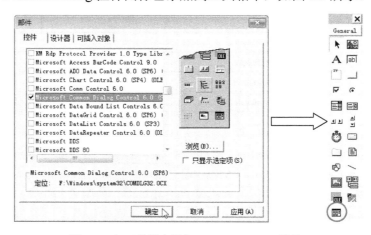

图 6.5   向工具箱中添加 CommonDialog 控件

（8）在窗体 Form1 上添加通用对话框控件。在工具箱中双击"CommonDialog"图标■，向窗体上添加通用对话框控件并命名为 dlg，并将其 Filter 属性设置为"文本文件(*.txt)|*.txt|RTF 文档(*.rtf)|*.rtf|所有文件(*.*)|*.*"。

（9）在工具箱中添加状态栏控件。选择"工程"→"部件"命令，弹出"部件"对话框，选择"控件"选项卡，选中"Microsoft Windows Common Control 6.0"复选框，单击"确定"按钮。此时，一组控件图标会添加到工具箱中，如图 6.6 所示。

注意：向工具箱中添加 Windows 通用控件后，工具箱中除了出现状态栏控件（StatusBar）外，还出现了工具栏（Toolbar）控件和图像列表（ImageList）控件。在本项目任务 2 中将为应用程序添加工具栏，这会用到工具栏控件和图像列表控件。

（10）在窗体 Form1 上添加状态栏控件。在工具箱中单击"StatusBar"图标，然后在窗体 Form1 上拖动鼠标，绘制出一个 StatusBar 控件，并保留其默认名称 StatusBar1。

（11）通过以下操作对状态栏控件 StatusBar1 进行设置。

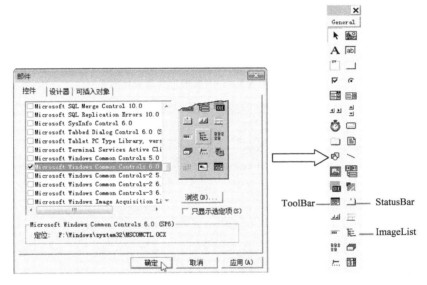

图 6.6　向工具箱中添加 Windows 通用控件

① 在窗体上单击该控件，然后在属性窗口中单击"（自定义）"右边的按钮■。
② 弹出"属性页"对话框，选择"窗格"选项卡，如图 6.7 所示。

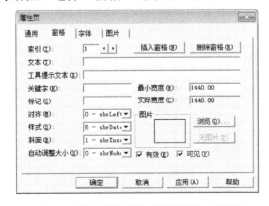

图 6.7　状态栏控件的"属性页"对话框

③ 把第一个窗格（其索引为 1）的样式设置为 6－sbrDate。

④ 单击"插入窗格"按钮，以添加第二个窗格；单击"索引"框右侧的 按钮，以切换到第二个窗格（其索引为 2），并将其样式设置为 3－sbrIns。

⑤ 单击"插入窗格"按钮，以添加第三个窗格；单击"索引"框右侧的 按钮，以切换到第三个窗格（其索引为 3），并将其样式设置为 1－sbrCaps。

至此，写字板应用程序的用户界面已经设计好了，其效果如图 6.8 所示。

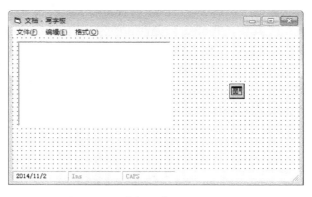

图 6.8　写字板用户界面设计效果

（12）在窗体 Form1 的代码窗口中声明两个窗体级变量，分别用于存储文件名和文件内容，代码如下。

```
Private sFileName As String
Private sFileContent As String
```

（13）在窗体 Form1 的代码窗口中，编写一个通用过程 GetFileName，用于从一个路径中获取文件名，代码如下。

```
Private Function GetFileName(path) As String
  Dim str As String, pos As Integer
  str = StrReverse(path)
  pos = InStr(1, str, "\")
  str = StrReverse(Left(str, pos - 1))
  GetFileName = str
End Function
```

（14）在窗体 Form1 的代码窗口中，编写该窗体的 Load、Resize 和 Unload 事件过程，代码如下。

```
'加载窗体时执行以下事件过程
Private Sub Form_Load()
  sFileName = ""
End Sub
'当窗口大小改变时执行以下事件过程
Private Sub Form_Resize()
  rtbBox.Left = 0
  rtbBox.Top = 0
  rtbBox.Width = Me.ScaleWidth
```

```
      rtbBox.Height = Me.ScaleHeight - StatusBar1.Height
   End Sub
' 当关闭窗口时执行以下事件过程
Private Sub Form_Unload(Cancel As Integer)
   Dim Choice As Integer

   If (sFileName <> "" And sFileContent <> rtbBox.TextRTF) Or (sFileName =
"" And rtbBox.Text <> "") Then
      Choice = MsgBox("将更改保存到文件? ", vbExclamation + vbYesNoCancel, "写字
板")
      If Choice = 6 Then
        mnuFileSave_Click
      ElseIf Choice = 7 Then
        Cancel = 0
      ElseIf Choice = 2 Then
        Cancel = 1
      End If
   End If
End Sub
```

（15）在窗体 Form1 的代码窗口中编写各个菜单控件的 Click 事件过程，代码如下。

```
'当选中"编辑"菜单时执行以下事件过程，设置其中几个菜单项的有效性
Private Sub mnuEdit_Click()
   mnuEditCut.Enabled = (rtbBox.SelLength > 0)
   mnuEditCopy.Enabled = (rtbBox.SelLength > 0)
   mnuEditPaste.Enabled = (Len(Clipboard.GetText) > 0)
End Sub
'当选择"编辑"→"复制"命令时执行以下事件过程
Private Sub mnuEditCopy_Click()
   Clipboard.Clear
   Clipboard.SetText rtbBox.SelText
End Sub
'当选择"编辑"→"剪切"命令时执行以下事件过程
Private Sub mnuEditCut_Click()
   Clipboard.Clear
   Clipboard.SetText rtbBox.SelText
   rtbBox.SelText = ""
End Sub
'当选择"编辑"→"日期/时间"命令时执行以下事件过程
Private Sub mnuEditDateTime_Click()
   rtbBox.SelText = Now
End Sub
'当选择"编辑"→"粘贴"命令时执行以下事件过程
Private Sub mnuEditPaste_Click()
```

```
      rtbBox.SelText = Clipboard.GetText
   End Sub
```
'当选择"编辑"→"全选"命令时执行以下事件过程
```
   Private Sub mnuEditSelectAll_Click()
      rtbBox.SelStart = 0
      rtbBox.SelLength = Len(rtbBox.Text)
   End Sub
```
'当选择"文件"→"退出"命令时执行以下事件过程
```
   Private Sub mnuFileExit_Click()
      Unload Me
   End Sub
```
'当选择"文件"→"新建"命令时执行以下事件过程
```
   Private Sub mnuFileNew_Click()
      Dim Choice As Integer
      If (sFileName <> "" And sFileContent <> rtbBox.TextRTF) Or (sFileName =
"" And rtbBox.Text <> "") Then
         Choice = MsgBox("将更改保存到文件？", vbExclamation + vbYesNo, "写字板")
         If Choice = 6 Then
            mnuFileSave_Click
         End If
      End If
      rtbBox.TextRTF = ""
      sFileName = ""
      sFileContent = ""
      Me.Caption = "文档 - 写字板"
   End Sub
```
' 当选择"文件"→"打开"命令时执行以下事件过程
```
   Private Sub mnuFileOpen_Click()
      dlg.ShowOpen
      dlg.DialogTitle = "选择要打开的文件"
      If dlg.FileName <> "" Then
         sFileName = dlg.FileName
         rtbBox.LoadFile sFileName
         sFileContent = rtbBox.TextRTF
         Me.Caption = GetFileName(sFileName) & " - 写字板"
      End If
   End Sub
```
'当选择"文件"→"打印"命令时执行以下事件过程
```
   Private Sub mnuFilePrint_Click()
      rtbBox.SelPrint (Printer.hDC)
   End Sub
```
'当选择"文件"→"保存"命令时执行以下事件过程
```
   Private Sub mnuFileSave_Click()
      If sFileName <> "" Then
```

```
      rtbBox.SaveFile sFileName
    Else
      mnuFileSaveAs_Click
    End If
End Sub
'当选择"文件"→"另存为"命令时执行以下事件过程
Private Sub mnuFileSaveAs_Click()
  dlg.ShowSave
  dlg.DialogTitle = "保存为"
  If dlg.FileName <> "" Then
    sFileName = dlg.FileName
    rtbBox.SaveFile sFileName
    sFileContent = rtbBox.TextRTF
    Me.Caption = GetFileName(sFileName) & " - 写字板"
  End If
End Sub
'当选择"格式"→项目符号"命令时执行以下事件过程
Private Sub mnuFormatBullet_Click()
  mnuFormatBullet.Checked = Not mnuFormatBullet.Checked
  rtbBox.SelBullet = mnuFormatBullet.Checked
End Sub
'当选择"格式"→"字体"命令时执行以下事件过程
Private Sub numFormatFont_Click()
  dlg.Flags = cdlCFBoth Or &H100
  If rtbBox.SelLength > 0 And Not IsNull(rtbBox.SelFontName) Then
    dlg.FontName = rtbBox.SelFontName
    dlg.FontSize = rtbBox.SelFontSize
    dlg.FontName = rtbBox.SelFontName
    dlg.FontSize = rtbBox.SelFontSize
    dlg.FontBold = rtbBox.SelBold
    dlg.FontItalic = rtbBox.SelItalic
    dlg.FontUnderline = rtbBox.SelUnderline
    dlg.Color = rtbBox.SelColor
  End If
  dlg.ShowFont
  rtbBox.SelFontName = dlg.FontName
  rtbBox.SelFontSize = dlg.FontSize
  rtbBox.SelBold = dlg.FontBold
  rtbBox.SelItalic = dlg.FontItalic
  rtbBox.SelUnderline = dlg.FontUnderline
  rtbBox.SelColor = dlg.Color
End Sub
```

（16）将窗体文件和工程文件分别命名为 Form6-01.frm 和工程 6-01.vbp，保存在 D:\VB\项目 6\任务 1 中。

程序测试

（1）按 F5 键运行程序。

（2）选择"文件"→"打开"命令或按 Ctrl+O 组合键，打开已经存在的文本文件或 RTF 文档，然后对"编辑"菜单中的各个命令进行测试。

（3）选择"文件"→"新建"命令或按 Ctrl+N 组合键，新建一个文档，并输入文本内容，插入日期和时间，设置字体和项目符号格式，然后选择"文件"→"保存"命令，将该文件保存为 RTF 文档。

（4）选择"文件"→"退出"命令，退出程序。

相关知识

1．菜单控件

菜单（Menu）控件用于显示应用程序的自定义菜单。命令、子菜单和分隔符都可以包括在菜单之中，每个创建的菜单至多有 4 级子菜单。为了创建菜单控件，需要使用菜单编辑器。使用菜单编辑器可以设置菜单控件的某些属性，菜单控件的属性都要显示在属性窗口中。为了显示菜单控件的属性，应在属性窗口上部的"对象"列表中选择菜单项名称。

在创建 MDI 应用程序时，当子窗体为活动窗体时，MDI 子窗体上的菜单条将替换 MDIForm 对象上的菜单条。

菜单控件的常用属性如下。

（1）Caption：设置或返回菜单项的标题文字。在"标题"文本框中输入菜单控件的标题文字。为了对菜单项指定访问键，可在作为访问键使用的字母之前放置一个"&"符号；对于顶级菜单中的菜单项，可按 Alt+访问键快速选中；对于包含在菜单中的菜单命令，可直接通过按访问键选中。为了创建分隔栏，可在"标题"文本框中输入单连字符"–"。

（2）Checked：设置或返回一个布尔值，决定是否在菜单项旁边显示复选标记。为了在菜单项的左侧显示复选标记，使用菜单编辑器时应选中"复选"复选框。

（3）Enabled：设置或返回一个布尔值，决定菜单项是否响应用户操作。使用菜单编辑器可选中"有效"复选框对该属性进行设置。

（4）Index：当菜单项组成控件数组时，用于区分数组内的各个菜单控件。

（5）Name：指定菜单控件的名称。

（6）Shortcut：设置一个值，指定菜单项的快捷键。

（7）Visible：设置或返回一个值，决定菜单项是否可见。

（8）WindowList：设置或返回一个值，决定菜单控件是否维护当前 MDI 子窗口的列表。

菜单控件只有一个事件，即 Click 事件。在本任务中，除了顶级菜单和分隔符之外，对所有菜单控件都编写 Click 事件过程。

2．RichTextBox 控件

RichTextBox 控件不仅允许输入和编辑文本，还提供了标准文本框控件所没有的、更高级的指定格式的许多功能。在本任务中，使用 RichTextBox 控件来显示和编辑文档。

RichTextBox 提供了一些属性，对于控件文本的任何部分，用这些属性都可以指定格式。为了改变文本的格式，首先要选中它。只有选中的文本才能赋予字符和段落格式。使用这些

属性，可把文本改为粗体或斜体，或改变其颜色，以及创建上标和下标。通过设置左右缩进和悬挂式缩进，可调整段落的格式。

RichTextBox 控件能以 RTF 格式和普通 ASCII 文本格式打开和保存文件。使用控件的 LoadFile 和 SaveFile 方法可以直接读写文件，或使用与 Visual Basic 文件输入/输出语句联结的、诸如 SelRTF 和 TextRTF 之类的控件属性打开和保存文件。

1）RichTextBox 控件的常用属性

RichTextBox 控件的常用属性如下。

（1）FileName：返回或设置装入 RichTextBox 控件的文件名。对此属性，只能指定文本文件或有效的 RTF 文件名。

（2）MaxLength：返回或设置一个值，指定 RichTextBox 控件有无容纳字符数量的最大极限，若有，则指出最大字符数量。

（3）MultiLine：返回或设置一个值，指明 RichTextBox 控件是否接收和显示多行正文。运行时此属性是只读的。

（4）RightMargin：返回或设置 RichTextBox 控件中的文本右边距。

（5）ScrollBars：返回或设置一个值，指定 RichTextBox 控件是否带有水平的或垂直的滚动条。运行时此属性是只读的。此属性有以下设置值：0－rtfNone（默认）表示没有滚动条；1－rtfHorizontal 表示仅有水平滚动条；2－rtfVertical 表示仅有垂直滚动条；3－rtfBoth 表示同时具有水平和垂直滚动条。

（6）SelAlignment：返回或设置一个值，控制 RichTextBox 控件中段落的对齐方式。此属性设计时无效。此属性有以下设置值：0－rtfLeft（默认）表示左对齐；1－rtfRight 表示右对齐；2－rtfCenter 表示居中对齐。

（7）SelBold、SelItalic、SelStrikethru、SelUnderline：返回或设置 RichTextBox 控件中选定文本的字体样式，包括粗体、斜体、删除线和下画线格式。这些属性设计时无效。

（8）SelBullet：返回或设置一个值，决定在 RichTextBox 控件中包含当前选择或插入点的段落是否有项目符号样式。此属性在设计时无效。

（9）SelCharOffset：返回或设置一个值，确定 RichTextBox 控件中的文本是出现在基线上（正常状态），还是作为上标出现在基线之上或作为下标出现在基线之下。此属性在设计时无效。

（10）SelColor：返回或设置用于决定 RichTextBox 控件中文本颜色的值。此属性在设计时无效。

（11）SelFontName：返回或设置在 RichTextBox 控件中用于显示当前选中的文本，或者用于显示刚从插入点输入字符的字体。此属性在设计时无效。

（12）SelFontSize：返回或设置一个指定字体大小的值，该字体用于显示 RichTextBox 控件中的文本。此属性在设计时无效。

（13）SelHangingIndent、SelIndent、SelRightIndent：返回或设置 RichTextBox 控件中段落的页边距，此属性不是包括当前选定就是要在当前插入点添加。此属性设计时无效。

（14）SelLength、SelStart、SelText：SelLength 返回或设置所选择的字符数；SelStart 返回或设置所选择的文本的起始点，如果没有文本被选中，则指出插入点的位置；SelText 返回或设置包含当前选中文本的字符串；如果没有字符被选中，则为零长度字符串。这些属性在设计时是不可用的。

（15）SelRTF：返回或设置 RichTextBox 控件当前选中的文本（按 RTF 格式）。此属性设计时无效。

（16）SelTabCount、SelTabs：返回或设置 RichTextBox 控件中文本的制表符数目及制表符的绝对位置。这些属性在设计时无效。

（17）TextRTF：返回或设置 RichTextBox 控件的文本，包括所有的 RTF 代码。设置 TextRTF 属性，将用新的字符串来取代 RichTextBox 控件中的全部内容。

2）RichTextBox 控件的常用方法

RichTextBox 控件的常用方法如下。

（1）Find：根据给定的字符串，在 RichTextBox 控件中搜索文本，语法格式如下。

```
object.Find(string, start, end, options)
```

其中，object 表示 RichTextBox 控件；参数 string 指定要在控件中查找的字符串表达式；参数 start 决定从何处开始搜索整数字符索引，控件中的每一个字符都有一个可唯一标识的整数索引，控件中文本的第一个字符的索引是 0；参数 end 决定在何处结束搜索的整数字符索引；参数 options 用来指定一个或多个可选功能常数的和，参数 options 的设置值如下。

① rtfWholeWord（2）：确定匹配是基于整个单词还是单词的片段。

② rtfMatchCase（4）：确定匹配是否基于指定字符串与字符串文本的大小写字体一致。

③ rtfNoHighlight（8）：确定匹配是否在指定的 RichTextBox 控件中突出显示。

通过把它们的值或常数相加或用 Or 运算符可使这些值相结合，可使用多个选项。

（2）GetLineFromChar：返回 RichTextBox 控件中含有指定字符位置的行号，不支持命名的参数，语法格式如下。

```
object.GetLineFromChar(charpos)
```

其中，object 表示 RichTextBox 控件；参数 charpos 是一个长整数，用以指定字符的索引，该字符所在行是要标识的。在 RichTextBox 控件中，第一个字符的索引是 0。

（3）LoadFile：向 RichTextBox 控件加载一个 RTF 文件或文本文件，不支持命名的参数，语法格式如下。

```
object.LoadFile pathname, filetype
```

其中，object 表示 RichTextBox 控件；参数 pathname 为字符串表达式，指定加载控件的文件路径和文件名；参数 filetype 是可选的，用于确定装入文件的类型——rtfRTF（0）（默认）表示被加载的文件必须是一个合法的 RTF 文件，rtfText（1）表示可加载任一文本文件。

（4）SaveFile：把 RichTextBox 控件的内容存入文件，不支持命名的参数，语法格式如下。

```
object.SaveFile pathname, filetype
```

其中，object 表示 RichTextBox 控件；参数 pathname 为字符串表达式，指定保存控件内容文件的路径和文件名；参数 filetype 是可选的，用于确定加载文件的类型，其设置值请参阅 LoadFile 方法。

（5）SelPrint：将 RichTextBox 控件中的格式化文本发送给设备进行打印，语法格式如下。

```
object.SelPrint(hDC)
```

其中，object 表示 RichTextBox 控件；参数 hdc 为设备描述体，指定准备用来打印控件内容的设备。

SelPrint 方法并不打印 RichTextBox 控件中的文本，而是将格式化文本的一个备份发送给可以打印这个文本的设备。例如，用下列代码可将文本发送给 Printer 对象。

```
RichTextBox1.SelPrint(Printer.hDC)
```

3．状态栏控件

状态栏（StatusBar）控件提供窗体，该窗体通常位于父窗体的底部，应用程序通过这一窗体可以显示各种状态数据。StatusBar 最多能被分为 16 个 Panel 对象,这些对象包含在 Panels 集合中。

StatusBar 控件由 Panel 对象组成,每个 Panel 对象能包含文本和/或图片。控制个别面板的外观属性包括 Width、Alignment(文本和图片的)和 Bevel。此外,可以使用 Style 属性 7 个值中的一个自动地显示公共数据,诸如日期、时间和键盘状态等。在本任务中,通过属性页为 StatusBar 控件创建了 3 个 Panel 对象,并把这些 Panel 对象的 Style 属性分别设置为 6、3 和 1,以便使用这些面板显示日期、插入键状态和大写锁定键状态。

4.Clipboard 对象

Clipboard 对象提供对系统剪贴板的访问,该对象用于操作剪贴板上的文本和图形,使得用户能够复制、剪切和粘贴应用程序中的文本和图形。在复制任何信息到 Clipboard 对象中之前,应调用 Clipboard.Clear 方法清除 Clipboard 对象中的内容。所有 Windows 应用程序共享 Clipboard 对象,当切换到其他应用程序时,剪贴板中的内容会改变。

Clipboard 对象的常用方法如下。

(1)Clear:用于清除系统剪贴板的内容,语法格式如下。

```
Clipboard.Clear
```

(2)GetData:用于从 Clipboard 对象返回一个图形,不支持命名参数,语法格式如下。

```
Clipboard.GetData(format)
```

其中,参数 format 是可选的,它用于指定 Clipboard 图形的格式,必须用括号将该常数或数值括起来。如果参数 format 为 0 或省略,则 GetData 自动使用适当的格式。

(3)GetText:用于返回 Clipboard 对象中的文本字符串,不支持命名参数,语法格式如下。

```
Clipboard.GetText(format)
```

其中,参数 format 是可选的,它指定 Clipboard 对象的格式,必须用括号将值括起来。参数的设置值如下:vbCFLink(&HBF00),表示 DDE 对话信息;vbCFText(1)(默认值),表示文本;vbCFRTF(&HBF01),表示 RTF 文件。

(4)SetData:使用指定的图形格式将图片放置到 Clipboard 对象上,语法格式如下。

```
Clipboard.SetData data, format
```

其中,参数 data 指定被放置到 Clipboard 对象中的图形,参数 format 指定 Visual Basic 识别的 Clipboard 对象格式。如果省略 format,则 SetData 方法自动决定图形格式。

(5)SetText:使用指定的 Clipboard 图像格式将文本字符串放置到 Clipboard 对象中,不支持命名参数,语法格式如下。

```
Clipboard.SetText data, format
```

其中,参数 data 给出被放置到剪贴板中的字符串数据;参数 format 是可选的,用于指定 Visual Basic 识别的剪贴板格式,其设置值请参阅 GetText 方法。

任务 2 为文本编辑器配置工具栏

任务目标

● 掌握工具栏控件的使用方法。

● 掌握图像列表控件的使用方法。
● 掌握为工具栏按钮编写事件过程的方法。

任务描述

在本项目任务 1 中已经创建了一个写字板程序，本任务是在这个写字板应用程序的基础上向窗体中添加一个工具栏，使得用户可以快速访问一些常用的菜单命令，包括"文件"菜单中的"新建"、"打开"、"保存"、"打印"以及"编辑"菜单中的"剪切"、"复制"、"粘贴"等命令，如图 6.9 所示。

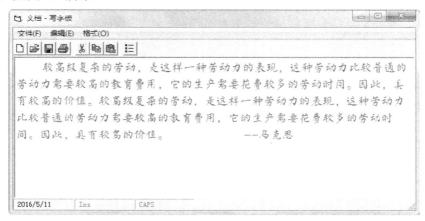

图 6.9　为写字板应用程序添加工具栏

任务分析

工具栏主要用于快速访问使用频繁的菜单命令。要制作工具栏，需要用到两个 ActiveX 控件：Toolbar 和 ImageList。Toolbar 控件可以提供所需要的按钮，ImageList 控件则为每个工具按钮提供了图像。要把工具栏按钮与菜单命令关联起来，可对工具栏的 ButtonClick 事件进行编程。

 设计步骤

（1）在 Visual Basic 6.0 中打开本项目任务 1 中完成的工程文件"工程 6-01.vbp"。
（2）在窗体 Form1 上添加一个 ImageList 控件，保留其默认名称 ImageList1。
（3）按照表 6.2 的要求，通过以下操作向图像列表控件 ImageList1 中添加图像。

表 6.2　在图像列表控件中添加图片

图像含义	图像文件	索引（Index）	关键字（Key）
新建	new.jpg	1	New
打开	open.jpg	2	Open
保存	save.jpg	3	Save
打印	print.jpg	4	Print
剪切	cut.jpg	5	Cut

（续表）

图像含义	图像文件	索引（Index）	关键字（Key）
复制	copy.jpg	6	Copy
粘贴	paste.jpg	7	Paste
项目符号	bullet.jpg	8	Bullet

① 在窗体上单击控件 ImageList1，在属性窗口中单击"（自定义）"旁边的按钮 ... 。

② 在图像列表控件的"属性页"对话框中选择"图像"选项卡。

③ 单击"插入图片"按钮，并从磁盘中选择图像文件，在"关键字"文本框中输入该图像的关键字，如图 6.10 所示。

④ 重复执行上述操作，以插入更多图片。

（4）在窗体 Form1 上添加一个 Toolbar 控件，保留其默认名称 Toolbar1；然后通过以下操作把控件 Toolbar1 与控件 ImageList1 关联起来。

① 在窗体上单击控件 Toolbar1，在属性窗口中单击"（自定义）"旁边的按钮 ... 。

② 在工具栏控件"属性页"对话框中选择"通用"选项卡。

③ 在"图像列表"下拉列表框中选择"ImageList1"选项，并单击"应用"按钮，如图 6.11 所示。

 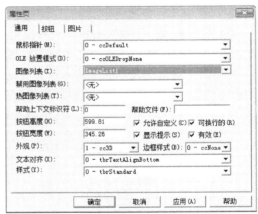

图 6.10 图像列表控件的"属性页"对话框   图 6.11 把 Toolbar 控件与 ImageList 控件关联起来

（5）按照表 6.3 的要求向工具栏中添加按钮。

表 6.3 向工具栏中添加按钮

按钮功能	索引（Index）	关键字（Key）	样式（Style）	工具栏提示文本	图 像
新建文件	1	New	0-tbrDefault	新建	1
打开文件	2	Open	0-tbrDefault	打开	2
保存文件	3	Save	0-tbrDefault	保存	3
打印文件	4	Print	0-tbrDefault	打印	4
分隔符	5		3-tbrSeparator		
剪切	6	Cut	0-tbrDefault	剪切	5
复制	7	Copy	0-tbrDefault	复制	6
粘贴	8	Paste	0-tbrDefault	粘贴	7
分隔符	9		3-tbrSeparator		
项目符号	10	Bullet	0-tbrDefault	项目符号	8

在工具栏控件的"属性页"对话框中选择"按钮"选项卡，如图 6.12 所示。

图 6.12　向工具栏中添加按钮

① 单击"插入按钮"按钮，以添加新的 Button 对象；第一个 Button 对象的索引值为 1，第二个 Button 对象的索引值为 2，以此类推。

② 在"关键字"文本框中设置 Button 对象的 Key 属性，该属性用于标识按钮集合中的一个按钮。关键字应是唯一的，而且区分大小写。

③ 从"样式"下拉列表框中选择应用于 Button 对象的样式。

④ 在"工具提示文本"文本框中设置 Button 对象的 ToolTipText 属性。

⑤ 在"图像"文本框中输入包含在图像列表中的图像的索引值或关键字，以指定应用该按钮的图像。至此，已经在应用程序窗口中添加了一个工具栏，如图 6.13 所示。

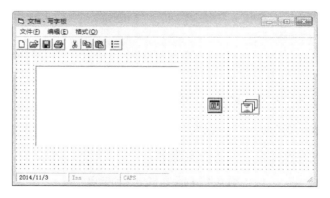

图 6.13　包含工具栏的写字板应用程序窗口

（6）打开窗体 Form1 的代码窗口，对事件过程 Form_Resize 进行修改，代码如下。

```
Private Sub Form_Resize()
    rtbBox.Left = 0
    '添加工具栏后修改 Top 属性
    rtbBox.Top = Toolbar1.Height
    rtbBox.Width = Me.ScaleWidth
    rtbBox.Height = Me.ScaleHeight - StatusBar1.Height
End Sub
```

（7）在代码窗口中，编写工具栏控件 Toolbar1 的 ButtonClick 事件过程，代码如下。

```
Private Sub Toolbar1_ButtonClick(ByVal Button As MSComctlLib.Button)
    Select Case Button.Key
    Case "New"
        mnuFileNew_Click
    Case "Open"
        mnuFileOpen_Click
    Case "Save"
        mnuFileSave_Click
    Case "Cut"
        mnuEditCut_Click
    Case "Copy"
        mnuEditCopy_Click
    Case "Paste"
        mnuEditPaste_Click
    Case "Bullet"
        mnuFormatBullet_Click
    End Select
End Sub
```

（8）保存文件。

程序测试

（1）按 F5 键运行程序。

（2）通过工具栏按钮执行新建、打开、保存和打印文件操作，对这些按钮进行测试。

（3）通过工具栏按钮执行剪切、复制和粘贴操作，对这些按钮进行测试。

（4）通过工具栏按钮设置项目符号，对相应按钮进行测试。

相关知识

1．工具栏控件

工具栏（Toolbar）控件包含一个 Button 对象集合，该对象被用来创建与应用程序相关联的工具栏。一般来说，工具栏包含一些按钮，这些按钮与应用程序菜单中各命令的按钮对应，工具栏为用户访问应用程序的最常用功能和命令提供了图形接口。

有了 Toolbar 控件，就可以通过将 Button 对象添加到 Buttons 集合中来创建工具栏。每个 Button 对象都可以有可选的文本或一幅图像，或者兼而有之，这些都是由相关联的 ImageList 控件提供的。可以在一个按钮上用 Image 属性为每个 Button 对象添加一幅图像，或者用 Caption 属性显示文本，或者二者兼而有之。在设计时可以使用工具栏控件的属性页将 Button 对象添加到控件中。在运行时，可以通过调用 Add 和 Remove 方法添加按钮或从 Buttons 集合中删除按钮。

工具栏控件有以下常用属性。

（1）Buttons：返回对 Toolbar 控件的 Button 对象集合的引用，语法格式如下。

```
Toolbar1.Buttons
```

可以使用标准集合方法（如 Add 和 Remove 方法）操作 Button 对象。集合的每个元素均可通过其索引（即 Index 属性）值来访问，亦可通过唯一关键字（即 Key）属性值来访问。

（2）ImageList：返回或设置与工具栏相关联的 ImageList 控件，语法格式如下。

```
Toolbar1.ImageList [= Imagelist]
```

其中，Imagelist 为对象引用，指定工具栏控件使用哪个 ImageList 控件。

工具栏控件要使用 ImageList 属性，必须先将 ImageList 控件放置到窗体上。在设计时，可以在工具栏控件的"属性页"对话框中设置 ImageList 属性。为了将 ImageList 在运行时与控件相关联，可以设置控件的 ImageList 属性为要用到的 ImageList 控件，例如：

```
Set Toolbar1.ImageList = ImageList1
```

工具栏控件有一个 ButtonClick 事件，该事件当用户单击工具栏控件中的按钮对象时发生。为了给工具栏控件编程，将代码添加到 ButtonClick 事件中，以便对已选中的按钮做出反应。该事件过程的语法格式如下。

```
Private Sub Toolbar1_ButtonClick(ByVal Button As MSComctlLib.Button)
```

其中，参数 Button 表示对被单击的 Button 对象（工具栏按钮）的引用。

单个 Button 对象会对 ButtonClick 事件做出反应，为了对这种反应编程，可以使用 button 参数值。例如，下列代码用 Button 对象的 Key 属性来确定合适的动作。

```
Private Sub Toolbar1_ButtonClick(ByVal Button As MSComctlLib.Button)
   Select Case Button.Key
   Case "Open"
     CommonDialog1.ShowOpen
   Case "Save"
     CommonDialog1.ShowSave
   End Select
End Sub
```

2．图像列怕表控件

图像列表（ImageList）控件包含 ListImage 对象的集合，该集合中的每个对象都可以通过其索引或关键字来引用。ImageList 控件不能独立使用，只是作为一个便于向其他控件提供图像的资料中心。

在设计时，可以用 ImageList 控件"属性页"对话框的"图像"选项卡来添加图像。在运行时，可以用 Add 方法给 ListImages 集合添加图像。

ImageList 控件的作用犹如图像的储藏室，它需要第二个控件显示所存储的图像。第二个控件可以是任何能显示图像 Picture 对象的控件，也可以是特别设计的、用于绑定 ImageList 控件的 Windows 通用控件，如 ListView、ToolBar、TabStrip、Header、ImageCombo 和 TreeView 控件。为了与这些控件一同使用，必须通过一个适当的属性将特定的 ImageList 控件绑定到第二个控件中。在本任务中，将 Toolbar 控件的 ImageList 属性设置为 ImageList 控件，从而把工具栏控件与图像列表控件绑定起来。

一旦 ImageList 与指定 Toolbar 控件相关联，即可用 Index 属性或 Key 属性的值来引用 ListImage 对象。在本任务中，使用了 Toolbar 控件的"属性页"对话框设置应用于每个工具控件的图像。

项目小结

本章介绍了如何为应用程序添加菜单和工具栏。

与其他控件一样,菜单控件也有自己的属性和事件。但不同的是,菜单控件必须使用菜单编辑器来创建,菜单控件的一些常用属性也可以使用菜单编辑器来设置。

工具栏主要用于快速访问一些比较常用的菜单命令。创建工具栏时,要用到 Toolbar 控件和 ImageList 控件。通过对工具栏控件的 ButtonClick 事件过程进行编程,可以把工具栏按钮与相应的菜单命令关联起来。

此外,本项目中还介绍了 RichTextBox 控件和 StatusBar 控件的使用方法。

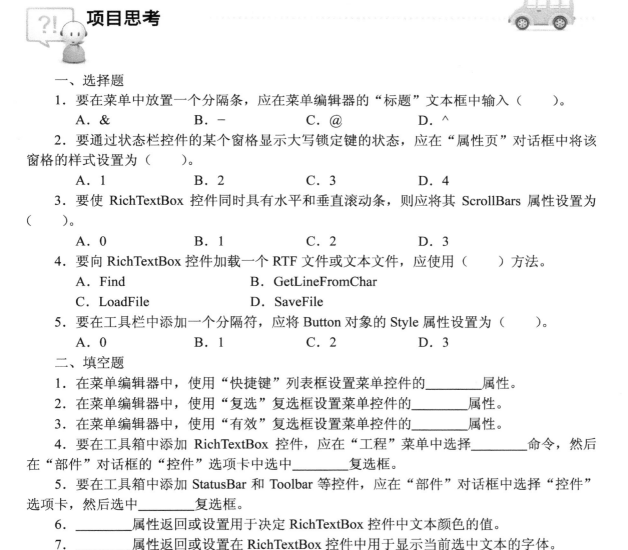

项目思考

一、选择题

1. 要在菜单中放置一个分隔条,应在菜单编辑器的"标题"文本框中输入(　　　)。
   A. &　　　　　　　　B. -　　　　　　　　C. @　　　　　　　　D. ^

2. 要通过状态栏控件的某个窗格显示大写锁定键的状态,应在"属性页"对话框中将该窗格的样式设置为(　　　)。
   A. 1　　　　　　B. 2　　　　　　C. 3　　　　　　D. 4

3. 要使 RichTextBox 控件同时具有水平和垂直滚动条,则应将其 ScrollBars 属性设置为(　　　)。
   A. 0　　　　　　B. 1　　　　　　C. 2　　　　　　D. 3

4. 要向 RichTextBox 控件加载一个 RTF 文件或文本文件,应使用(　　　)方法。
   A. Find　　　　　　　　　　B. GetLineFromChar
   C. LoadFile　　　　　　　　D. SaveFile

5. 要在工具栏中添加一个分隔符,应将 Button 对象的 Style 属性设置为(　　　)。
   A. 0　　　　　　B. 1　　　　　　C. 2　　　　　　D. 3

二、填空题

1. 在菜单编辑器中,使用"快捷键"列表框设置菜单控件的_____属性。

2. 在菜单编辑器中,使用"复选"复选框设置菜单控件的_____属性。

3. 在菜单编辑器中,使用"有效"复选框设置菜单控件的_____属性。

4. 要在工具箱中添加 RichTextBox 控件,应在"工程"菜单中选择_____命令,然后在"部件"对话框的"控件"选项卡中选中_____复选框。

5. 要在工具箱中添加 StatusBar 和 Toolbar 等控件,应在"部件"对话框中选择"控件"选项卡,然后选中_____复选框。

6. _____属性返回或设置用于决定 RichTextBox 控件中文本颜色的值。

7. _____属性返回或设置在 RichTextBox 控件中用于显示当前选中文本的字体。

8. _____属性返回或设置 RichTextBox 控件的文本，包括所有的 RTF 代码。

9. _____方法将 RichTextBox 控件中的格式化文本发送给设备进行打印。

三、简答题

1．Clipboard 对象有什么功能？如何返回或设置 Clipboard 对象中的文本字符串？

2．如何将 RichTextBox 控件的内容保存到文件中？

3．如何将 Toolbar 控件与 ImageList 控件关联起来？

4．如何在 Toolbar 控件中引用 ImageList 控件中的图像？

5．如何将工具栏按钮与菜单命令关联起来？

项目实训

结合本项目的两个任务，设计一个文本编辑器程序，要求具有菜单和工具栏，能够实现基本的文件操作、编辑操作和格式化操作。

项目 7

访问与管理文件

用 Visual Basic 开发应用程序时，经常需要访问或显示有关驱动器、文件夹及文件的信息。Visual Basic 提供了几种方法来处理驱动器、文件夹和文件，既可以使用专门的文件管理控件，也可以使用传统的语句和函数（如 Open、Input 等），或者使用文件系统对象（FSO）模型来管理控制。本项目将通过 4 个任务来演示如何利用文件控件和相关语句来实现文件访问和管理。

任务1 文件管理控件应用

任务目标

- 掌握驱动器列表框控件的使用方法。
- 掌握目录列表框控件的使用方法。
- 掌握文件列表框控件的使用方法。

任务描述

在本任务中使用文件管理控件制作一个图片浏览器，可以从不同驱动器上的不同文件夹中选择图片文件并在窗体上显示图片，程序运行效果如图 7.1 所示。

任务分析

在本任务中，需要同时使用驱动器列表框、目录列表框和文件列表框，为了使这些控件之间彼此同步，可以对驱动器列表框和目录列表框的 Change 事件过程进行编程。为了使用户从文件列表框中选择一个图片时显示该图片，可以对文件列表框的 Click 事件过程编程。

图 7.1　图片浏览器

设计步骤

（1）在 Visual Basic 集成开发环境中新建一个标准 EXE 工程。

（2）把窗体 Form1 调整到适当大小，将其 Caption 属性设置为"图片浏览器"。

（3）在窗体 Form1 上添加以下控件。

① 框架 Frame1，将其 Caption 属性设置为"选择图片"。

② 在工具箱中单击"DriveListBox"图标□，在框架 Frame1 内部添加一个驱动器列表框控件 Drive1。

③ 在工具箱中单击"DirListBox"图标□，在框架 Frame1 内部添加一个目录列表框控件 Dir1。

④ 在工具箱中单击"FileListBox"图标■，在框架 Frame1 内部添加一个文件列表框控件 File1，将其 Pattern 属性设置为"*.bmp;*.gif;*.jpg"。

⑤ 添加一个 Image 控件，其默认名称为 Image1。

（4）在窗体 Form1 的代码窗口中编写目录列表框 Dir1 的 Change 事件过程，代码如下。

```
'当在目录列表框中选择不同目录时执行以下事件过程
Private Sub Dir1_Change()
  File1.Path = Dir1.Path
End Sub
```

（5）在窗体 Form1 的代码窗口中编写驱动器列表框 Drive1 的 Change 事件过程，代码如下。

```
'当在驱动器列表框中选择不同的驱动器时执行以下事件过程
Private Sub Drive1_Change()
  Dir1.Path = Drive1.Drive
End Sub
```

（6）在窗体 Form1 的代码窗口中编写文件列表框 File1 的 Click 事件过程，代码如下。

```
'当在文件列表框中选择一个文件时执行以下事件过程
Private Sub File1_Click()
  Dim sFilename As String

  If Right(File1.Path, 1) = "\" Then
    sFilename = File1.Path & File1.FileName
  Else
```

```
        sFilename = File1.Path & "\" & File1.FileName
    End If
    Image1.Picture = LoadPicture(sFilename)
End Sub
```

（7）将窗体文件和工程文件分别命名为 Form7-01.frm 和工程 7-01.vbp，保存在 D:\VB\项目 7\任务 1 中。

程序测试

（1）按 F5 键运行程序。

（2）从驱动器列表框中选择一个驱动器，此时目录列表框和文件列表框的内容随之改变。

（3）从目录列表框中选择图片所在目录，此时文件列表框的内容内容随之改变。

（4）在文件列表中单击要查看的图片文件，或用箭头键把焦点移动到该文件上，此时将通过 Image 控件显示所选择的图片。

相关知识

1．驱动器列表框控件

驱动器列表框（DriveListBox）控件用来显示用户系统中所有有效磁盘驱动器的列表。在运行时，由于有驱动器列表框控件，所以可选择一个有效的磁盘驱动器。该控件可以创建对话框，通过它从任何一个可用驱动器的磁盘文件列表框中打开文件。

驱动器列表框的常用属性如下。

（1）Drive：返回或设置运行时选择的驱动器。该属性在设计时不可用。Drive 属性的有效驱动器包括在运行中控件创建和刷新时系统已有的、或者连接到系统上的所有驱动器。Drive 属性的默认值为当前驱动器。

读取 Drive 属性值时，按下述格式之一返回所选择的驱动器。

① 软磁盘："a:" 或 "b:"，等等。

② 固定介质："c: [volume id]"。

③ 网络连接："x: \\server\share"。

设置该属性时，字符串的第一个字符是有效字符（字符串不区分大小写）。

改变 Drive 属性的设置值会激活驱动器列表框的 Change 事件。

（2）List：包含有效的驱动连接列表。

（3）ListCount：连接的驱动器个数。

（4）ListIndex：表示在运行中创建该控件时的当前驱动器的索引。

驱动器列表框控件有一个 Change 事件，该事件当改变所选择的驱动器，即选择一个新的驱动器或通过代码改变 Drive 属性值时发生。

2．目录列表框控件

目录列表框（DirListBox）控件在运行时显示目录和路径，这个控件可以用于显示分层的目录列表。利用目录列表框控件可以创建对话框，以便在所有可用目录中从文件列表框打开一个文件。

目录列表框控件的常用属性如下。

（1）List：包含所有目录的列表，使用 $-n \sim$ ListCount-1 内的值。对于目录列表框控件，索引号序列基于在运行中创建该控件时的当前目录和子目录。当前展开的目录用索引值-1 表示，当前展开目录的上一级目录用绝对值更大一些的负索引值来表示。例如，若-2 是当前展开目录的父目录，则-3 是它上一级的目录。当前展开的目录以下的目录是$0 \sim$ ListCount-1。

（2）ListCount：返回当前目录中子目录的个数。

（3）ListIndex：返回当前路径的索引。

（4）Path：返回或设置当前路径，在设计时是不可用的。对于一个目录列表框控件而言，Path 属性值的改变将产生一个 Change 事件。

目录列表框控件有一个 Change 事件，该事件在双击一个新的目录从而改变所选择的目录，或者通过代码改变 Path 属性的值时发生。

3．文件列表框控件

文件列表框（FileListBox）控件在运行时把 Path 属性指定的目录中的文件显示出来，该控件用来显示所选择文件类型的文件列表。例如，可以在应用程序中创建对话框，通过它选择一个文件或者一组文件。

1）文件列表框控件的常用属性

文件列表框控件的常用属性如下。

（1）Archive、Hidden、Normal 和 System：设置或返回一个布尔值，决定文件列表框是否以档案、隐藏、普通或系统属性来显示文件。基于运行系统使用的标准文件特征，可以用这些属性来指定在文件列表框控件中所显示文件的类型。运行时在程序中设置这些属性中的任何一个，都会重设文件列表框控件使其只显示具有指定属性的文件。

（2）FileName：返回或设置所选文件的路径和文件名，在设计时不可用。

（3）List：包含匹配 Pattern 属性的当前展开目录的文件列表。

（4）ListCount：返回当前目录中匹配 Pattern 属性设置的文件个数。

（5）ListIndex：返回当前选择文件的索引。

（6）MultiSelect：返回或设置一个值，该值指示是否能够在文件列表框控件中进行复选以及如何进行复选。它在运行时是只读的。

MultiSelect 属性设置值如下。

① 0：不允许复选（默认值）。

② 1：简单复选。单击或按 Space 键在列表中选中或取消选中，用箭头键移动焦点。

③ 2：扩展复选。按 Shift 键并单击或按 Shift 键和一个箭头键将在以前选中项的基础上扩展选择到当前选中项。按 Ctrl 键并单击以在列表中选中或取消选中复选框。

（7）Path：返回或设置当前路径，设计时不可用。Path 值的改变将产生一个 PathChange 事件。

（8）Pattern：返回或设置一个值，指示在运行时显示在文件列表框控件中的文件名。该属性值是一个用来指定文件规格的字符串表达式，如"*.*"或"*.frm"，默认值是"*.*"，表示返回所有文件的列表。除使用通配符外，还可以使用分号（；）来分隔多种模式。例如，"*.bmp; *.gif; *.jpg"。Pattern 属性值的改变将产生一个 PatternChange 事件。

2）文件列表框的常用事件

文件列表框的常用事件如下。

（1）Click：当在文件列表框中选中一个文件时发生此事件。

（2）PathChange：当路径被代码中 FileName 或 Path 属性的设置改变时发生此事件。

（3）PatternChange：当文件的列表样式被代码中对 FileName 或 Path 属性的设置改变时发生此事件。

任务 2　通过传统语句读写顺序文件

任务目标

● 掌握打开顺序文件的方法。
● 掌握从文件中读取字符串的方法。
● 掌握把字符串写入文件的方法。

任务描述

在本任务中制作一个类似于 Windows 记事本的文本编辑程序，可以用于打开、编辑和保存文本文件，运行结果如图 7.2 所示。

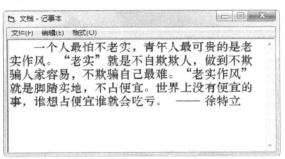

图 7.2　输入和编辑文本

任务分析

制作记事本程序时可使用文本框作为显示、输入和编辑文本的容器，并通过 Open 语句来打开顺序文件。要从已打开的顺序文件中读出数据并将数据指定给变量，可通过 Input #语句来实现；要把数据写入顺序文件，可通过 Print #语句来实现。完成文件读写后，还需要通过 Close #语句关闭文件。

 设计步骤

（1）在 Visual Basic 6.0 中创建一个标准 EXE 工程。

（2）将窗体 Form1 的 Caption 属性设置为"文档–记事本"。

（3）按照表 7.1 的设置在窗体 Form1 上创建菜单系统。

179

表 7.1　菜单控件属性设置

菜单标题	名　称	级　别	快捷键
文件(&F)	mnuFile	一级	
新建(&N)	mnuFileNew	二级	Ctrl+N
打开(&O)...	mnuFileOpen	二级	Ctrl+O
保存(&S)	mnuFileSave	二级	Ctrl+S
另存为(&A)...	mnuFileSaveAs	二级	
—	mnuFileBar	二级	
退出(&X)	mnuFileExit	二级	
编辑(&E)	mnuEdit	一级	
剪切(&T)	mnuEditCut	二级	Ctrl+X
复制(&C)	mnuEditCopy	二级	Ctrl+C
粘贴(&P)	mnuEditPaste	二级	Ctrl+V
全选(&A)	mnuEditSelectAll	二级	Ctrl+A
—	mnuEditBar1	二级	
日期/时间	mnuEditDateTime	二级	F5
格式(&O)	mnuFormat	一级	
字体(&F)...	mnuFormatFont	二级	

（4）在窗体 Form1 上添加以下控件。

① 文本框 Text1，将其 ScrollBars 属性设置为 2-Vertical，Text 属性清空。

② 通用对话框控件 dlg，将其 DefaultExt 属性设置为"txt"，Filter 属性设置为"*.txt"。

（5）在窗体 Form1 的代码窗口中编写以下代码。

```
'声明模块级变量
Private sFilename As String
Private sFileContent As String
Private CancelError As Boolean
'定义自定义函数，用于检查文件内容是否改变并提示用户做出选择
Private Function CheckFile()
  Dim Choice As Integer


  CheckFile = 0
  If Text1.Text <> sFileContent Then
    Choice = MsgBox("文件内容已被更改，保存文件吗？", vbQuestion +
vbYesNoCancel, "记事本")
    If Choice = vbYes Then
      CheckFile = 1
    ElseIf Choice = vbNo Then
      CheckFile = 2
    Else
      CheckFile = 3
    End If
  End If
```

```
End Function
'加载窗体时执行以下事件过程
Private Sub Form_Load()
   sFilename = ""
   sFileContent = ""
End Sub
'当第一次显示窗体或改变窗体大小时执行以下事件过程
Private Sub Form_Resize()
   Text1.Left = 0
   Text1.Top = 0
   Text1.Height = Me.ScaleHeight
   Text1.Width = Me.ScaleWidth
End Sub
'卸载窗体时执行以下事件过程
Private Sub Form_Unload(Cancel As Integer)
   Dim Choice As Integer
   Choice = CheckFile()
   If Choice = 1 Then
      mnuFileSave_Click
      Cancel = CancelError
   ElseIf Choice = 3 Then
      Cancel = 1
   End If
End Sub
'在菜单栏中选择"编辑"命令时执行以下事件过程
Private Sub mnuEdit_Click()
   mnuEditCut.Enabled = (Text1.SelLength > 0)
   mnuEditCopy.Enabled = (Text1.SelLength > 0)
   mnuEditPaste.Enabled = (Clipboard.GetText <> "")
End Sub
'选择"编辑"→"复制"命令时执行以下事件过程
Private Sub mnuEditCopy_Click()
   Clipboard.Clear
   Clipboard.SetText Text1.SelText
End Sub
'选择"编辑"→"剪切"命令时执行以下事件过程
Private Sub mnuEditCut_Click()
   Clipboard.Clear
   Clipboard.SetText Text1.SelText
   Text1.SelText = ""
End Sub
'选择"编辑"→"日期/时间"命令时执行以下事件过程
Private Sub mnuEditDateTime_Click()
   Text1.SelText = Now
```

181

```vb
End Sub
'选择"编辑"→"粘贴"命令时执行以下事件过程
Private Sub mnuEditPaste_Click()
   Text1.SelText = Clipboard.GetText
End Sub
'选择"编辑"→"全选"命令时执行以下事件过程
Private Sub mnuEditSelectAll_Click()
   Text1.SelStart = 0
   Text1.SelLength = Len(Text1.Text)
End Sub
'选择"文件"→"退出"命令时执行以下事件过程
Private Sub mnuFileExit_Click()
   Unload Me
End Sub
'选择"文件"→"新建"命令时执行以下事件过程
Private Sub mnuFileNew_Click()
   Dim Choice As Integer
   Choice = CheckFile()
   If Choice = 1 Then
     mnuFileSave_Click
   ElseIf Choice > 1 Then
     Exit Sub
   End If
   Text1.Text = ""
   Me.Caption = "文档 - 记事本"
   sFilename = ""
   sFileContent = ""
End Sub
'选择"文件"→"打开"命令时执行以下事件过程
Private Sub mnuFileOpen_Click()
   On Error GoTo ErrorHandler

   Dim Choice As Integer
   Choice = CheckFile()
   If Choice = 1 Then
     mnuFileSave_Click
   ElseIf Choice = 3 Then
     Exit Sub
   End If

   dlg.DialogTitle = "打开"
   dlg.FileName = ""
   dlg.ShowOpen
   If dlg.FileName <> "" Then sFilename = dlg.FileName
```

```
      Me.Caption = dlg.FileTitle & " - 记事本"
      Open sFilename For Input As 1
      Text1.Text = StrConv(InputB(LOF(1), 1), vbUnicode)
      sFileContent = Text1.Text
      Close #1
ErrorHandler:
      If Err.Number = 32755 Then
         Exit Sub
      End If
End Sub
'选择"文件"→"保存"命令时执行以下事件过程
Private Sub mnuFileSave_Click()
      If sFilename = "" Then
         mnuFileSaveAs_Click
      Else
         Open sFilename For Output As 1
         Print #1, Text1.Text
         sFileContent = Text1.Text
         Close #1
      End If
End Sub
'选择"文件"→"另存为"命令时执行以下事件过程
Private Sub mnuFileSaveAs_Click()
      On Error GoTo ErrorHandler
      dlg.DialogTitle = "另存为"
      dlg.ShowSave
      If dlg.FileName <> "" Then sFilename = dlg.FileName
      Me.Caption = dlg.FileTitle & " - 记事本"
      mnuFileSave_Click
      Exit Sub
ErrorHandler:
      If Err.Number = 32755 Then
         CancelError = True
      End If
End Sub
'选择"格式"→"字体"命令时执行以下事件过程
Private Sub mnuFormatFont_Click()
      On Error GoTo ErrorHandler

      dlg.DialogTitle = "字体"
      dlg.FontBold = Text1.FontBold
      dlg.FontItalic = Text1.FontItalic
      dlg.FontName = Text1.FontName
      dlg.FontSize = Text1.FontSize
```

```
    dlg.FontStrikethru = Text1.FontStrikethru
    dlg.FontUnderline = Text1.FontUnderline
    dlg.Flags = cdlCFBoth Or cdlCFEffects
    dlg.ShowFont

    Text1.FontBold = dlg.FontBold
    Text1.FontItalic = dlg.FontItalic
    Text1.FontName = dlg.FontName
    Text1.FontSize = dlg.FontSize
    Text1.FontStrikethru = dlg.FontStrikethru
    Text1.FontUnderline = dlg.FontUnderline
    Text1.ForeColor = dlg.Color
ErrorHandler:
End Sub
```

（6）将窗体文件和工程文件分别命名为 Form7-02.frm 和工程 7-02.vbp，保存在 D:\VB\项目 7\任务 2 中。

程序测试

（1）按 F5 键运行程序。

（2）对"文件"菜单中的各个命令进行测试。

（3）对"编辑"菜单中的各个命令进行测试。

（4）对"格式"菜单中的命令进行测试。

相关知识

在 Visual Basic 6.0 中，文件访问的类型有 3 种：顺序型、随机型和二进制型。应根据文件包括数据的类型，使用合适的文件访问类型。顺序型访问适用于读写连续块中的文本文件；随机型访问适用于读写有固定长度记录结构的文本文件或者二进制文件；二进制型访问适用于读写任意有结构的文件。

当要处理只包含文本的文件时，使用顺序型访问最好。顺序型访问不太适用于存储很多数字，因为每个数字都要按字符串存储。一个四位数将需要 4 个字节的存储空间，而不是作为一个整数来存储时只需要的 2 个字节。

1．打开顺序文件

当以顺序型访问方式打开一个文件时，既可以向文件输入字符（Input），又可以从文件输出字符（Output），也可以把字符加到文件（Append）中。

要使用顺序型访问打开一个文件，应使用以下语法格式的 Open 语句。

```
Open pathname For [Input | Output | Append] As filenumber [Len = buffersize]
```

其中，pathname 参数是一个字符串表达式，指定文件名，该文件名可能还包括目录、文件夹及驱动器。

Input、Output 或 Append 关键字指定顺序文件访问方式。

filenumber 参数是一个有效的文件号，取值为 1～511。使用 FreeFile 函数可得到下一个可用的文件号。

buffersize 参数指定缓冲字符数，是小于或等于 32767（字节）的一个数字。

当打开顺序文件作为 Input 时，该文件必须已经存在，否则会产生一个错误。当打开一个不存在的文件作为 Output 或 Append 时，Open 语句会先创建该文件，再打开它。

当在文件与程序之间复制数据时，选项 Len 参数指定缓冲区的字符数。

在打开一个文件 Input、Output 或 Append 以后，在为其他类型的操作重新打开它之前必须先使用 Close 语句关闭它。其语法格式如下。

```
Close [[#]filenumber] [, [#]filenumber] . . .
```

其中，可选的 filenumber 参数为任何有效的文件号。若省略 filenumber 参数，则将关闭 Open 语句打开的所有活动文件。在执行 Close 语句时，文件与其文件号之间的关联将终结。

2．从文件中读取字符串

要检索文本文件的内容，应先以顺序 Input 方式打开该文件，然后使用 Line Input#语句、Input( )函数、Input#语句将文件复制到程序变量中。

Line Input #语句从已打开的顺序文件中读出一行并将它分配给字符串变量，语法格式如下。

```
Line Input #filenumber, varname
```

其中，filenumber 参数指定任何有效的文件号，varname 参数是变体或字符串变量名。

Input 函数返回字符串，它包含以 Input 方式打开的文件中的字符。其语法格式如下。

```
Input(number, [#]filenumber)
```

其中，number 参数指定要返回的字符个数，filenumber 参数指定任意有效的文件号。

使用 Input 函数可以从文件向变量复制任意数量的字符，所给的变量大小应足够大。例如，下面的语句使用 Input 函数将指定数目的字符复制到变量中。

```
LinesFromFile = Input(n, FileNum)
```

若要将整个文件的内容复制到变量中，则应使用 InputB 函数将字节从文件复制到变量中。因为 InputB 函数返回一个 ANSI 字符串，因此必须使用 StrConv 函数将 ANSI 字符串转换为以下的 Unicode 字符串。

```
LinesFromFile = StrConv(InputB(LOF(FileNum), FileNum), vbUnicode)
```

其中，LOF 函数返回一个长整型数，表示用 Open 语句打开的文件的大小（以 FileNum 为文件号），该大小以字节为单位。

StrConv(String, vbUnicode)函数将 String 转换为 Unicode 代码。读取中文信息时，应进行这种转换。在本任务中就是这样处理的。

注意：对于尚未打开的文件，使用 FileLen 函数将得到其长度。

Input #语句从已打开的顺序文件中读出数据并将数据指定给变量，语法格式如下。

```
Input #filenumber, varlist
```

其中，filenumber 参数指定任意有效的文件号，varlist 是用逗号分界的变量列表，将文件中读出的值分配给这些变量。

EOF 函数返回一个 Boolean 值，若为 True，则表明已经到达或顺序 Input 打开的文件的结尾。其语法格式如下。

```
EOF(filenumber)
```

其中，filenumber 参数指定任意有效的文件号。

注意：尽管 Line Input #语句到达回车换行时会识别行尾，但是，当它把该行读入变量时，不包括回车换行。

3．把字符串写入文件

若要在顺序文件中存储变量的内容，则应以顺序 Output 或 Append 打开它，然后使用 CXTPrint #语句将格式化显示的数据写入顺序文件，语法格式如下。

```
Print #filenumber, [outputlist]
```

其中，filenumber 参数指定有效的文件号，outputlist 参数指定要写入的表达式列表。

例如，在本任务中，使用以下代码来把一个文本框的内容写入文件。

```
Print #1, Text1.Text
```

任务 3　通过传统语句读写随机文件

任务目标

- 掌握定义记录类型和变量的方法。
- 掌握打开随机文件的方法。
- 掌握读写记录的方法。

任务描述

在本任务中制作一个简易的学生信息管理程序，可以录入学生信息并保存到文本文件中，也可以从文本文件中读取学生信息并显示在列表框中，运行效果如图 7.3 所示。

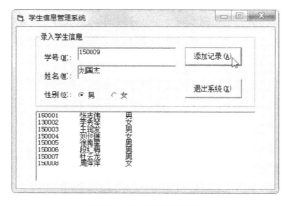

图 7.3　录入学生信息

任务分析

学生的学号、姓名及性别等相关信息可以通过用户定义类型的记录变量来表示；使用 Put 语句可以把记录变量的内容添加到随机型访问打开的文件中；使用 Get 语句可以把文件的内容复制到记录变量中。

 **设计步骤**

（1）在 Visual Basic 6.0 中创建一个标准 EXE 工程。

（2）将窗体 Form1 的 Caption 属性设置为"学生信息管理系统"，KeyPreview 属性设置为 True。

（3）在窗体 Form1 上添加以下控件。

① 框架 Frame1，将其 Caption 属性设置为"录入学生信息"。

② 在框架 Frame1 内添加两个文本框，分别命名为 txtStudentNo 和 txtStudentName，将它们的 Text 属性清空。

③ 在框架 Frame1 内添加两个单选按钮，分别命名为 optMale 和 optFemale，将它们的 Caption 属性分别设置为"男"和"女"。

④ 在框架 Frame1 内添加两个命令按钮，分别命名为 cmdAdd 和 cmdExit，将它们的 Caption 属性分别设置为"添加记录(&A)"和"退出系统(&X)"；将 cmdAdd 按钮的 Default 属性设置为 True，Enabled 属性设置为 False；将 cmdExit 按钮的 Cancel 属性设置为 True。

⑤ 在框架 Frame1 下方添加一个列表框控件并命名为 lstStudentInfo。

（4）在窗体 Form1 的代码窗口中定义记录类型 StudentType 及相应的记录变量，并声明几个模块级变量，代码如下。

```
'定义记录类型 StudentType
Private Type StudentType
    StudentNo As String * 6
    StudentName As String * 6
    Gender As String * 2
End Type
'定义记录变量
Private Student As StudentType
'声明其他模块级变量
Private sFilename As String
Private lLastRecNo As Long
Private iFileNum As Integer
```

（5）在窗体 Form1 的代码窗口中编写以下事件过程。

```
'当单击"添加记录"按钮时执行以下事件过程
Private Sub cmdAdd_Click()
    Dim sRecContent As String
    Student.StudentNo = txtStudentNo.Text
    Student.StudentName = txtStudentName.Text
    Student.Gender = IIf(optMale.Value, "男", "女")
    lLastRecNo = lLastRecNo + 1
    Put #iFileNum, lLastRecNo, Student
    sRecContent = Student.StudentNo & Space(6) & _
                Student.StudentName & Space(4) & Student.Gender
    lstStudentInfo.AddItem sRecContent
```

```
    txtStudentNo.Text = ""
    txtStudentName.Text = ""
    optMale.Value = True
    txtStudentNo.SetFocus
    cmdAdd.Enabled = False
End Sub
'当单击"退出系统"按钮时执行以下事件过程
Private Sub cmdExit_Click()
    Close #iFileNum
    Unload Me
End Sub
'当在键盘上松开某个按键时执行以下事件过程
Private Sub Form_KeyUp(KeyCode As Integer, Shift As Integer)
    cmdAdd.Enabled = (txtStudentNo.Text <> "" And txtStudentName.Text <> "")
End Sub
'当加载窗体时执行以下事件过程
Private Sub Form_Load()
    Dim iRecLen As Integer
    Dim lFileSize As Long
    Dim lPos As Long
    '设置学生记录文件的文件名
    sFilename = App.Path & "\Students.txt"
    iRecLen = Len(Student)
    iFileNum = FreeFile
    Open sFilename For Random As iFileNum Len = iRecLen
    lFileSize = LOF(iFileNum)
    lLastRecNo = lFileSize / iRecLen
    lstStudentInfo.Clear
    For lPos = 1 To lLastRecNo
        Get #iFileNum, lPos, Student
        lstStudentInfo.AddItem ""
        lstStudentInfo.List(lPos - 1) = Student.StudentNo & Space(6)
        lstStudentInfo.List(lPos - 1) = lstStudentInfo.List(lPos - 1) & _
                    Student.StudentName
        lstStudentInfo.List(lPos - 1) = lstStudentInfo.List(lPos - 1) & _
                    Space(7) & Student.Gender
    Next
    Close #iFileNum
End Sub
```

（6）将窗体文件和工程文件分别命名为 Form7-03.frm 和工程 7-03.vbp，保存在 D:\VB\项目 7\任务 3 中。

程序测试

（1）按 F5 键运行程序。

（2）输入学生信息并单击"添加记录"按钮。

（3）再次运行程序，此时应看到上次运行时添加的数据。

相关知识

在本任务中，主要用到了随机型访问文件的相关知识。

随机型访问文件中的字节构成了相同的一些记录，每个记录包含一个或多个字段。具有一个字段的记录对应于任一标准类型，如整数或者定长字符串。具有多个字段的记录对应于用户自定义类型。随机文件的读写通常有以下 4 个步骤：定义记录类型和变量；使用 Open 语句以随机方式打开文件；对记录进行读写操作；关闭随机文件。

1．定义记录类型和变量

在模块级中使用 Type 语句定义了包含一个或多个字段的用户自定义的数据类型，通过这个数据类型可以创建记录。Type 语句的语法格式如下。

```
[Public | Private] Type 记录名
    字段1 As 数据类型 * 长度
    字段2 As 数据类型 * 长度
    ...
    字段3 As 数据类型 * 长度
End Type
```

例如，在本任务中，定义了以下 StudentType 类型，用于创建由 3 个字段组成的 16 个字节的记录。

```
Type StudentType
    StudentNo As String * 6
    StudentName As String * 6
    Gender As String * 2
End Type
```

由于随机型访问文件中的所有记录都必须有相同的长度，因此固定的长度对用户自定义类型中的各字符串元素很有用。在本任务中，StudentNo、StudentName 和 Gender 分别具有 6个、8 个字符和 2 个字符的固定长度。如果实际字符串包含的字符数比它写入的字符串元素的固定长度少，则 Visual Basic 会用空格来填充记录中后面的空间。如果字符串比字段的尺寸长，则字符串会被截断。

当定义记录类型以后，应继续声明程序需要的任意其他变量，用来处理作为随机访问而打开的文件。例如：

```
Private StudentType As Student          '声明记录变量
Private lPos As Long                    '跟踪当前记录
Private lLastRecNum As Long             '文件中末记录的编号
```

2．打开随机型访问的文件

要打开随机型访问的文件，需使用以下语法格式的 Open 语句。

```
Open pathname [For Random] As filenumber Len = reclength
```

其中，For Random 指定以随机访问方式打开文件。由于 Random 是默认的访问类型，所以 For Random 关键字可以省略。

filenumber 参数用于指定一个有效的文件编号。

表达式 Len = reclength 指定了每个记录的尺寸（以字节为单位）。如果 reclength 比写文件记录的实际长度短，则会产生一个错误。如果 reclength 比记录的实际长度长，则记录可写入，只是会浪费一些磁盘空间。

例如，可以用以下代码打开文件。

```
Dim iFileNum As Integer, lRecLength As Long, Student As StudentType
lRecLength = LenB(Student)              '计算每条记录的长度
iFileNum = FreeFile                     '取出下一个可用文件的编号
'以随机访问方式打开新文件
Open "Student.txt" For Random As iFileNum Len = lRecLength
```

3．将记录读入变量

使用 Get 语句把记录复制到变量中。

例如，把一个记录从学生记录文件复制到 Student 变量中，可以使用以下代码。

```
Get iFileNum, lPos, Student
```

在这行代码中，iFileNum 包含用于打开文件的 Open 语句的编号；lPos 包含要复制的记录数；而 Student 声明为用户自定义类型 StudentType，用它来接收记录的内容。

4．将变量写入记录

使用 Put 语句把记录添加或者替换到随机型访问打开的文件中。其语法格式如下。

```
Put [#]filenumber, [recnumber], varname
```

其中，filenumber 参数指定任意有效的文件号。

recnumber 参数是一个长整型数据，用于指定记录号，指明在此处开始写入。

varname 参数指定包含要写入磁盘的数据的变量名。

若要替换记录，则使用 Put 语句指定想要替换的记录位置，例如：

```
Put #iFileNum, lPos, Student
```

此语句将用 Student 变量中的数据来替换由 lPos 指定的编号的记录。

若要向随机访问打开的文件的尾端添加新记录，则应把最大记录号变量的值设置为比文件中的记录数多 1。例如，下面的语句用于把一个记录添加到文件的末尾。

```
lLastRecNum = lLastRecNum + 1
Put #iFileNum, LastRecNum, Student
```

要清除随机型访问文件中删除的记录，可按照以下步骤执行。

（1）创建一个新文件。

（2）把有用的所有记录从原文件复制到新文件中。

（3）关闭原文件并用 Kill 语句删除。

（4）使用 Name 语句把新文件以原文件的名称重新命名。

任务 4　通过文件系统对象读写文本文件

任务目标

● 掌握引用 Scripting 类型库的方法。

● 掌握通过 FSO 对象读取文件的方法。

● 掌握通过 FSO 对象向文件中添加数据的方法。

任务描述

在本任务中制作一个文本浏览器，可以通过驱动器列表框、目录列表框和文件列表框来查找文本文件，并将文本文件的内容显示在文本框中，还允许把所做的更改保存到文件中，如图 7.4 所示。

任务分析

要在计算机上定位文本文件，可以通过驱动器列表框、目录列表框和文件列表框来实现。要在程序中使用 FSO 对象，则需要在工程中引用 Scripting 类型库。一旦引用了该类型库，就可以在程序中创建 FSO 对象，并通过 FSO 对象访问文本文件。要读取文本文件的内容，可以通过 TextStream 对象的 ReadAll 方法来实现；而要把文本内容写入文本文件，可以通过 TextStream 对象的 Write 方法来实现。

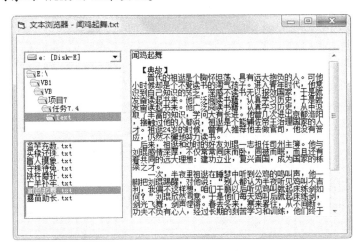

图 7.4　浏览文本文件

设计步骤

（1）在 Visual Basic 6.0 中创建一个标准 EXE 工程。

（2）将窗体 Form1 的 Caption 属性设置为"文本浏览器"。

（3）引用 Scripting 类型库。选择"工程"→"引用"命令，在如图 7.5 所示的对话框中选中"Microsoft Scripting Runtime"复选框，单击"确定"按钮。

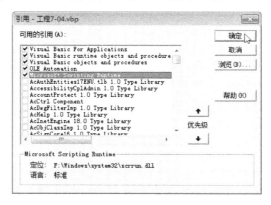

图 7.5 "引用"对话框

（4）在窗体 Form1 上添加以下控件。

① 驱动器列表框 Drive1。

② 目录列表框 Dir1。

③ 文件列表框 File1，将其 Pattern 属性设置为"*.txt"。

④ 文本框 Text1，将其 MultiLine 属性设置为 True，ScrollBars 属性设置为 2 – Vertical。

（5）在窗体 Form1 的代码窗口中声明一些模块级变量，代码如下。

```vb
'声明窗体级变量
Private fso As New FileSystemObject
Private ts As TextStream
Private oFile As File
Private sFilename As String
Private sFileContent As String
```

（6）在窗体 Form1 的代码窗口中定义一个通用过程，代码如下。

```vb
'通用过程 GetFileName，用于从一个路径中获取文件名
Private Function GetFileName(path) As String
  Dim str As String, pos As Integer
  str = StrReverse(path)
  pos = InStr(1, str, "\")
  str = StrReverse(Left(str, pos - 1))

  GetFileName = str
End Function
```

（7）在窗体 Form1 的代码窗口中编写以下事件过程。

```
'从文件列表框中选择不同目录时执行以下事件过程
Private Sub Dir1_Change()
   File1.path = Dir1.path
End Sub
'从驱动器列表框中选择不同驱动器时执行以下事件过程
Private Sub Drive1_Change()
   Dir1.path = Drive1.Drive
End Sub
'在文件列表框中选择一个文本文件时执行以下事件过程
Private Sub File1_Click()
   If Right(File1.path, 1) = "\" Then
     sFilename = File1.path & File1.FileName
   Else
     sFilename = File1.path & "\" & File1.FileName
   End If


   Set oFile = fso.GetFile(sFilename)
   Set ts = oFile.OpenAsTextStream(ForReading)
   Text1.Text = ts.ReadAll
   sFileContent = Text1.Text
   ts.Close
   Me.Caption = "文本浏览器 - " & GetFileName(sFilename)
End Sub
'当鼠标指针离开文本框时执行以下事件过程
Private Sub Text1_LostFocus()
   If sFilename <> Text1.Text Then
     If MsgBox("把更改保存到文件吗? ", vbQuestion + vbOKCancel, "提示") = vbOK
   Then
        Set oFile = fso.GetFile(sFilename)
        Set ts = oFile.OpenAsTextStream(ForWriting)
        ts.Write Text1.Text
        ts.Close
     End If
   End If
End Sub
```

（8）将窗体文件和工程文件分别命名为 Form7-04.frm 和工程 7-04.vbp，保存在 D:\VB\项目 7\任务 4 中。

> 程序测试

（1）按 F5 键运行程序。

（2）通过选择适当的驱动器、目录使文本文件出现在文件列表框中。

（3）在文件列表框中选中一个文本文件，其内容将显示在文本框中。

（4）如果在文本框中对文本内容进行了修改，则鼠标指针离开文本框时将弹出对话框，提示保存文件，单击"确定"按钮即可保存文件。

相关知识

在本任务中，通过 FSO 对象实现了对文本文件的访问。

1．FSO 模型

在 Visual Basic 6.0 中，FSO（File System Object，文件系统对象）模型提供了一个基于对象的工具来处理文件夹和文件。这使开发人员除了使用传统的 Visual Basic 语句和命令之外，还可以使用带有一整套属性、方法和事件的 object.method 语法来处理文件夹和文件。

FSO 模型包括以下对象。

（1）Drive 对象：用于收集关于系统所用的驱动器的信息，如驱动器有多少可用空间，其共享名称是什么，等等。一个"驱动器"并不一定是一个硬盘。它可以是 CD-ROM 驱动器、RAM 等。驱动器也不一定和系统物理连接，可以通过一个局域网进行逻辑连接。

（2）Folder 对象：用于创建、移动或删除文件夹，并向系统查询文件夹的名称和路径等。

（3）Files 对象：用于创建、移动或删除文件，并向系统查询文件的名称和路径等。

（4）FileSystemObject 对象：FSO 模型的主要对象，提供了一套方法，用于创建、删除和收集相关信息，以及操作驱动器、文件夹和文件。

（5）TextStream 对象：用于读写文本文件。

FSO 模型支持通过 TextStream 对象创建和操作文本文件。但是，它不支持对二进制文件的创建和操作。如果要操作二进制文件，则可以使用带 Binary 标志的 Open 命令。

FSO 模型包含在 Scripting 类型库中，该类型库位于 Scrrun.dll 文件。若要引用该文件，可选择"工程"→"引用"命令，然后在弹出的引用对话框中选中"Microsoft Scripting Runtime"复选框，单击"确定"按钮。

若要访问一个已有的驱动器、文件或文件夹，则可以使用 FileSystemObject 对象中相应的"Get"方法：GetDrive、GetFolder、GetFile。

2．从文本文件中读取数据

如果要从一个文本文件中读取数据，则可以使用 TextStream 对象的下列方法。

（1）Read：从一个文件中读取指定数量的字符。

（2）ReadLine：从一个文件中读取一整行（但不包括换行符）数据。

（3）ReadAll：读取一个文本文件的所有内容。

注意：如果使用 Read 或 ReadLine 方法并且想要跳过数据的某些部分，则可以使用 Skip 或 SkipLine 方法。

上述读取方法产生的文本被存储在一个字符串中，而这个字符串可以在一个控件中显示，也可以被字符串操作符分解（如 Left、Right 和 Mid）、合并等。

注意：vbNewLine 常数包含一个或多个字符（取决于操作系统）使得鼠标指针移动到下一行的开头（回车/换行）。

3．向文本文件中添加数据

向文本文件中添加数据可以分为以下 3 个步骤。

（1）打开文本文件：既可以使用 File 对象的 OpenAsTextStream 方法，也可以使用

FileSystemObject 对象的 OpenTextFile 方法。

（2）向打开的文本文件中写入数据：可使用 TextStream 对象的 Write 或 WriteLine 方法，两者的唯一差别是，WriteLine 在指定的字符串末尾添加换行符。如果要向文本文件中添加一个空行，则可以使用 WriteBlankLines 方法。

（3）关闭已打开的文本文件：可以使用 TextStream 对象的 Close 方法。

项目小结

本章介绍了文件访问与管理方面的知识。驱动器列表框、目录列表框和文件列表框是文件处理过程中经常用到的控件，它们共同构成了浏览和管理文件系统的工具。也可以使用传统的语句和函数来访问和处理文件。学习本章时要掌握顺序文件和随机文件的访问方法，以及相关的语句和函数。此外，要对使用 FSO 模型编程有所了解。

 项目思考

一、选择题

1. 设置文件列表框的 Pattern 属性时，可使用（　　　）来分隔多种模式。

    A．空格   B．逗号

    C．分号   D．冒号

2. 当在文件列表框中选中一个文件时将发生（　　　）事件。

    A．Click   B．PathChange

    C．PatternChange   D．Change

3. 定义记录类型通过（　　　）语句来实现。

    A．Dim   B．Record

    C．ReDim   D．Type

二、填空题

1. 驱动器列表框的＿＿＿＿＿＿＿＿属性返回或设置运行时选择的驱动器。

2. 驱动器列表框连接的驱动器个数包含在＿＿＿＿＿＿＿＿属性中。

3. 以随机型访问方式打开文件时，需要在 Open 语句中使用＿＿＿＿＿＿＿＿。

4. ＿＿＿＿＿＿＿＿语句用于把记录复制到变量中。

5. ＿＿＿＿＿＿＿＿语句用于把记录添加或者替换到随机型访问打开的文件中。

6. FSO 模型包含在＿＿＿＿＿＿＿＿类型库中。

三、简答题

1. 当从驱动器列表框中选择一个新的驱动器时将发生什么事件？

2. 如何获取文件列表框中匹配 Pattern 属性设置的文件个数？

3. 顺序文件有哪几种访问方式？

4．如何将整个文件的内容复制到变量中？

5．如何把字符串写入文件？

6．对随机文件的读写有哪些步骤？

7．FSO 对象模型包括哪些对象？

8．如何使用 FSO 对象模型读写文本文件？

项目实训

1．使用文件管理控件制作一个图片浏览器，可以从不同驱动器上的不同文件夹中选择图片文件并在窗体上显示图片。

2．制作一个类似于记事本的文本编辑程序，可以用于打开、编辑和保存文本文件。

3．制作一个简易的学生信息管理系统，可以用于录入学生信息并保存到文本文件中，也可以从文本文件中读取学生信息并显示在列表框中。

4．制作一个文本浏览器，可以通过驱动器列表框、目录列表框和文件列表框来查找文本文件，并将文本文件中的内容显示在文本框中，允许将所做的更改保存到文本文件中。

項目 8

创建数据库应用程序

数据库技术是计算机应用技术的一个重要组成部分。对于大量的数据，使用数据库来存储和管理将比文件操作效率更高。Visual Basic 6.0 提供了功能强大的数据库管理功能，它能通过 ODBC、Jet、ADO 等中间连接而实现对数据库的访问。在本项目中将通过 5 个任务来演示如何利用 Visual Basic 6.0 开发数据库应用程序，主要内容包括如何通过内部数据控件、ADO 数据控件、数据绑定控件及 ADO 技术访问数据库等。

任务1　通过 Data 控件访问数据库

任务目标

- 掌握数据控件的使用方法。
- 掌握数据绑定控件的使用方法。
- 掌握 SQL SELECT 语句的使用方法。

任务描述

在本任务中制作一个数据库浏览程序，用于查看和修改 Access 2000 数据库中的员工信息，可以通过单击数据控件上的记录导航按钮在不同记录之间切换，并且显示当前记录号和总记录数，程序运行效果如图 8.1 所示。

任务分析

要在 Visual Basic 应用程序中访问 Access 数据库，可使用数据控件连接到该数据库，并把一组文本框分别绑定到数据控件上。修改文本框中的数据时会改变数据库中的数据，因此需要对已更改的数据做出判断，这可以通过对数据控件的 Validate 事件编程来完成。在 Visual Basic 6.0 中不能直接通过数据控件访问 Access 2000 数据库，需要将数据库转换为早期的数据库版本。若要直接通过数据控件访问 Access 2000 数据库，则应安装修复漏洞程序（如 SP6）。

（a）员工信息浏览（一）   （b）员工信息浏览（二）

图 8.1 数据库浏览程序运行效果

**设计步骤**

（1）Access 自带了一个名为罗斯文示例数据库，其文件名为 Northwind.mdb。将该数据库复制到在 D:\VB\项目 8\data 文件夹中，用 Access 查看"雇员"表中的记录，如图 8.2 所示。

图 8.2 罗斯文示例数据库中"雇员"表

（2）在 Visual Basic 集成开发环境中新建一个标准 EXE 工程。

（3）将窗体 Form1 的 Caption 属性设置为"员工信息浏览"。

（4）在工具箱中双击"Data"图标，此时会在窗体中央添加一个数据控件，其默认名称为 Data1，在属性窗口中对其以下属性进行设置。

① 将 Align 属性设置为 2 - Align Bottom。

② 将 Connect 属性设置为 Access 2000。

（5）在窗体 Form1 上添加以下控件。

① 添加一个标签控件 Label1，并通过复制和粘贴创建一个控件数组，其中包含 6 个标签 Label1(0)～Label1(5)；把各个标签的 Caption 属性分别设置为"编号"、"姓名"、"尊称"、"职务"、"生日"和"住址"。

② 添加一个文本框控件 Text1，并将其 DataSource 属性设置为 Data1，将 Text 属性清空；通过复制和粘贴创建一个控件数组，其中包含 6 个文本框 Text1(0)～Text1(5)。

（6）在窗体 Form1 的代码窗口中编写数据控件 Data1 的 Reposition 事件过程，代码如下。

'单击数据控件两端的记录导航按钮时执行以下事件过程
```
Private Sub Data1_Reposition()
    Data1.Caption = "第" & Data1.Recordset.AbsolutePosition + 1 & _
        "条记录" & " – 总共" & Data1.Recordset.RecordCount & "条记录"
End Sub
```
（7）在窗体 Form1 的代码窗口中编写数据控件 Data1 的 Validate 事件过程，代码如下。
'在一条不同的记录成为当前记录之前发生此事件
```
Private Sub Data1_Validate(Action As Integer, Save As Integer)
    Dim x As Integer
    '判断数据绑定控件中的数据是否已更改
    If Save = True Then
      x = MsgBox("要保存已更改内容吗? ", vbQuestion + vbYesNo, "保存记录")
      If x = vbNo Then
        Save = False
        Data1.UpdateControls
      End If
    End If

End Sub
```
（8）在窗体 Form1 的代码窗口中编写该窗体的 Load 事件过程，代码如下。
'加载窗体时执行以下事件过程
```
Private Sub Form_Load()
    '设置数据控件的数据源的名称和位置
    Data1.DatabaseName = "D:\VB\项目 8\data\Northwind.mdb"
    '设置数据控件的 SQL 语句
    Data1.RecordSource = "SELECT 雇员 ID AS 编号, 姓氏+名字 AS 姓名, 尊称, 职务, 出
生日期 AS 生日, 城市+地址 AS 住址 FROM 雇员"
    '将文本框控件绑定到当前记录的一个字段
    Text1(0).DataField = "编号"
    Text1(1).DataField = "姓名"
    Text1(2).DataField = "尊称"
    Text1(3).DataField = "职务"
    Text1(4).DataField = "生日"
    Text1(5).DataField = "住址"
End Sub
```
（9）在窗体 Form1 的代码窗口中编写该窗体的 Activate 事件过程，代码如下。
'激活窗体时执行以下事件过程
```
Private Sub Form_Activate()
    '移到末记录，然后返回到首记录，以获取总记录数
    Data1.Recordset.MoveLast
    Data1.Recordset.MoveFirst
End Sub
```
（10）将窗体文件和工程文件分别命名为 Form8-01.frm 和工程 8-01.vbp，保存在 D:\VB\项目 8\任务 1 中。

程序测试

（1）按 F5 键运行程序，此时第一条记录的各个字段分别显示在相应的个文本框中，同时 Data 控件的标题为"第 1 条记录-总共 9 条记录"。

（2）通过单击数据控件两端的记录导航按钮在不同记录之间切换。

① 单击 ▶ 按钮，将显示下一条记录。

② 单击 ▶| 按钮，将切换到最后一条记录。

③ 单击 ◀ 按钮，将切换到前一条记录。

④ 单击 |◀ 按钮，将切换到第一条记录。

（3）如果更改了文本框中的内容，则在单击任意记录导航按钮时系统会弹出提示对话框，如图 8.3 所示，若单击"是"按钮，则更新数据库；若单击"否"按钮，则不更新数据库。

（a）更改数据　　　　　　　　　　　　　　　　（b）提示对话框

图 8.3　确认数据更新

相关知识

在本任务中，通过数据控件连接到要访问的 Access 数据库，数据控件是连接数据库与 Visual Basic 窗体的桥梁。

1．使用数据控件

1）数据控件的常用属性

除了 Name 属性和 Caption 属性外，数据控件还具有以下常用属性。

（1）Connect：设置数据控件要连接的数据库类型，默认的数据库类型是 Access 的 MDB 文件，也可以连接 DBF、XLS、ODBC 等类型的数据源。

（2）DatabaseName：设置要使用的数据库文件名，包括所有路径名。

（3）RecordSource：设置数据控件的记录源，可以是数据表或是 SQL SELECT 语句。

（4）RecordSetType：设置数据控件存放记录集的类型。其有以下设置值：0-Table，表示类型记录集；1-Dynaset（默认值），表示动态集类型记录集；2-Snapshot，表示快照类型记录集。

（5）ReadOnly：设置数据库的内容是否为只读。默认值为 False。

（6）EOFAction：设置当记录指针移到记录集的结尾时程序执行的操作。

（7）BOFAction：设置当记录指针移到记录集的开头时程序执行的操作。

（8）Exclusive：设置是否独占数据库，默认 False。

2）数据控件的常用方法

数据控件的常用方法如下。

（1）Refresh：打开或重新打开数据库（当 DatabaseName、ReadOnly、Exclusive 或 Connect 属性的设置值发生改变时），并能重建控件的 Recordset 属性内的记录集，语法格式如下。

```
Data 控件名.Refresh
```

在设计状态下没有为打开数据库控件的有关属性赋值，或当 Data 控件的 Connect、DatabaseName、RecordSourse、ReadOnly 等属性值改变时，必须使用数据控件的 Refresh 方法激活这些变化。

（2）UpdateRecord：对数据库进行修改后，调用此方法使所做的修改生效，语法格式如下。

```
Data 控件名.UpdateRecord
```

UpdateRecord 方法只用于保存那些来自被绑定的控件。

3）数据控件的常用事件

数据控件的常用事件如下。

（1）Reposition：该事件发生在一条记录成为当前记录后。只要改变记录集的指针使其从一条记录移到另一条记录，就会产生 Reposition 事件。引发该事件时，当前记录是后一条记录。使用该事件可以进行基于当前记录中数据的计算或改变窗体来响应当前记录中的数据。

（2）Validate：该事件是在移动到一条不同记录之前发生的，语法格式如下。

```
Private Sub Data1_Validate(Action As Integer , Save As Integer)
```

其中，Action 参数用来标识引发该事件的操作；Save 参数是一个布尔表达式，用来表示是否保存已修改的数据。

修改与删除数据表中的记录前或卸载含有数据控件的窗体时都会触发 Validate 事件。当触发该事件时，当前记录仍然是前一条记录。

2．使用数据绑定控件

数据绑定控件是数据识别控件，通过将其 DataSource 属性设置为数据控件，DataField 属性设置为当前记录的一个字段，可以显示和更新该字段的值。在 Visual Basic 6.0 中，不仅可以使用文本框、标签、复选框等内部控件作为数据绑定控件，还可以使用 ActiveX 控件作为数据绑定控件。在本任务中使用了文本框作为数据绑定控件。

3．SQL SELECT 语句

在 SQL 语言中，SELECT 语句用于从数据库中检索满足特定条件的记录，基本语法格式如下。

```
SELECT <字段列表>
FROM <数据来源>
[ WHERE <搜索条件> ]
[ ORDER BY <排序表达式> [ASC | DESC] ]
```

其中，SELECT 子句用于指定输出字段，使用"*"表示输出全部字段；FROM 子句用于指定要检索的数据来源；WHERE 子句用于指定对记录的过滤条件；ORDER BY 子句用于对检索到的记录进行排序处理。

任务 2　通过 MSFlexGrid 控件显示网格数据

任务目标

● 掌握使用数据控件连接 ODBC 数据源的方法。

● 掌握 MSFlexGrid 控件的使用方法。

任务描述

在本任务中制作一个数据库浏览程序，能够以电子表格形式查看 SQL Server 数据库中的图书信息，程序运行结果如图 8.4 所示。

图 8.4　以电子表格形式查看图书信息

任务分析

要使用数据控件连接 SQL Server 数据库，需要先创建 ODBC 数据源，然后使用数据控件并经由 ODBC 数据源连接上 SQL Server 数据库，再通过 MSFlexGrid 控件显示该数据库中的图书信息。

设计步骤

（1）在 SQL Server 中创建一个名为 books 的数据库，然后在该数据库中创建一个名为 book_info 的表并输入一些图书记录，如图 8.5 所示。

ABC.books - dbo.book_info					▼ ×
图书编号	图书名称	图书类别	作者	出版社	出版日期
▶ I247.5/1	开启青少年智…	文学	游一行	辽宁人民出版社	2005-11-01 00:…
I247.5/1:1	平淡生活	文学	海岩	作家出版社	2003-10-01 00:…
TN014/2:1	无线电技术基础	电子	赵震初	天津科学技术…	2002-08-01 00:…
TP2768/1	PowerPoint中文…	计算机	曹彬	清华大学出版社	2001-08-01 00:…
TM/2	电工学	电工	沈裕钟	高等教育出版社	1982-06-01 00:…
TP273/1	微机控制技术	计算机	郭敬枢	重庆大学出版社	1994-11-01 00:…
TP27/5	数据结构	计算机	许卓群	高等教育出版社	1987-05-01 00:…
TN11-62/2	电子管手册	电子	李宏应	电子工业出版社	2009-06-04 00:…
TP001	PHP动态网站开…	计算机	赵增敏	电子工业出版社	2014-08-01 00:…
* NULL	NULL	NULL	NULL	NULL	NULL
◁ ◁ 1　 /9 ▷ ▷▷ ▷※ (®)					

图 8.5　SQL Server 数据库中的表数据

（2）通过以下操作创建 ODBC 数据源。

① 在"控制面板"窗口中双击"管理工具"图标，在打开的"管理工具"窗口中双击"数据源(ODBC)"图标。

② 弹出"ODBC 数据源管理器"对话框，选择"系统 DSN"选项卡，单击"添加"按钮，如图 8.6 所示。

③ 弹出"创建新数据源"对话框，选择"SQL Server"作为新数据源的驱动程序，单击"完成"按钮，如图 8.7 所示。

④ 弹出"创建到 SQL Server 的新数据源"对话框，把新数据源命名为"books"，在"服

务器"文本框中输入"."（表示本机服务器），单击"下一步"按钮，如图 8.8 所示。

⑤ 弹出如图 8.9 所示的对话框，选中"使用网络登录 ID 的 Windows NT 验证"单选按钮，单击"下一步"按钮。

⑥ 弹出如图 8.10 所示的对话框，选中"更改默认的数据库为"复选框，在其下拉列表框中选择"books"数据库，单击"下一步"按钮。

图 8.6 添加系统 DSN　　　　　图 8.7 为数据源选择驱动程序

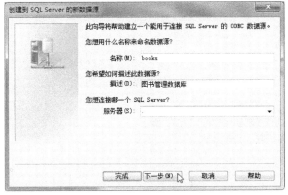

图 8.8 命名数据源并选择服务器　　　图 8.9 选择 SQL Server 验证方式

⑦ 弹出如图 8.11 所示的对话框，单击"完成"按钮。

⑧ 弹出"ODBC Microsoft SQL Server 安装"对话框，单击"测试数据源"按钮，如图 8.12 所示。

⑨ 如果上述配置无误，则应在弹出的"SQL Server ODBC 数据源测试"对话框中看到"测试成功"信息，此时单击"确定"按钮，并再次单击"确定"按钮，如图 8.13 所示。

⑩ 返回"ODBC 数据源管理器"对话框后，应能看到新创建的系统 DSN，如图 8.14 所示。若要对数据源进行修改，则可在系统数据源列表框中选中该数据源，单击"配置"按钮。

（3）在 Visual Basic 集成开发环境中新建一个标准 EXE 工程。

（4）将窗体 Form1 的 Caption 属性设置为"图书信息浏览"。

（5）在窗体上添加数据控件 Data1，并对其以下属性进行设置。

① 将其 Connect 属性设置为"odbc;dsn=books"，其中 books 为系统 DSN 名称。

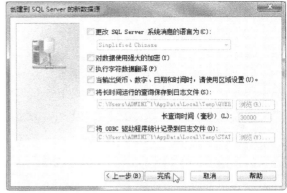

图 8.10　选择默认数据库　　　　　　图 8.11　完成 ODBC 数据源的创建

图 8.12　测试数据源　　　　　　图 8.13　数据源测试成功

图 8.14　查看新创建的系统 DSN

② 将其 RecordSource 属性设置为 dbo.book_info（表的名称）。

③ 将其 Visible 属性设置为 False。

（6）通过以下操作把 MSFlexGrid 控件添加到当前工程中。

① 选择"工程"→"部件"命令，弹出"部件"对话框。

② 在"控件"选项卡的控件列表框中选中"Microsoft FlexGrid Control 6.0(SP6)"复选框，即可将 MSFlexGrid 控件添加到工具箱中，如图 8.15 所示。

③ 将 MSFlexGrid 控件的 DataSource 属性设置为 Data1。

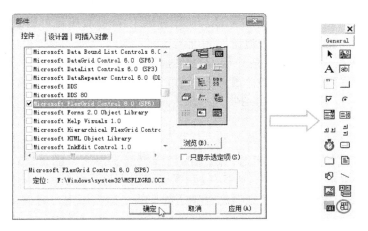

图 8.15　添加 MSFlexGrid 控件

④ 在工具箱中单击"MSFlexGrid"图标，在窗体上绘制一个 MSFlexGrid 控件，如图 8.16 所示。

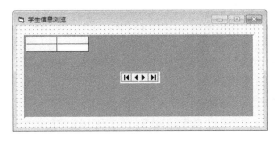

图 8.16　在窗体上添加 MSFlexGrid 控件

（7）将窗体文件和工程文件分别命名为 Form8-02.frm 和工程 8-02.vbp，保存在 D:\VB\项目 8\任务 2 中。

程序测试

按 F5 键运行程序，此时可以电子表格形式来查看 SQL Server 数据库中的信息，但不能对数据进行修改。

相关知识

在本任务中用数据控件经由 ODBC（Open Database Connectivity，开放数据库互连）数据源连接到 SQL Server 数据库，通过将 MSFlexGrid 控件的 DataSource 属性设置为数据控件，从而将 MSFlexGrid 控件和数据控件绑定起来，通过 MSFlexGrid 控件以电子表格形式显示数据，且显示的是只读数据。

1. ODBC 数据源

ODBC 是 Microsoft 公司开放服务结构中有关数据库的一个组成部分，它建立了一组规范，并提供了一组对数据库访问的标准 API，这些 API 利用 SQL 来完成大部分任务。ODBC 本身也提供了对 SQL 的支持，用户可以直接将 SQL 语句传送给 ODBC。

要在 Visual Basic 应用程序中通过数据控件访问一个 ODBC 数据库，首先必须用 ODBC 管理器注册一个数据源。管理器根据数据源提供的数据库位置、数据库类型及 ODBC 驱动程序等信息，建立 ODBC 与具体数据库的联系。这样，只要应用程序将数据源的名称提供给 ODBC，ODBC 就能建立起与相应数据库的连接。

ODBC 使应用程序不受制于某种专用的数据库语言，应用程序可以以自己的格式接收和发送数据，并在应用程序中直接嵌入标准 SQL 语句的源代码访问数据库中的数据。

在 Windows 中，可以使用 ODBC 数据源管理器来配置 ODBC 数据源。ODBC 数据源可分为以下几种形式。

（1）用户 DSN：ODBC 用户数据源存储了如何与指定数据库提供者连接的信息。只对当前用户可见，而且只能用于当前机器。这里的当前机器是指这个配置只对当前的机器有效，而不是说只能配置本机上的数据库。它可以配置局域网中另一台机器上的数据库。

（2）系统 DSN：ODBC 系统数据源存储了如何指定数据库提供者连接的信息。系统数据源对当前机器上的所有用户都是可见的，包括 NT 服务。也就是说，在这里配置的数据源，只要是这台机器的用户都可以访问。在本任务中，使用的就是系统 DSN。

（3）文件 DSN：ODBC 文件数据源允许用户连接数据提供者。文件 DSN 可以由安装了相同驱动程序的用户共享。

2．使用 MSFlexGrid 控件

Microsoft FlexGrid（MSFlexGrid）控件可以显示网格数据，也可以对其进行操作。它提供了高度灵活的网格排序、合并和格式设置功能，网格中可以包含字符串和图片。在本任务中，把 MSFlexGrid 控件绑定到一个数据控件上，MSFlexGrid 显示的是只读数据。

1）MSFlex Grid 控件的常用属性

MSFlexGrid 控件的常用属性如下。

（1）AllowBigSelection：该属性返回或者设置一个值，该值决定了在行头或者列头上单击时，是否可以使整个行或者列都被选中。

（2）AllowUserResizing：该属性返回或者设置一个值，该值决定了是否可以用鼠标来对 MSFlexGrid 控件中行和列的大小进行调整。

（3）BackColorBand：返回或者设置 MSFlexGrid 带区域的背景色。

（4）BackColorHeader：返回或者设置 MSFlexGrid 标头区域的背景色。

（5）BackColorIndent：返回或者设置 MSFlexGrid 缩进区域的背景色。

（6）BackColorUnpopulated：返回或者设置 MSFlexGrid 未填数据区域的背景色。

（7）CellAlignment：返回或设置的数值确定了一个单元格或被选定中多个单元格所在区域的水平和垂直对齐方式。该属性在设计时是不可使用的。

（8）CellBackColor：返回或者设置单独的单元格或者单元格区域的背景色。

（9）CellForeColor：返回或者设置单独的单元格或者单元格区域的前景色

（10）Col 和 Row：这两个属性返回或设置 MSFlexGrid 中活动单元的坐标，在设计时不可用。可以用这些属性来指定 MSFlexGrid 中的单元，或找到包含当前单元的那个行或者列。

（11）ColPosition：设置一个 MSFlexGrid 列的位置，允许移动列到指定的位置。

（12）DataSource：返回或设置一个数据源，通过该数据源将一个数据使用者绑定到一个数据库中。

（13）RowPosition：设置一个 MSFlexGrid 行的位置，允许移动行到指定的位置。

（14）Cols：返回或设置一个 MSFlexGrid 中的总列数。

（15）Rows：返回或设置一个 MSFlexGrid 中的总行数。Rows 属性也可返回或设置 MSFlexGrid 中的每一个带区域中的总列数。

（16）ColSel：为一定范围内的单元格返回或设置的起始列和或终止列。

（17）RowSel：为一定范围内的单元格返回或设置的起始行和或终止行。

（18）ColWidth：以缇为单位，返回或设置指定带区域中的列宽。

（19）FixedCols：返回或设置一个 MSFlexGrid 中的固定列的总数。

（20）FixedRows：返回或设置一个 MSFlexGrid 中的固定行的总数。

2）MSFlex Grid 控件的常用方法

MSFlexGrid 控件的常用方法如下。

（1）AddItem：将一行添加到 MSFlexGrid 控件中，语法格式如下。

```
object.AddItem (string, index, number)
```

其中，object 参数是对象表达式，指定一个 MSFlexGrid 控件；string 参数为字符串表达式，它在新增行中显示，可以用制表符（vbTab）来分隔每个字符串，从而将多个字符串（行中的多个列）添加进去；index 参数是可选的，其值为 Long 型数，指定在控件中放置新增行的位置，对于第一行来说，index 值为 0，如果省略 index，则新增行将成为带区域中的最后一行；number 参数是可选的，其值为 Long 型数值，指出添加行的带区号。

（2）Clear：清除 MSFlexGrid 的内容，包括所有文本、图片和单元格式，语法格式如下。

```
object.Clear
```

（3）RemoveItem：从 MSFlexGrid 中删除一行，语法格式如下。

```
object.RemoveItem(index, number)
```

其中，object 参数指定 MSFlexGrid 控件；index 参数是一个整数，表示 MSFlexGrid 中要删除的行，对于第一行而言，index=0；number 参数是一个 Long 型数值，指定从中删除行的带区域。

3）MSFlexGrid 控件的常用事件

MSFlexGrid 控件的常用事件如下。

（1）Compare：当 MSFlexGrid 的 Sort 属性被设置为 Custom Sort（9）时发生，因此用户可以自定义排序进程，语法格式如下。

```
Private Sub object_Compare(row1, row2, cmp)
```

其中，object 参数为一个对象表达式，用于指定 MSFlexGrid 控件；row1 参数为 Long 型数，它指定正在比较的一对行中的第一行；row2 参数为 Long 型数，它指定正在比较的一对行中的第二行；cmp 指一个整数，它表示每一对的排序次序，cmp 设置值有–1（表示 row1 应该显示在 row2 前面），0（表示两行相等或任一行都可以显示在另一行之前），1（表示 row1 应显示在 row2 之后）。

（2）EnterCell：当前活动单元更改到一个不同单元时发生，语法格式如下。

```
Private Sub object_EnterCell()
```

（3）SelChange：当选定的范围更改到一个不同的单元或单元范围时发生，语法格式如下。

```
Private Sub object_SelChange()
```

计算机程序设计（Visual Basic 6.0）

任务 3　通过 DataGrid 控件编辑数据信息

任务目标

- 掌握 ADO 数据控件的使用方法。
- 掌握 DataGrid 控件的使用方法。

任务描述

在本任务中制作一个数据库浏览程序，以 DataGrid 控件所显示的电子表格形式来查看和更新数据库中的产品信息，要求使用 ADO 数据控件连接 Access 2000 数据库并允许添加新记录，修改和删除已有记录。可以通过单击 ADO 数据控件上的记录导航按钮在不同记录之间切换，并且显示当前记录号，如图 8.17 所示。

图 8.17　以电子表格形式查看和更新产品信息

任务分析

要浏览和更新数据库中的信息，可以把数据网格控件（DataGrid）绑定到 ADO 数据控件上。单击"新增"按钮，将在网格底部添加一个空行，此时可在该行中输入字段值；若单击"修改"按钮，则更新记录；若单击"删除"按钮，则删除当前记录。

设计步骤

（1）在 Visual Basic 集成开发环境中新建一个标准 EXE 工程。

（2）将窗体 Form1 的 Caption 属性设置为"产品信息管理系统"。

（3）通过以下操作添加和设置 ADO 数据控件和 DataGrid 控件。

① 选择"工程"→"部件"命令。

② 弹出"部件"对话框，在"控件"选项卡中，选中"Microsoft ADO Data Control 6.0(SP6) (OLEDB)"和"Microsoft DataGrid Control 6.0(SP6)(OLEDB)"复选框，单击"确定"按钮，将 ADO 数据控件和 DataGrid 控件添加到工具箱中，如图 8.18 所示。

208

③ 在窗体上添加一个 ADO 数据控件 Adodc1，将其 Align 属性设置为 2。

④ 在窗体上选择控件 Adodc1，在其属性窗口中单击"自定义"右侧的按钮。

⑤ 弹出 Adodc1 的"属性页"对话框，选择"通用"选项卡，选中"使用连接字符串"单选按钮，如图 8.19 所示。

⑥ 弹出"数据链接属性"对话框，在"提供程序"选项卡中选择"Microsoft Jet 4.0 OLE DB Provider"选项，单击"下一步"按钮，如图 8.20 所示。

⑦ 在"数据链接属性"对话框的"连接"选项卡中，选择要访问的 Access 数据库（在本任务中选择了 Northwind.mdb 数据库），并对登录用户名称和密码进行设置，单击"测试连接"按钮，当提示"测试连接成功"信息时，单击"确定"按钮，并再次单击"确定"按钮，如图 8.21 所示。

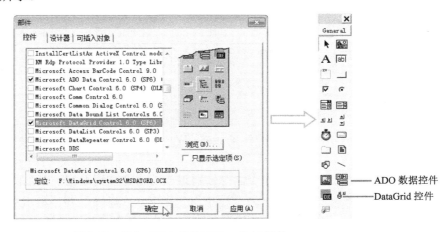

图 8.18　添加 ADO 控件和 DataGrid 控件

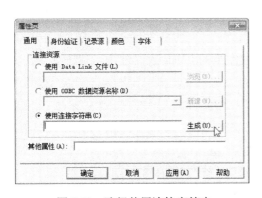

图 8.19　选择使用连接字符串

图 8.20　选择 OLE DB 提供程序

通过上述操作生成的连接字符串如下。

```
Provider=Microsoft.Jet.OLEDB.4.0;Data Source=D:\VB\项目 8\任务 1\Northwind.
mdb; Persist Security Info=False
```

⑧ 在 Adodc1"属性页"对话框的"记录源"选项卡中，在"命令类型"下拉列表框中

选择"2-adCmd Table"选项，然后在"表或存储过程名称"下拉列表框中选择"产品"表，如图 8.22 所示。

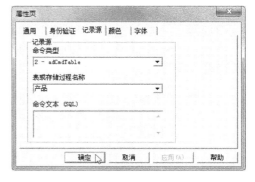

图 8.21　选择数据库　　　　　　　　　图 8.22　设置命令类型和记录源

⑨ 在窗体上添加 DataGrid 控件 DataGrid1，并将其 DataSource 属性设置为 ADO 数据控件的名称 Adodc1。

（4）在窗体中创建一组由 4 个命令按钮组成的命令按钮数组，其名称为 Command1，把各个按钮的 Caption 属性分别设置为"新增"、"修改"、"删除"和"退出"。

（5）在窗体 Form1 的代码窗口中编写控件 Adodc1 的 MoveComplete 事件过程，代码如下。

```
'单击 ADO 数据控件两端的记录导航按钮时执行以下事件过程
Private  Sub  Adodc1_MoveComplete(ByVal  adReason  As  ADODB.EventReasonEnum,
ByVal  pError  As  ADODB.Error,  adStatus  As  ADODB.EventStatusEnum,  ByVal
pRecordset As ADODB.Recordset)
    Adodc1.Caption = "第" & CStr(Adodc1.Recordset.AbsolutePosition) & _
        "条记录" & " - 总共" & CStr(Adodc1.Recordset.RecordCount) & "条记录"
End Sub
```

（6）在窗体 Form1 的代码窗口中编写命令按钮控件组的 Click 事件过程，代码如下。

```
'单击命令按钮时执行以下事件过程
Private Sub Command1_Click(Index As Integer)
    '单击不同按钮时执行不同操作
    Select Case Index
    Case 0                                  '单击"新增"按钮时
        Adodc1.Recordset.MoveLast           '定位到最后一条记录
        Adodc1.Recordset.AddNew             '添加一条新记录
    Case 1                                  '单击"修改"按钮时
        Adodc1.Recordset.UpdateBatch
    Case 2                                  '单击"删除"按钮时
        Adodc1.Recordset.Delete             '删除当前记录
        If Adodc1.Recordset.EOF Then        '如果删除的是最后一条记录
```

```
      Adodc1.Recordset.MoveLast          '则将指针移动到上一条记录
   Else
      Adodc1.Recordset.MoveNext          '如果删除的不是最后一条记录,则将指针移动
   End If                                '到下一条记录
  Case 3                                 '单击"退出"按钮时
    Adodc1.Recordset.Close
    Unload Me
  End Select
End Sub
```

（7）将窗体文件和工程文件分别命名为 Form8-03.frm 和工程 8-03.vbp，保存在 D:\VB\项目 8\任务 3 中。

程序测试

（1）按 F5 键运行程序。

（2）当单击"新增"按钮时，会在 DataGrid 控件的底部新增一条空白记录，如图 8.23 所示。

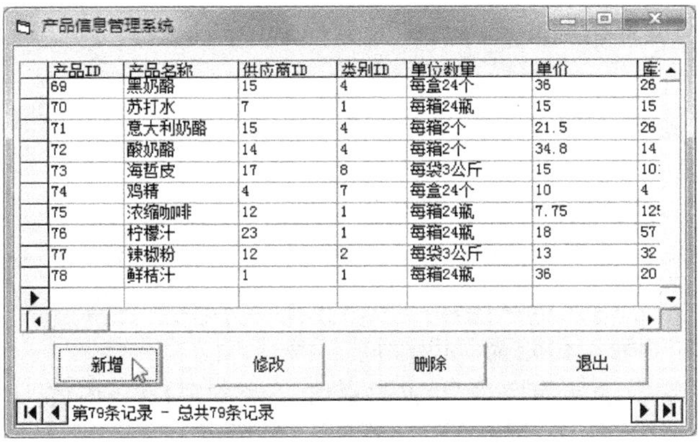

图 8.23　新增记录

（3）当单击"修改"按钮时，将把所有更改的内容保存到数据库中。

（4）当单击"删除"按钮时，将删除当前行的内容并移动到下一条记录。

（5）当单击"退出"按钮时，退出程序。

相关知识

在本任务中，通过把 DataGrid 控件绑定到 ADO 数据控件创建了一个简易的产品信息管理系统，可以通过数据网格来浏览和操作数据库中的产品信息。

1．ADO 数据控件

ADO 数据控件与内部数据控件相似，通过 ADO 数据控件可以使用 Microsoft 的 ADO 技术快速地创建到数据库的连接。

在设计时，可以先将 ConnectionString 属性设置为一个有效的数据连接文件、ODBC 数据源或连接字符串，然后将 RecordSource 属性设置为一个适用于数据库管理者的语句来创建一

个连接。通过将 DataSource 属性设置为 ADO 数据控件，可以把 ADO 数据控件连接到一个数据绑定的控件，如 DataGrid、DataCombo 或 DataList 控件。

通过 ADO 数据控件的 Recordset 属性可以返回或设置对下一级 ADO Recordset 对象的引用。利用 Recordset 属性，可以使用 ADO 的 ADODB.Recordset 对象的方法、属性和事件。在运行时，可以动态地设置 ConnectionString 和 RecordSource 属性来更改数据库，或者将 Recordset 属性直接设置为一个原来已经打开的记录集。

在本任务中，首先通过"属性页"对话框中的"通用"选项卡生成连接字符串，以设置 ADO 数据控件的 ConnectionString 属性，然后通过"属性页"对话框中的"记录源"选项卡设置该控件的 CommandType 和 RecordSource 属性，再把 ADO 数据控件连接到一个 DataGrid 控件。

2．ADO RecordSet 对象

在运行时，Visual Basic 根据 ADO 数据控件设置的属性打开数据库，并返回一个 ADO RecordSet，该对象提供与物理数据库相对应的一组逻辑记录，可以表示一个数据库表中的所有记录，也可以表示满足查询条件的所有记录。

1）ADO Record set 对象的常用属性

ADO RecordSet 对象的常用属性如下。

（1）EOF：若记录指针指向 RecordSet 对象最后一条记录之后，则 EOF 属性值为 True，否则为 False。

（2）BOF：若记录指针指向 RecordSet 对象首条记录之前，则 BOF 属性值为 True，否则为 False。

（3）RecordCount：返回 RecordSet 对象包含的记录个数。

（4）AbsolutePosition：返回当前记录的记录号，其取值为 0～RecordCount−1。

（5）NoMatch：用 Find 查询方法在表中查询满足某一条件的记录，如果没有找到符合条件的记录，则属性值为 True，否则为 False。

（6）Fields：记录集中的所有字段组成的集合。例如，Fields(i)表示当前记录的第 i 个字段；Fields(" 字段名 ")表示当前记录指定的字段。

2）ADO Record set 对象的常用方法

ADO RecordSet 对象的常用方法如下。

（1）记录的定位方法：用于代替数据控件对象的 4 个记录导航按钮的操作，遍历整个记录集，语法格式如下。

```
ADO 数据控件名.RecordSet.方法名
```

其中，指定的方法名包括以下 5 种情况。

① MoveFirst：将记录指针定位到第一条记录。

② MoveLast：将记录指针定位到最后一条记录。

③ MoveNext：将记录指针定位到下一条记录。

④ MovePrevious：将记录指针定位到上一条记录。

⑤ Move[n]：向前或向后移 n 条记录，n 为指定的数值。

（2）记录的查询方法：在记录集中查询满足条件的记录。如果找到，则记录指针定位到找到的记录上；如果找不到，则记录指针定位到记录集的末尾，语法格式如下。

```
ADO 数据控件名.RecordSet.方法名 条件
```

其中，指定的方法名包括以下 4 种情况。

① FindFirst：从记录集的开始查找满足条件的第一条记录。

② FindLast：从记录集的末尾查找满足条件的第一条记录。

③ FindNext：从当前记录的开始查找满足条件的下一条记录。

④ FindPrevious：从当前记录的开始查找满足条件的上一条记录。

搜索条件是一个指定字段与常量关系的字符串表达式。除了的用普通的关系运算符外，还可以用 Like 运算符。

（3）Update：用于更新记录内容，语法格式如下。

```
ADO 数据控件名.RecordSet.Update
```

通常在调用了 AddNew 方法后调用该方法。

（4）AddNew：用于添加一条新的空白记录，语法格式如下。

```
ADO 数据控件名.RecordSet.AddNew
```

必须调用 Update 方法对数据表更新，否则使用 AddNew 方法添加的记录无效。

（5）Delete：用于删除当前记录，语法格式如下。

```
ADO 数据控件名.RecordSet.Delete
```

用 Delete 方法删除一条记录后，必须使用 MoveNext 方法将记录指针移到下一条记录。

（6）Edit：对当前记录的内容进行修改之前，使用 Edit 方法使记录处于编辑状态，语法格式如下。

```
ADO 数据控件名.RecordSet.Edit
```

调用 Edit 方法后，必须使用 Update 或 UpdateRecord 方法更新记录。

3．DataGrid 控件

DataGrid 控件显示并允许对 Recordset 对象中代表记录和字段的一系列行和列进行数据操纵。可以把 DataGrid 控件的 DataSource 属性设置为一个 ADO 数据控件，以自动填充该控件并且从 ADO 数据控件的 Recordset 对象自动设置其列标头。这个 DataGrid 控件实际上是一个固定的列集合，每一列的行数都是不确定的。

DataGrid 控件的每一个单元格都可以包含文本值，但不能链接或内嵌对象。可以在代码中指定当前单元格，或者用户使用鼠标或箭头键在运行时改变单元格。通过在单元格中键入或编程的方式，单元格可以交互编辑。单元格能够被单独地选中或按照行来选中。

如果一个单元格的文本太长，甚至不能在单元格中全部显示，则文本将在同一单元格内移到下一行。如果要显示折行的文本，则必须增加单元格 Column 对象的 Width 属性和 DataGrid 控件的 RowHeight 属性。在设计时，可以通过调节列来交互地改变列宽度，或在 Column 对象的"属性页"对话框中改变列宽度。

使用 DataGrid 控件 Columns 集合的 Count 属性和 Recordset 对象的 RecordCount 属性，可以决定控件中行和列的数目。DataGrid 控件可包含的行数取决于系统的资源，而列数最多可达 32767 列。

任务4　通过 ADO 对象编程访问数据库

任务目标

- 掌握引用 ADO 对象库的方法。
- 掌握 ADO Connection 对象的使用方法。
- 掌握 ADO Recordset 对象的使用方法。

任务描述

在本任务中制作一个数据库浏览程序，用文本框显示 Access 数据库中的客户信息，可以通过单击命令按钮在不同记录之间切换，如图 8.24 所示。

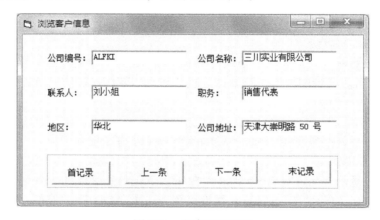

图 8.24　程序运行界面

任务分析

由于在本任务中不使用数据控件，而使用 ADO 对象库中的 Connection 对象和 Recordset 对象，因此设计时需要在工程中引用 ADO 对象库，并且在窗体级声明 Connection 对象变量和 Recordset 对象变量。

 设计步骤

（1）在 Visual Basic 集成开发环境中新建一个标准 EXE 工程。

（2）将窗体 Form1 的 Caption 属性设置为"浏览客户信息"。

（3）引用 ADO 对象库。选择"工程"→"引用"命令，在弹出的引用对话框中选中"Microsoft ActiveX Data Objects 2.0 Library"复选框，单击"确定"按钮，如图 8.25 所示。

（4）在窗体 Form1 上添加以下控件。

① 添加一个标签控件数组，其中包含 6 个标签控件，把这些标签的 Caption 属性分别设置为"公司编号"、"公司名称"、"联系人"、"职务"、"地区"和"公司地址"。

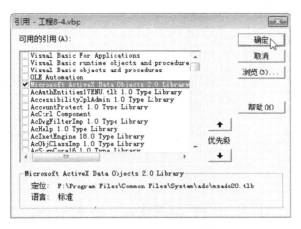

图 8.25　引用 ADO 对象库

② 添加标签控件 Lable2，将其 Caption 属性值清空。

③ 添加一个文本框控件数组，数组名称为 Text1，其中包含 6 个文本框 Text1(0)～Text1(5)，将这些文本框的 Text 属性值清空。

④ 添加框架控件 Frame1，并将其 Caption 属性值清空；在该框架内添加一个命令按钮控件数组，数组名称为 Command1，其中包含 4 个命令按钮 Command1(0)～Command1 (5)，把这些按钮的 Caption 属性分别设置为"首记录"、"上一条"、"下一条"和"末记录"。

（5）在窗体 Form1 的代码窗口中声明模块级变量并定义一个通用过程，代码如下。

```
'在窗体级声明两个私有变量
Private conn As New ADODB.Connection
Private rs As New ADODB.Recordset
'定义通用过程，其功能是使用记录集的字段值填充各个文本框
Private Sub FillFields()
  Dim i As Integer
  For i = 0 To rs.Fields.Count - 1
    Text1(i).Text = rs.Fields(i).Value
  Next
  Label2.Caption = "当前位置：" & rs.AbsolutePosition & " / " & rs.
RecordCount
  End Sub
```

（6）在窗体 Form1 的代码窗口中编写命令按钮控件数组的 Click 事件过程，代码如下。

```
'单击记录导航按钮时执行以下事件过程
Private Sub Command1_Click(Index As Integer)
  Select Case Index
  Case 0
    rs.MoveFirst
  Case 1
    rs.MovePrevious
    If rs.BOF Then
      rs.MoveFirst
    End If
```

```
    Case 2
      rs.MoveNext
      If rs.EOF Then
        rs.MoveLast
      End If
    Case 3
      rs.MoveLast
  End Select
  FillFields
End Sub
```

（7）在窗体 Form1 的代码窗口中编写该窗体的 Load 事件过程，代码如下。

```
'加载窗体时执行以下事件过程
Private Sub Form_Load()
  conn.ConnectionString="Driver={Microsoft Access Driver(*.mdb)};DBQ=" & _
    "D:\VB\项目 8\data\Northwind.mdb"
  conn.Open
  rs.CursorLocation = adUseClient
  rs.Open "SELECT 客户 ID AS 编号, 公司名称, 联系人姓名 AS 联系人, 联系人职务 AS 职
务, 地区, 城市+地址 AS 公司地址 FROM 客户", conn, adOpenStatic
  FillFields
End Sub
```

（8）将窗体文件和工程文件分别命名为 Form8-04.frm 和工程 8-04.vbp，保存在 D:\VB\项目 8\任务 4 中。

程序测试

（1）按 F5 键运行程序。

（2）单击各个记录导航按钮，在不同记录之间切换。

相关知识

在本任务中通过 ADO Connection 和 Recordset 对象实现了对数据库的访问。

1. 引用 ADO 对象库

在 Visual Basic 应用程序中使用 ADO 对象之前，必须保证 ADO 已经安装。一般来讲，在正常安装 Visual Basic 6.0 时会自动安装 ADO 库，ADO 库的完整名称为"Microsoft ActiveX Data Object 2.5 Library"。在确保 Visual Basic 正常安装后，可以在 Visual Basic 工程中引用 ADO 库，方法如下：选择"工程"→"引用"命令，并在弹出的引用对话框中选中"Microsoft ActiveX Data Object 2.5 Library"复选框，单击"确定"按钮。

正确引用 ADO 后，即可在代码中通过对象定义创建 AOO 对象，各种 ADO 对象均有各自的属性与方法，然后可像通过属性与方法使用控件一样，利用 ADO 对象的属性与方法进行数据访问操作。

2．Connection 对象

ADO Connection 对象代表打开的、与数据源的连接，Connection 对象代表与数据源进行的唯一会话。如果是客户端/服务器数据库系统，则该对象可以等价于到服务器的实际网络连接。

1）Connection 对象的常用属性

Connection 对象的常用属性如下。

（1）CommandTimeout：指示在终止尝试和产生错误之前执行命令期间需等待的时间（单位为 s）。默认值为 30s。

（2）ConnectionString：包含用来建立到数据源的连接的信息。使用 ConnectionString 属性，通过传递包含一系列由分号分隔的 argument = value 语句的详细连接字符串可指定数据源。在本任务中，通过 Driver 参数指定访问 Access 数据库时所使用的 ODBC 驱动程序，通过 DBQ 参数指定了要访问的 Access 数据库文件。

（3）ConnectionTimeout：指示在终止尝试和产生错误前建立连接期间所等待的时间单位为 s）。默认值为 15s。

（4）CursorLocation：设置或返回游标引擎的位置，确定临时表是创建在服务器端（adUseServer）还是在客户端（adUseClient）。

（5）DefaultDatabase：指示 Connection 对象的默认数据库。

2）Connection 对象的常用方法

Connection 对象的常用方法如下。

（1）Close：用于关闭打开的对象及任何相关对象。

（2）Open：用于打开到数据源的连接，语法格式如下。

```
connection.Open ConnectionString, UserID, Password, OpenOptions
```

其中，ConnectionString 参数可选，其值为字符串，包含连接信息；UserID 参数可选，其值为字符串，包含建立连接时所使用的用户名称；Password 参数可选，其值为字符串，包含建立连接时所用的密码；OpenOptions 参数可选，如果设置为 adConnectAsync，则异步打开连接。当连接可用时将产生 ConnectComplete 事件。

3．Recordset 对象

ADO Recordset 对象表示来自基本表或命令执行结果的记录全集。任何时候，该对象所指的当前记录均为集合内的单个记录。可以使用 Recordset 对象操作来自提供者的数据。使用 ADO 时，通过 Recordset 对象可对几乎所有数据进行操作。所有 Recordset 对象均使用记录（行）和字段（列）进行构造。

Recordset 对象有一个 Fields 集合，该集合包含 Recordset 对象的所有 Field 对象。每个 Field 对象对应 Recordset 中的一列。

除了在本项目任务 3 中介绍的属性外，Recordset 对象还有以下常用属性。

（1）ActiveConnection：指示指定的 Recordset 对象当前所属的 Connection 对象。该属性设置或返回包含了定义连接或 Connection 对象的字符串。

（2）CursorLocation：设置或返回游标引擎的位置。其值有两种：adUseClient，表示使用由本地游标库提供的客户端游标；adUseServer（默认值），表示使用数据提供者或驱动程序提供的游标。

（3）CursorType：指示在 Recordset 对象中使用的游标类型。其值可以是以下符号常量：adOpenForwardOnly（默认值），表示仅向前游标；adOpenKeyset，表示键集游标；adOpen

Dynamic，表示动态游标；adOpenStatic，表示静态游标。

（4）RecordCount：指示 Recordset 对象中记录的当前数目。

除了在本项目任务 3 中介绍的方法外，Recordset 对象最常用的方法是 Open，该方法用于打开游标，语法格式如下。

```
recordset.Open Source, ActiveConnection, CursorType, LockType, Options
```

其中，参数 Source 可选，其值为变体型，可以是用于计算 Command 对象的变量名、SQL 语句、表名、存储过程调用或持久 Recordset 文件名。

参数 ActiveConnection 可选，其值为变体型，可以是用于计算有效 Connection 对象的变量名或包含 ConnectionString 参数的字符串。

参数 CursorType 可选，确定提供者打开 Recordset 对象时应该使用的游标类型。参阅 CursorType 属性可获得这些设置的定义。

参数 LockType 可选，确定提供者打开 Recordset 时应该使用的锁定（并发）类型的 LockTypeEnum 值。

参数 Options 可选，其值为长整型，用于指示提供者如何计算 Source 参数。

任务 5　通过 Command 对象实现数据录入

任务目标

- 掌握 Command 对象的常用属性和方法。
- 掌握 Parameters 集合与参数化查询。
- 掌握 SQL INSERT 语句的使用方法。

任务描述

在本任务中制作一个图书信息录入系统，可以在录入窗口上部输入数据，当单击"添加"按钮时，将新记录保存到数据库中，新记录同时出现在录入窗口下部的数据网格中且为当前记录，如图 8.26 和图 8.27 所示。

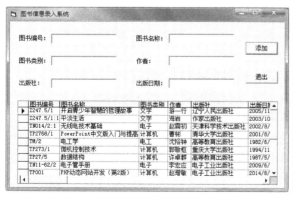

图 8.26　录入图书信息

图 8.27　添加记录后刷新显示数据网格

在本任务中通过 Command 对象执行 INSERT 语句将数据插入到表中，在 INSERT 语句中各个字段的值用问号表示（参数化查询），并且通过 Command 对象的 Parameters 集合来为各个参数传递所需要的值（来自文本框）。

设计步骤

（1）在 Visual Basic 集成开发环境中新建一个标准 EXE 工程。

（2）将窗体 Form1 的 Caption 属性设置为"图书信息录入系统"。

（3）在窗体 Form1 上添加以下控件。

① 添加标签控件数组，其中包含 6 个标签控件，将它们的 Caption 属性分别设置为"学号"、"姓名"、"性别"、"生日"、"籍贯"和"专业"。

② 添加文本框控件数组，其中包含 6 个文本框控件 Text1(0)～Text1(5)，将它们的 Text 属性值清空。

③ 添加命令按钮 Command1，将其 Caption 属性设置为"添加"，Default 属性设置为 True。

④ 添加命令按钮 Command2，将其 Caption 属性设置为"退出"，Cancel 属性设置为 True。

⑤ 添加 ADO 数据控件 Adodc1，将其 ConnectionString 属性设置为"dsn=books"，RecordSource 属性设置为"book_info"，Visible 属性设置为 False。

⑥ 添加数据网格控件 DataGrid1，将其 DataSource 属性设置为 Adodc1。

（4）在窗体 Form1 的代码窗口中编写命令 Command1 的 Click 事件过程，代码如下。

```
'单击"添加"按钮时执行以下事件过程
Private Sub Command1_Click()
  Dim conn As New ADODB.Connection
  Dim cmd As New ADODB.Command
  Dim i As Integer

  For i = 0 To 5
    If Text1(i).Text = "" Then
      MsgBox "请在此文本框中输入数据！", vbExclamation + vbOKOnly, "数据录入"
      Text1(i).SetFocus
      Exit Sub
    End If
  Next

  If Not IsDate(Text1(5).Text) Then
    MsgBox "日期格式无效！", vbExclamation + vbOKOnly, "数据录入"
    Text1(3).SetFocus
    Exit Sub
  End If
```

```
conn.ConnectionString = "dsn=books"
conn.Open
cmd.CommandType = adCmdText
cmd.CommandText = "INSERT INTO book_info VALUES(?,?,?,?,?,?)"
cmd.ActiveConnection = conn
cmd.Parameters(0).Value = Trim(Text1(0).Text)
cmd.Parameters(1).Value = Trim(Text1(1).Text)
cmd.Parameters(2).Value = Trim(Text1(2).Text)
cmd.Parameters(3).Value = Trim(Text1(3).Text)
cmd.Parameters(4).Value = Trim(Text1(4).Text)
cmd.Parameters(5).Value = CDate(Text1(5).Text)
cmd.Execute
Adodc1.Refresh
Adodc1.Recordset.MoveLast
DataGrid1.Refresh

For i = 0 To 5
   Text1(i).Text = ""
Next
Text1(0).SetFocus

End Sub
```

（5）在窗体 Form1 的代码窗口中编写命令 Command2 的 Click 事件过程，代码如下。

```
'单击"退出"按钮时执行以下事件过程
Private Sub Command2_Click()
   Unload Me
End Sub
```

（6）将窗体文件和工程文件分别命名为 Form8-05.frm 和工程 8-05.vbp，保存在 D:\VB\项目 8\任务 5 中。

程序测试

（1）按 F5 键运行程序。

（2）在各个文本框中依次填入信息，单击"添加"按钮时，将新记录添加到数据库中，同时刷新并显示数据网格。

（3）如果某个文本框中未输入内容，则单击"添加"按钮时会弹出一个对话框，提示输入数据并将焦点置于该文本框中。

相关知识

在本任务中通过 Command 对象执行 INSERT 语句来添加新记录，并通过 Command 对象的 Parameters 集合传递 INSERT 语句中的各个字段值。

1. Command 对象

ADO Command 对象定义了将对数据源执行的命令，使用 Command 对象的集合、方法、属性可以进行下列操作。

（1）使用 CommandText 属性定义命令（如 SQL 语句）的可执行文本。

（2）通过 Parameter 对象和 Parameters 集合定义参数化查询或存储过程参数。

（3）使用 Execute 方法执行命令并在适当的时候返回 Recordset 对象。

（4）执行前应使用 CommandType 属性指定命令类型以优化性能。

（5）使用 Prepared 属性决定提供者是否在执行前保存准备好（或编译好）的命令版本。

（6）使用 CommandTimeout 属性设置提供者等待命令执行的时间（单位为 s）。

（7）通过设置 ActiveConnection 属性使打开的连接与 Command 对象关联。

（8）将 Command 对象传送给 Recordset 的 Source 属性以便获取数据。

2. Parameters 集合与 Parameter 对象

Command 对象具有由 Parameter 对象组成的 Parameters 集合，通过该集合可以获取有关 Command 对象中指定的存储过程或参数化查询的提供者的参数信息。

Parameter 对象代表与基于参数化查询或存储过程的 Command 对象相关联的参数或自变量。Parameter 对象代表与参数化查询关联的参数，或输入/输出参数及存储过程的返回值。

使用 Parameter 对象的集合、方法和属性可以进行以下操作。

（1）使用 Name 属性可以设置或返回参数名称。

（2）使用 Value 属性可以设置或返回参数值。

（3）使用 Attributes、Direction、Precision、NumericScale、Size 及 Type 属性可设置或返回参数特性。

（4）使用 AppendChunk 方法可将长整型二进制或字符数据传递给参数。

3. SQL INSERT 语句

在 SQL 语言中，INSERT 语句用于向一个已经存在的表中添加一行新的记录，其语法格式如下。

```
INSERT [INTO] <目标表名>
[(<字段列表>)] VALUES (<值列表>)
```

其中，<目标表名>是接收数据的表的名称；INTO 关键字是可选项，用在 INSERT 关键字与<目标表名>之间；<字段列表>给出若干个要插入数据的字段，该列表必须用圆括号括起来，其中的各个字段用逗号分隔；如果省略<字段列表>，则使用目标表中的所有字段来接收数据；<值列表>给出待插入的数据，这个列表也必须用圆括号括起来，其中的各个值用逗号分隔。

如果希望在一行记录的所有字段中添加数据，则可以省略 INSERT 语句中的<字段列表>。在这种情况下，只要在 VALUES 关键字后面列出要添加的数据值即可，但必须使值的顺序与目标表中的字段顺序保持一致。

在本任务中，VALUES 关键字后面列出的数据值均用"?"表示，并在执行 INSERT 语句之后通过 Parameters 集合传递这些数据值。

项目小结

本项目详细讲解了有关数据库访问的知识，主要是数据控件的使用及数据绑定的方法。本项目的难点在于 ADO 对象的应用，介绍了如何利用 ADO 数据控件访问数据库，使用 ADO 数据控件是访问数据库的最简单、最直接的方法，操作简易，使用数据控件和绑定控件访问数据库操作简单可行，通过控件的属性和方法即可实现。

在引用了相应的 ADO 对象库后，用户可以创建 ADO 对象，通过 ADO 对象的属性和方法进行数据访问。

本项目着重阐述了 ADO 对象的 Connection、Recordset、Command、Parameter 的主要属性和方法，并通过一些任务说明了各个对象的功能。

 项目思考

一、选择题

1．若把数据控件的 RecordSetType 属性设置为 1，则记录集类型应为（　　）。

 A．表类型记录集　　　　　　　　B．动态集类型记录集

 C．快照类型记录集　　　　　　　D．静态集类型记录集

2．若把 Recordset 对象的 CursorType 属性设置为 adOpenKeyset，则所用游标类型为（　　）。

 A．仅向前游标　　　　　　　　　B．键集游标

 C．动态游标　　　　　　　　　　D．静态游标

二、填空题

1．数据控件的_____属性设置要使用的数据库文件名。

2．要重新打开数据库并重建记录集，应调用数据控件的_____方法。

3．当用户对数据库进行修改之后，需要调用数据控件的_____方法使所做的修改生效。

4．要使用文本框作为数据绑定控件，应将其 DataSource 属性设置为_____，并将 DataField 属性设置为_____。

5．使用 DataGrid 控件显示数据库中的信息时，应将其 DataSource 属性设置为_____。

三、简答题

1．通过数据控件连接到数据库时需要设置哪些属性？

2．通过数据控件连接 Access 2000 数据库时，应注意哪些问题？

3．数据控件的 Reposition 事件何时发生？

4．数据控件的 Validate 事件何时发生？

5．如何通过数据控件连接到 SQL Server 数据库？

6．使用 ODBC 数据源管理器可以创建哪几种形式的 ODBC 数据源？

7．创建连接 SQL Server 数据库的 ODBC 数据源时有哪些主要步骤？

8．如何将 MSFlexGrid 控件添加到工具箱中？

9．如何将 ADO 数据控件添加到工具箱中？

10．如何将 DataGrid 控件添加到工具箱中？

11．如何设置 ADO 数据控件的 ConnectionString 属性？

12．如何引用 ADO 对象库？

13．如何获取 Recordset 对象包含的记录数目？

项目实训

1．制作一个数据库浏览程序，用于查看和修改 Access 2000 数据库中的信息，可以通过单击数据控件上的记录导航按钮在不同记录之间切换，并且显示当前记录号和总记录数。

2．制作一个数据库浏览程序，要求通过电子表格形式显示来自于 SQL Server 数据库中的信息。

3．制作一个数据库应用程序，要求通过电子表格形式来显示数据库中的信息，并允许进行添加、修改和删除操作。

4．制作一个数据录入程序，通过 ADO Command 对象执行 INSERT 语句并通过 Parameter 对象传递所需的参数值，从而实现新记录的添加。

反侵权盗版声明

电子工业出版社依法对本作品享有专有出版权。任何未经权利人书面许可，复制、销售或通过信息网络传播本作品的行为；歪曲、篡改、剽窃本作品的行为，均违反《中华人民共和国著作权法》，其行为人应承担相应的民事责任和行政责任，构成犯罪的，将被依法追究刑事责任。

为了维护市场秩序，保护权利人的合法权益，我社将依法查处和打击侵权盗版的单位和个人。欢迎社会各界人士积极举报侵权盗版行为，本社将奖励举报有功人员，并保证举报人的信息不被泄露。

举报电话：（010）88254396；（010）88258888

传　　真：（010）88254397

E-mail：　dbqq@phei.com.cn

通信地址：北京市万寿路 173 信箱

　　　　　电子工业出版社总编办公室

邮　　编：100036

综合实训

——学生成绩管理系统开发手册

在本项目中将综合前面各项目所学过的知识和技能，按照正规软件工程的简单流程，通过 7 个任务设计开发一个完整的 Visual Basic 应用程序——学生成绩管理系统。根据结构化程序的设计思想，将该应用程序分为多个模块来设计并实现。其中，系统登录模块用来控制用户的登录；主界面模块提供了一个菜单系统，可以用于访问各项系统功能；学生管理模块用于管理和查询学生信息；课程管理模块用于查看和设置课程信息；成绩管理模块用于查询和管理学生成绩信息；最后一个任务是制作安装程序。

任务1 系统功能设计

任务目标

- 掌握系统功能设计的方法。
- 掌握软件功能设计的方法。
- 掌握数据库设计的方法。
- 掌握系统模块设计的方法。

任务描述

本任务说明如何应用简单软件工程的方法设计系统的总体功能，然后将整个系统详细地分为软件功能设计和数据库设计两部分并制定了设计方案，最后进行系统模块设计，制定整个程序的启动窗口、数据连接及公共属性等。

任务分析

系统功能设计是程序设计的起始部分，也是最为重要的部分，它是程序设计的骨架，直接决定了后期程序的好坏，好的系统功能设计会使以后的工作简单明了。

一般来说，包含大量数据的系统，需要将数据存放在数据库中，这就将系统功能设计分成了两大部分：软件功能设计和数据库设计。软件功能设计主要包括程序界面设计、功能代码的编写；数据库设计要根据系统功能，选择适合的数据库系统，建立数据库和数据表。

做完上述工作后，要进行系统模块设计。一个完整的系统中要包括多个窗口，如果每个和数据库连接的窗口都要写连接数据库的代码，则会做很多重复工作。因此，通常将连接数据库的函数代码作为公共函数放置在系统模块中。

系统模块还可以存放公共对象。系统主函数也存放在系统模块中。

 设计步骤

（1）根据对本系统涉及的业务工作的分析，可以将整个系统划分为如下几个功能模块：用户管理（添加用户、修改密码），学生基本信息管理（添加、删除、修改等）、学生成绩管理（学号，姓名，各课成绩等）、课程管理（课程信息设置）。

系统的主要功能描述如下。

① 用户管理：用来管理系统用户，可以添加用户、修改用户密码。

② 学生信息管理：学生基本情况汇总与管理，主要包括对学生基本情况的添加、修改、删除、查询等操作。

③ 成绩管理：主要包括期末成绩、选修课成绩管理，包含对学生成绩的添加、修改、删除、查询、统计等操作。

④ 课程管理：主要包括对课程的添加、删除、查询等操作。

（2）在数据库方面，在本系统中选用了微软公司的桌面型数据库 Access。启动 Access，新建一个空白数据库并保存为 Student.mdb，然后在其中建立以下 5 个表。

① 用户信息表，表名为 UserInfo，用于存储用户登录的基本信息，表结构如表 1 所示。

表 1　用户信息表结构

字 段 名	数据类型	字段大小	说　明
Username	文本	12	用户名，主键，必填字段
Password	文本	8	登录密码，必填字段

② 学生信息表，表名为 Student，用于存储学生的基本信息，表结构如表 2 所示。

表 2　学生信息表结构

字 段 名	数据类型	字段大小	说　　明
Sno	文本	7	学号，主键，必填字段
Sname	文本	12	姓名，必填字段
Ssex	文本	2	性别，必填字段
Sage	数字	整型	年龄，必填字段
Splace	文本	32	籍贯，必填字段
Spolity	文本	6	政治面貌，必填字段
Stime	文本	10	入学时间，必填字段
Steleph	文本	15	联系电话

③ 成绩表，表名为 Grade，用于存储学生所学课程的期末成绩及课程的相关信息，表结构如表 3 所示。

表3 成绩表结构

字 段 名	数据类型	字段大小	说 明
Sno	文本	7	学号，主键，必填字段
Cno	文本	2	课程编号，主键，必填字段
Grade	数字	整型	成绩

④ 课程信息表，表名为 Course，用于存储学生所学课程的相关信息，表结构如表4所示。

表4 课程信息表结构

字 段 名	数据类型	字段大小	说 明
Cno	文本	2	课程编号，主键，必填字段
Cno	文本	20	课程名称，必填字段
Cteacher	文本	12	授课教师姓名，必填字段
Ccredit	数字	整型	学分，必填字段

（3）数据库建成后，在各个表中录入一些数据，用于测试应用程序。

（4）在 Visual Basic 6.0 中新建一个标准 EXE 工程，此时会生成一个包含一个窗体的工程，将窗体命名为 frmLogin，并将其 Caption 属性改为"登录"；将窗体文件和工程文件分别命名为 frmLogin.frm 和学生成绩管理系统.vbp，保存在 D:\VB\项目9中。

（5）选择"工程"→"引用"命令，然后在弹出的引用对话框中选中"Microsoft ActiveX Data Objects 2.5 Library"和"Microsoft Data Binding Collection VB 6.0"复选框，如图1所示。

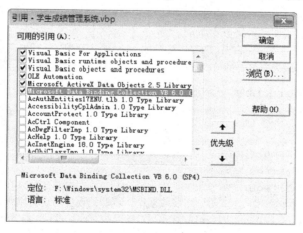

图1 引用对话框

（6）选择"工程"→"部件"命令，在弹出的"部件"对话框中依次选中"Microsoft ADO Data Control 6.0（SP6）"、"Microsoft Common Dialog Control 6.0（SP6）"、Microsoft DataGrid Control 6.0（SP6）"复选框，把相关控件添加到工具箱中，如图2所示。

（7）选择"工程"→"添加模块"命令，在弹出的"添加模块"对话框中选择"模块"选项，单击"打开"按钮，将系统模块添加到工程中并保存为"Module1.bas"，如图3和图4所示。

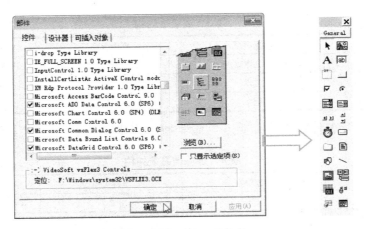

图 2　添加 ActiveX 控件

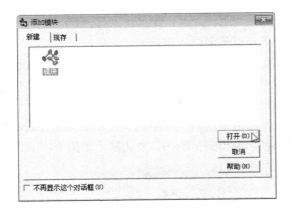

图 3　"添加模块"对话框

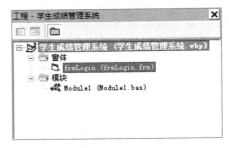

图 4　工程资源管理器窗口

（8）在模块文件 Module1.bas 中添加以下代码。

```
'声明公共对象
Public gUserName As String
Public flag As Integer
Public gSQL As String
Public iflag As Integer
'添加公共函数 TransactSQL()，用于连接数据库，若遇到连接错误，则弹出错误信息提示对话框
Public Function TransactSQL(ByVal sql As String) As ADODB.Recordset
    Dim con As ADODB.Connection
    Dim rs As ADODB.Recordset
    Dim strConnection As String
    Dim strArray() As String
    Set con = New ADODB.Connection
    Set rs = New ADODB.Recordset
    On Error GoTo TransactSQL_Error
    strConnection = "provider=Microsoft.Jet.OLEDB.4.0;Data source =" & _
                App.Path & "\Student.mdb"
    strArray = Split(sql)
    con.Open strConnection
```

```vb
    If StrComp(UCase$(strArray(0)), "select", vbTextCompare) = 0 Then
        rs.Open Trim$(sql), con, adOpenKeyset, adLockOptimistic
        Set TransactSQL = rs
        iflag = 1
    Else
        con.Execute sql
        iflag = 1
    End If
 '关闭连接
TransactSQL_Exit:
    Set rs = Nothing
    Set con = Nothing
    Exit Function
 '错误处理
TransactSQL_Error:
    MsgBox "查询错误: " & Err.Description
    iflag = 2
    Resume TransactSQL_Exit
End Function
 '设置 Tab 键
Public Sub TabToEnter(Key As Integer)
    If Key = 13 Then
        SendKeys "{TAB}"
    End If
End Sub
 '添加系统主函数，作为整个系统的入口，并设定程序开始运行时显示登录窗口
Sub main()
    Dim fLogin As New frmLogin
    fLogin.Show vbModual

End Sub
```

（9）保存所有文件。

程序测试

（1）按 F5 键运行程序。
（2）运行时登录窗口作为主窗口打开。

相关知识

1．系统设计

这是软件工程中开始程序设计的第一步，根据系统实用的需求建立程序模型，构建系统框架，设计数据库，确定软件各个模块的功能等。

2．数据库设计

本任务中使用了数据字典的方式来表现数据库设计，这种方式可以将数据库中表的结构清楚地表示出来。

3．模块

本任务中创建了一个标准模块（简称模块），相应的文件扩展名为.bas。标准模块一般用于存放整个系统级别的公用函数（或称为过程）、公用数据等，它与窗体模块、类模块等一起构成了 Visual Basic 工程。

任务 2　实现系统登录模块

任务目标

- 理解用户登录逻辑的实现。
- 掌握在窗体模块中调用标准模块的过程和公共对象的方法。
- 掌握窗口级模块变量的使用方法。

任务描述

在本任务中设计完成了系统的登录模块。当程序运行时，首先打开如图 5 所示的登录窗口，当输入用户名和密码并单击"确定"按钮时，系统对输入的信息进行检查，若这些信息和数据库中存放的用户信息匹配，则允许用户登录，并进入主界面；如果输入的用户名和密码不正确，则弹出"警告"对话框，提示输入错误，不允许登录，如图 6 所示。

图 5　系统登录

图 6　登录错误"警告"对话框

任务分析

设计好登录逻辑后，将逻辑代码写入"登录"按钮所对应 Click 事件过程中。系统获取用户输入的用户名和密码后，将它们与数据库中存储的信息进行比较。如果匹配，则允许用户登录，跳转到系统主窗口；如果不匹配，则根据具体情况弹出相应的"警告"对话框。为了使系统更加安全，声明一个窗口级变量，用来记录密码输入错误的次数，如果超出指定的次数，则自动关闭程序。

 设计步骤

（1）打开在本项目任务 1 中完成的 Visual Basic 工程。

（2）在窗体 frmLogin 上添加以下控件。

① 一个 Label 控件，将其 Caption 属性设置为"学生成绩管理系统登录"，并设置 Font 属性以更改字体和字号。

② 两个 Label 控件，将其 Caption 属性分别设置为"用户名："和"密码："。

③ 两个文本框控件，分别命名为 txtUsername 和 txtPassword，并将两个控件的 Text 属性清空，将 txtPassword 的 PasswordChar 属性设置为"*"。

④ 两个命令按钮，分别命名为 cmdLogin 和 cmdCancel，将它们的 Caption 属性分别设置为"登录"和"取消"。

（3）在窗体 frmLogin 的代码窗口中编写以下代码。

```
'定义窗口级变量 PwdCount，用来记录密码输入错误的次数
Private pwdCount As Integer
'单击"取消"按钮时执行以下事件过程
Private Sub cmdCancel_Click()
  Unload Me
End Sub
'单击"登录"按钮时执行以下事件过程
Private Sub cmdLogin_Click()
  Dim sql As String
  Dim rs As ADODB.Recordset
  '用户名为空时弹出"警告"对话框
  If Trim(txtUsername.Text = "") Then
    MsgBox "没有输入用户名，请重新输入！", vbOKOnly + vbExclamation, "警告"
    txtUsername.SetFocus
  Else
    '将 SQL 语句赋值给 sql 字符串
    sql = "SELECT*FROM UserInfo WHERE Username='" & txtUsername.Text & "'"
    '调用标准模块中定义的数据库查询函数 TransactSQL()
    Set rs = TransactSQL(sql)
    If iflag = 1 Then
      If rs.EOF = True Then
        MsgBox "没有这个用户，请重新输入！", vbOKOnly + vbExclamation, "警告"
        txtUsername.SetFocus
      Else
        If Trim(rs.Fields(1)) = Trim(txtPassword.Text) Then
          rs.Close
          Me.Hide
          gUserName = Trim(txtUsername.Text)
          MDIForm1.Show
          Unload Me
        Else
          MsgBox "密码不正确，请重新输入！", vbOKOnly + vbExclamation, "警告"
          txtPassword.SetFocus
          txtPassword.Text = ""
          '密码输入错误计数加 1
          pwdCount = pwdCount + 1
        End If
```

```
              End If
          Else
              Unload Me
          End If
      End If
      '如果密码输入错误达到 3 次，则自动退出程序
      If pwdCount = 3 Then  Unload Me
End Sub
'在窗口加载时，将密码输入错误计数器清零
Private Sub Form_Load()
    pwdCount = 0
End Sub
```

（4）向工程中添加 MDI 窗体。选择"工程"→"添加 MDI 窗体"命令，在弹出的"添加 MDI 窗体"对话框中单击"MDI 窗体"按钮，然后单击"打开"按钮，此时将向当前工程中添加窗体 MDIForm1，并将其保存为 frmMain.frm。

程序测试

（1）按 F5 键运行程序。

（2）直接单击"登录"按钮或者输入错误的用户名，弹出一个对话框提示"没有输入用户名，请重新输入！"。

（3）输入正确的用户名并单击"登录"按钮，弹出一个对话框提示用户必须输入密码。

（4）输入正确的用户名和错误的密码后单击"登录"按钮，弹出一个对话框提示"密码不正确，请重新输入！"。

（5）如果输入错误密码的次数超过 3 次，则程序会自动退出。

（6）输入正确的用户名和密码，单击"登录"按钮，窗口跳转到系统主窗口。

相关知识

1．调用标准模块中的公共过程和公共对象

在任意的窗体模块中可以直接调用标准模块中的公共过程和公共对象，就像调用本窗体中的一样。

2．使用窗口级变量

如果一个变量需要在本窗体的多个函数中使用（如本任务中的"密码错误次数计数器 pwdCount"），则可以将这个变量定义在所有函数体外，一般放在代码的最开头，而且将其设置为 Private（私有），以保护这个对象不在本窗体外被使用。

任务 3　设计系统主菜单

任务目标

● 掌握在 MDI 主窗体中添加菜单的方法。

8

● 掌握为菜单项编写 Click 事件过程的方法。

任务描述

在本任务中为 MDI 窗口添加菜单。当用户登录成功时，将打开如图 7 所示的系统主窗口。主窗口标题栏下是菜单栏，通过选择菜单命令可以执行相应的系统功能。

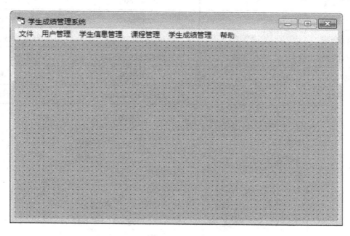

图 7 学生成绩管理系统主窗口

任务分析

在系统中添加 MDI 窗口作为系统主窗口，然后为其添加菜单栏。根据系统设计中的各功能模块设计菜单栏，包括多个主菜单和其下的菜单命令，并为各个子菜单添加 Click 事件过程。当选择菜单命令时，打开相应的功能窗口或者实现相应功能。

 设计步骤

（1）打开在本项目任务 2 中完成的工程。

（2）添加 MDI 窗体 MDIForm1，将其 Caption 属性设置为"学生成绩管理系统"。

（3）选择"工具"→"菜单编辑器"命令，然后按照表 5 在窗体 MDIFrom1 上创建菜单系统，最终效果如图 8 所示。

表 5 学生管理系统菜单设置

级 别	标 题	所属主菜单	名 称	功 能
一级	文件	无	mnuFile	显示子菜单
二级	退出	文件	mnuFileExit	退出系统
一级	用户管理	无	mnuUser	显示子菜单
二级	添加用户	用户管理	mnuUserAdd	打开添加新用户窗口
二级	修改密码	用户管理	mnuUserChangPwd	打开修改用户密码窗口
一级	学生信息管理	无	mnuStudent	显示子菜单
二级	学生信息查询	学生信息管理	mnuStudentInfo	打开学生基本信息窗口

续表

级　别	标　题	所属主菜单	名　称	功　能
二级	学生信息设置	学生信息管理	mnuStudentSet	打开学生信息管理窗口
一级	课程管理	无	mnuCourse	显示子菜单
二级	课程信息查询	课程管理	mnuCourseInfo	打开查询课程基本信息窗口
二级	课程信息设置	课程管理	mnuCourseAdd	打开课程信息管理窗口
一级	成绩管理	无	mnuGrade	显示子菜单
二级	学生成绩查询	成绩管理	mnuGradeInfo	打开学生成绩基本信息窗口
二级	学生成绩管理	成绩管理	mnuGradeManage	打开学生成绩管理窗口
一级	帮助	无	mnuHelp	显示子菜单
二级	关于本系统	帮助	mnuHelpAbout	打开程序信息窗口

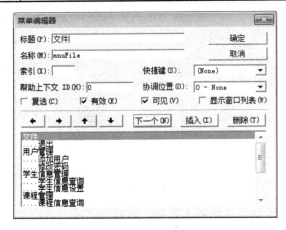

图 8　菜单编辑器

（4）在窗体 MDIFrom1 的代码窗口中对各个菜单控件添加 Click 事件过程，代码如下。

```
'选择"课程管理"→"课程信息查询"命令时执行以下事件过程
Private Sub mnuCourseInfo_Click()
   frmCourseInfo.Show
End Sub
'选择"课程管理"→"课程信息设置"命令时执行以下事件过程
Private Sub mnuCourseManage_Click()
   frmCourseManage.Show
End Sub
'选择"文件"→"退出"命令时执行以下事件过程
Private Sub mnuFileExit_Click()
   If MsgBox("确定要退出本系统吗？", vbQuestion + vbOKCancel, "提示") = vbOK
Then
      Unload Me
   End If
End Sub
'选择"成绩管理"→"学生成绩查询"命令时执行以下事件过程
Private Sub mnuGradeInfo_Click()
   frmGradeInfo.Show
```

```
End Sub
'选择"成绩管理"→"学生成绩管理"命令时执行以下事件过程
Private Sub mnuGradeManage_Click()
    frmGradeManage.Show
End Sub
'选择"帮助"→"关于本系统"命令时执行以下事件过程
Private Sub mnuHelpAbout_Click()
    frmAbout.Show
End Sub
'选择"学生信息管理"→"学生信息查询"命令时执行以下事件过程
Private Sub mnuStudentInfo_Click()
    frmStudentInfo.Show
End Sub
'选择"学生信息管理"→"学生信息设置"命令时执行以下事件过程
Private Sub mnuStudentManage_Click()
    frmStudentManage.Show
End Sub
'选择"用户管理"→"添加用户"命令时执行以下事件过程
Private Sub mnuUserAdd_Click()
    frmUserAdd.Show
End Sub
'选择"用户"→"修改密码"命令时执行以下事件过程
Private Sub mnuUserChangPwd_Click()
    frmChangePwd.Show
End Sub
```

（5）按照表 6 的要求向当前工程中添加各个菜单命令所对应的功能窗体，分别命名这些窗体并对其 Caption 和 MDIChild 属性进行设置。

表6　学生信息管理系统的功能窗体

窗体文件名	Name 属性	Caption 属性	MDIChild 属性
frmUserAdd.frm	frmUserAdd	添加新用户	True
frmUserChangPwd.frm	frmUserChangPwd	修改登录密码	True
frmStudentInfo.frm	frmStudentInfo	学生基本信息	True
frmStudentManage.frm	frmStudentManage	学生信息管理	True
frmCourseInfo.frm	frmCourseInfo	课程基本信息	True
frmCourseManage.frm	frmCourseManage	课程信息管理	True
frmGradeInfo.frm	frmGradeInfo	学生成绩信息	True
frmGradeManage.frm	frmGradeManage	学生成绩管理	True
frmAbout.frm	frmAbout	关于本系统	Flase

程序测试

（1）按 F5 键运行程序。

（2）输入正确的用户名和密码并单击"登录"按钮，窗口跳转到系统主窗口。

（3）通过选择菜单命令打开相应的功能窗口。

（4）选择"文件"→"退出"命令，退出系统。

任务4　设计学生管理模块

任务目标

- 掌握连接数据库的方法。
- 掌握在窗体上显示学生信息的方法。
- 掌握查询指定学生信息的方法。
- 掌握实现学生信息增、删、改的方法。

任务描述

　　本任务用于实现学生信息管理模块。当成功登录后，选择"学生信息管理"→"学生信息查询"和"学生信息设置"命令，则会打开如图9和图10所示的"学生基本信息"和"学生信息管理"窗口。在命令学生"基本信息"窗口中，可以依次查看学生信息；而在"学生信息管理"窗口中，可以查询指定学生的信息，添加、更改或删除学生信息。

图9　"学生基本信息"窗口

图10　"学生信息管理"窗口

任务分析

　　在"学生基本信息"窗口中，依次显示了学生信息，只需要打开数据库连接，查询学生信息表中的所有记录，然后使用控件将其显示出来即可。在"学生信息管理"窗口中，需要编写代码来对应不同的功能按钮，以实现指定功能。例如，对于"添加"按钮，需要编写其 Click 事件过程，以获取窗口中在各个文本框中输入的内容，然后使用 Recordset 对象的 AddNew 方法将新记录添加到记录集中，再使用 Recordset 对象的 Update 方法将更新写入数据库。

 设计步骤

（1）打开在本项目任务3中完成的工程。

（2）在窗体 frmStudentInfo 上添加以下控件。

① ADO 数据控件 Adodc1，将其 Visible 属性设置为 False；然后利用该控件的"属性页"对话框将其 ConnectionString 属性设置为"Provider=Microsoft.Jet.OLEDB.4.0;Data Source = Student. mdb; Persist Security Info=False"，CommandType 属性设置为 2，RecordSource 属性设置为 Student。

② 框架控件 Frame1，将其 Caption 属性设置为"学生基本信息"。

③ 在框架控件 Frame1 中添加一个标签控件数组，其中包含 8 个标签控件，分别用于显示字段的中文名称；在该框架中添加一个文本框控件数组，数组名为 txtFldValue，其中包含 8 个文本框，将它们的 Text 属性清空，将它们的 DataSource 属性都设置为 Adodc1，DataField 属性分别设置为 Sno、Sname、Ssex、Sage、Splace、Spolity、Stime 和 Steleph。

④ 在框架控件 Frame1 下方添加一个命令按钮控件数组，数组名为 cmdMove，其中包含 4 个命令按钮，将它们的 Caption 属性分别设置为"首记录"、"上一条"、"下一条"和"末记录"。

⑤ 在上述按钮下方添加一个 DataGrid 控件，将其 DataSource 属性设置为 Adodc1。

（3）在 frmStudentInfo 的代码窗口中添加下列代码。

```
Private Sub cmdMove_Click(Index As Integer)
  Dim rs As ADODB.Recordset
  Set rs = Adodc1.Recordset
    Select Case Index
  Case 0
    rs.MoveFirst
  Case 1
    rs.MovePrevious
    If rs.BOF Then
      rs.MoveFirst
    End If
  Case 2
    rs.MoveNext
    If rs.EOF Then
      rs.MoveLast
    End If
  Case 3
    rs.MoveLast
  End Select
End Sub
```

（4）在窗体 frmStudentManage 上添加以下控件。

① 框架控件 Frame1，将其 Caption 属性设置为"学生信息管理"。

② 在框架控件 Frame1 中添加一个标签控件数组，其中包含 8 个标签控件，分别用于显示字段的中文名称；在该框架中添加一个文本框控件数组，数组名为 txtFldValue，其中包含 8 个文本框，将它们的 Text 属性清空。

③ 在框架控件 Frame1 下方添加 5 个命令按钮控件，分别命名为 cmdQuery、cmdAdd、cmdMod、cmdDel 和 cmdExit，将它们的 Caption 属性分别设置为"查询"、"添加"、"修改"、"删除"和"退出"。

（5）在窗体 frmStudentManage 的代码窗口中添加以下代码。

```vb
'声明连接字符串 sql 和 ADO 记录集对象 rs
Private sql As String
Private rs As New ADODB.Recordset
'单击"添加"按钮时执行以下事件过程
Private Sub cmdAdd_Click()
  Dim i As Integer
  If txtFldValue(0).Text = "" Then
    MsgBox "请输入要想添加的学生的学号以及相关的所有信息！", _
          vbOKOnly + vbExclamation, "警告！"
    txtFldValue(0).SetFocus
    Exit Sub
  End If
  For i = 0 To txtFldValue.Count - 1
    If txtFldValue(i).Text = "" Then
      MsgBox "请在此文本框中输入内容！", vbExclamation + vbOKOnly, "提示"
      txtFldValue(i).SetFocus
      Exit Sub
    End If
  Next
  sql = "SELECT*FROM Student WHERE Sno='"&Trim(txtFldValue(0).Text) & "'"
  Set rs = TransactSQL(sql)
  If Not rs.EOF Then
    MsgBox "该学生的记录已经存在，请核实后再添加！", vbOKOnly + vbExclamation, "
警告！"
    txtFldValue(0).SetFocus
    rs.Close
    Exit Sub
  End If
  sql = "SELECT * FROM Student"
  Set rs = TransactSQL(sql)
  rs.AddNew
  For i = 0 To rs.Fields.Count - 1
    rs.Fields(i) = Trim(txtFldValue(i).Text)
  Next
  rs.Update
  rs.Close
  MsgBox "该记录已经成功添加！", vbOKOnly + vbExclamation, "添加结束！"
  Init
End Sub
'清空窗口中的所有文本框
Private Sub Init()
  Dim i As Integer
  For i = 0 To txtFldValue.Count - 1
    txtFldValue(i).Text = ""
  Next
  txtFldValue(0).SetFocus
```

```vb
End Sub
'单击"删除"按钮时执行以下事件过程
Private Sub cmdDel_Click()
    If txtFldValue(0).Text = "" Then
        MsgBox "请输入要删除的学生的学号! ", vbOKOnly + vbExclamation, "警告! "
        txtFldValue(0).SetFocus
        Exit Sub
    End If
    sql = "SELECT*FROM Student WHERE Sno='"&Trim(txtFldValue(0).Text) & "'"
    Set rs = TransactSQL(sql)
    If rs.EOF Then
        MsgBox"不存在该学生，请确认之后再删除! ", vbOKOnly + vbExclamation, "警告! "
        Init
        txtFldValue(0).SetFocus
        rs.Close
        Exit Sub
    End If
    sql="DELETE FROM Student WHERE Sno='" & Trim(txtFldValue(0).Text) & " '"
    If MsgBox("确定要删除学号为" & txtFldValue(0).Text & "的所有信息吗? ", _
            vbOKCancel + vbQuestion, "提示! ") = vbOK Then
        TransactSQL (sql)
        MsgBox "该学生的所有信息已经删除! ", vbOKOnly + vbExclamation, "警告! "
    End If
    Init
End Sub
'单击"退出"按钮时关闭窗口
Private Sub cmdExit_Click()
    Unload Me
End Sub
'单击"修改"按钮时执行以下事件过程
Private Sub cmdMod_Click()
    Dim i As Integer
    If txtFldValue(0).Text = "" Then
    MsgBox "请输入要想修改的学生的学号! ", _
            vbOKOnly + vbExclamation, "警告! "
    txtFldValue(0).SetFocus
    Exit Sub
    End If
    sql="SELECT*FROM Student WHERE Sno='" & Trim(txtFldValue(0).Text) & "'"
    Set rs = TransactSQL(sql)
    If rs.EOF Then
        MsgBox "无法找到该学生的基本信息，请核实后再修改! ", _
            vbOKOnly + vbExclamation, "警告! "
        Init
        txtFldValue(0).SetFocus
        rs.Close
        Exit Sub
```

```
      End If
      If MsgBox("确定要修改学号为" & txtFldValue(0).Text & _
            "的基本信息吗? ", vbQuestion + vbOKCancel) = vbOK Then
         sql = "UPDATE Student SET Sname='" & Trim(txtFldValue(1).Text)
         sql = sql & " ',Ssex= '" & Trim(txtFldValue(2).Text) & _
            "',Sage=" & txtFldValue(3).Text
         sql=sql & ",Splace='" & Trim(txtFldValue(4).Text) & "',Spolity='" & _
            Trim(txtFldValue(5).Text)&"',Stime='" & Trim(txtFldValue (6).Text)
         sql = sql & " ',Steleph='" & Trim(txtFldValue(7).Text) & _
            " 'WHERE Sno='" & Trim(txtFldValue(0).Text) & " ';"
         TransactSQL (sql)
         MsgBox "该学生的基本信息已经修改! ", vbOKOnly + vbExclamation, "修改结束! "
      End If
      Call Init
End Sub
'单击"查询"按钮时执行以下事件过程
Private Sub cmdQuery_Click()
   Dim i As Integer
   If txtFldValue(0).Text = "" Then
      MsgBox "要查询一个学生的基本信息, 请输入该生的学号! ", _
            vbOKOnly + vbExclamation, "提示! "
      txtFldValue(0).SetFocus
      Exit Sub
   End If
   sql="SELECT*FROM Student WHERE Sno='" & Trim(txtFldValue(0).Text) & "'"
   Set rs = TransactSQL(sql)
   If rs.EOF Then
      MsgBox"无法找到想要查询的学生的基本信息! ", vbOKOnly+vbExclamation, "提示! "
      Exit Sub
   End If
   For i = 0 To txtFldValue.Count - 1
      txtFldValue(i).Text = rs.Fields(i).Value
   Next
End Sub
'当鼠标指针离开"学号"文本框时执行以下事件过程
Private Sub txtFldValue_LostFocus(Index As Integer)
   Dim i As Integer
   If Index = 0 Then
      sql="SELECT*FROM Student WHERE Sno='"&Trim(txtFldValue(0).Text) & "'"
      Set rs = TransactSQL(sql)
      If Not rs.EOF Then
         For i = 0 To txtFldValue.Count - 1
            txtFldValue(i).Text = rs.Fields(i).Value
         Next
      End If
   End If
End Sub
```

（1）按 F5 键运行程序，输入用户名和密码进行登录，登录成功时打开系统主窗口。

（2）选择"学生信息管理"→"学生信息查询"命令，打开"学生基本信息"窗口，通过单击记录导航按钮可以在不同记录之间切换。

（3）选择"学生信息管理"→"学生信息设置"命令，打开"学生信息管理"窗口，对查询、添加、修改和删除功能进行测试。

任务 5　设计课程管理模块

任务目标

● 掌握显示课程信息的方法。
● 掌握查询指定课程信息的方法。
● 掌握增、删、改课程信息的方法。

任务描述

在本任务中实现课程管理模块。当成功登录后，选择"课程管理"→"课程信息查询"和"课程信息设置"命令，会打开如图 11 和图 12 所示的"课程基本信息"和"课程信息管理"窗口。在"课程基本信息"窗口中，可以依次查看学生的信息；而在"课程信息管理"窗口中，可以查询指定课程的信息，添加、更改或删除课程信息。

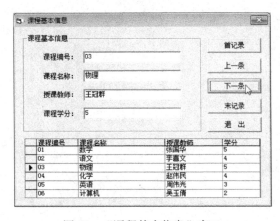

图 11　"课程基本信息"窗口

图 12　"课程信息管理"窗口

任务分析

在本任务中，设计方法与本项目任务 4 中所用的方法相似。在"课程基本信息"窗口中，依次显示课程信息，只需要打开数据库连接，查询课程信息表中的所有记录，然后使用控件将其显示出来即可。在"课程信息管理"窗口中，需要对命令按钮编写事件过程以实现相应的功能。

设计步骤

（1）打开在本项目任务 4 中完成的工程。

（2）在窗体 frmCourseInfo 上添加以下控件。

① ADO 数据控件 Adodc1，将其 Visible 属性设置为 False；然后利用该控件的"属性页"对话框将其 ConnectionString 属性设置为"Provider=Microsoft.Jet.OLEDB.4.0;Data Source = Student.mdb; Persist Security Info=False"，CommandType 属性设置为 2，RecordSource 属性设置为 Course。

② 框架控件 Frame1，将其 Caption 属性设置为"课程基本信息"。

③ 在框架控件 Frame1 中添加一个标签控件数组，其中包含 4 个标签控件，分别用于显示字段的中文名称；在该框架中添加一个文本框控件数组，数组名为 txtFldValue，其中包含 4 个文本框，将它们的 Text 属性清空；DataSource 属性均设置为 Adodc1，DataField 属性分别设置为 Cno、Cname、Cteacher 和 Ccredit。

④ 在框架控件 Frame1 右方添加一个命令按钮控件数组，数组名为 cmdMove，其中包含 4 个命令按钮，将它们的 Caption 属性分别设置为"首记录"、"上一条"、"下一条"、"末记录"和"退出"。

⑤ 在框架控件 Frame1 下方添加一个 DataGrid 控件，将其 DataSource 属性设置为 Adodc1。

（3）在 frmCourseInfo 的代码窗口添加中下列代码。

```
Private Sub cmdMove_Click(Index As Integer)
  Dim rs As ADODB.Recordset
  Set rs = Adodc1.Recordset
    Select Case Index
  Case 0
    rs.MoveFirst
  Case 1
    rs.MovePrevious
    If rs.BOF Then
      rs.MoveFirst
    End If
  Case 2
    rs.MoveNext
    If rs.EOF Then
      rs.MoveLast
    End If
  Case 3
    rs.MoveLast
  Case 4
    Unload Me
  End Select
End Sub
```

（4）在窗体 frmCourseManage 上添加以下控件。

① 框架控件 Frame1，将其 Caption 属性设置为"课程信息管理"。

② 在框架控件 Frame1 中添加一个标签控件数组，其中包含 4 个标签控件，分别用于显示字段的中文名称；在该框架中添加一个文本框控件数组，数组名为 txtFldValue，其中包含 4 个文本框，将它们的 Text 属性清空。

③ 在框架控件 Frame1 右方添加 5 个命令按钮控件，分别命名为 cmdQuery、cmdAdd、cmdMod、cmdDel 和 cmdExit，Caption 属性分别设置为"查询"、"添加"、"修改"、"删除"和"退出"。

（5）在窗体 frmCourseManage 的代码窗口中添加以下代码。

```vb
Private rs As New ADODB.Recordset
Private sql As String
'单击"添加"按钮时执行以下事件过程
Private Sub cmdAdd_Click()
  Dim i As Integer
  If txtFldValue(0).Text = "" Then
   MsgBox "请输入要想添加的课程的编号以及相关的所有信息！", _
         vbOKOnly + vbExclamation, "警告！"
   txtFldValue(0).SetFocus
   Exit Sub
  End If
  For i = 0 To txtFldValue.Count - 1
    If txtFldValue(i).Text = "" Then
      MsgBox "请在此文本框中输入内容！", vbExclamation + vbOKOnly, "提示"
      txtFldValue(i).SetFocus
      Exit Sub
    End If
  Next
  sql = "SELECT*FROM Course WHERE Cno='" & Trim(txtFldValue(0).Text) & "'"
  Set rs = TransactSQL(sql)
  If Not rs.EOF Then
    MsgBox "这个编号的课程记录已经存在，请核实后再添加！", _
          vbOKOnly + vbExclamation, "警告！"
    txtFldValue(0).SetFocus
    rs.Close
    Exit Sub
  End If
  sql = "SELECT * FROM Course"
  Set rs = TransactSQL(sql)
  rs.AddNew
  For i = 0 To rs.Fields.Count - 1
    rs.Fields(i) = Trim(txtFldValue(i).Text)
  Next
  rs.Update
  rs.Close
  MsgBox "该记录已经成功添加！", vbOKOnly + vbExclamation, "添加结束！"
  Init
End Sub
'清空窗口中的所有文本框
```

```
Private Sub Init()
   Dim i As Integer
   For i = 0 To txtFldValue.Count - 1
      txtFldValue(i).Text = ""
   Next
   txtFldValue(0).SetFocus
End Sub
'单击"删除"按钮时执行以下事件过程
Private Sub cmdDel_Click()
   If txtFldValue(0).Text = "" Then
      MsgBox "请输入要删除的课程的编号! ", vbOKOnly + vbExclamation, "警告! "
      txtFldValue(0).SetFocus
      Exit Sub
   End If
   sql = "SELECT * FROM Course WHERE Cno='"&Trim(txtFldValue(0).Text) & "'"
   Set rs = TransactSQL(sql)
   If rs.EOF Then
      MsgBox "不存在该课程，请确认之后再删除! ",vbOKOnly + vbExclamation, "警告! "
      Init
      txtFldValue(0).SetFocus
      rs.Close
      Exit Sub
   End If
   sql = "DELETE FROM Course WHERE Cno='"&Trim(txtFldValue(0).Text) & " '"
   If MsgBox("确定要删除学号为" & txtFldValue(0).Text & "的所有信息吗? ", _
           vbOKCancel + vbQuestion, "提示! ")=vbOK Then
      TransactSQL (sql)
      MsgBox "该课程的所有信息已经删除! ", vbOKOnly + vbExclamation, "警告! "
   End If
   Init
End Sub
'单击"退出"按钮时执行以下事件过程
Private Sub cmdExit_Click()
   Unload Me
End Sub
'单击"修改"按钮时执行以下事件过程
Private Sub cmdMod_Click()
   Dim i As Integer
   If txtFldValue(0).Text = "" Then
      MsgBox "请输入要想修改的课程的编号! ", vbOKOnly + vbExclamation, "警告! "
      txtFldValue(0).SetFocus
      Exit Sub
   End If
   sql = "SELECT*FROM Course WHERE Cno='"&Trim(txtFldValue(0).Text) & "'"
   Set rs = TransactSQL(sql)
   If rs.EOF Then
      MsgBox"无法找到该课程的信息，请核实后再修改! ",vbOKOnly+vbExclamation,"警告! "
      Init
```

```
        txtFldValue(0).SetFocus
        rs.Close
        Exit Sub
    End If

    If MsgBox("确定要修改编号为" & txtFldValue(0).Text & _
            "的课程信息吗？", vbQuestion + vbOKCancel) = vbOK Then
        sql = "UPDATE Course SET Cname='" & Trim(txtFldValue(1).Text)
        sql = sql & " ',Cteacher= '" & Trim(txtFldValue(2).Text) & _
            " ',Ccredit='" & txtFldValue(3).Text & "'"
        sql = sql & " WHERE Cno='" & Trim(txtFldValue(0).Text) & " ';"
        TransactSQL (sql)
        MsgBox "该课程的信息已经修改！", vbOKOnly + vbExclamation, "修改结束！"
    End If
    Init
End Sub
'单击"查询"按钮时执行以下事件过程
Private Sub cmdQuery_Click()
    Dim i As Integer
    If txtFldValue(0).Text = "" Then
        MsgBox "要查询一个门课程的信息，请输入课程编号！", _
            vbOKOnly + vbExclamation, "提示！"
        txtFldValue(0).SetFocus
        Exit Sub
    End If
    sql = "SELECT*FROM Course WHERE Cno='" & Trim(txtFldValue(0).Text) & "'"
    Set rs = TransactSQL(sql)
    If rs.EOF Then
        MsgBox "无法找到想要查询的课程信息！", vbOKOnly + vbExclamation, "提示！"
        Exit Sub
    End If
    For i = 0 To txtFldValue.Count - 1
        txtFldValue(i).Text = rs.Fields(i).Value
    Next
End Sub
'当鼠标指针离开"课程编号"文本框时执行以下事件过程
Private Sub txtFldValue_LostFocus(Index As Integer)
    Dim i As Integer
    If Index = 0 Then
        sql = "SELECT*FROM Course WHERE Cno='"&Trim(txtFldValue(0).Text) & "'"
        Set rs = TransactSQL(sql)
        If Not rs.EOF Then
            For i = 0 To txtFldValue.Count - 1
                txtFldValue(i).Text = rs.Fields(i).Value
            Next
        End If
    End If
End Sub
```

程序测试

（1）按 F5 键运行程序。

（2）输入正确的用户名和密码并单击"登录"按钮，打开系统主窗口。

（3）选择"课程管理"→"课程信息查询"命令，打开"课程基本信息"对话框，通过单击记录导航按钮在不同记录之间切换。

（4）选择"课程管理"→"课程信息设置"命令，打开"课程信息管理"对话框，对查询、添加、修改和删除课程信息进行测试。

任务 6　设计成绩管理模块

任务目标

● 掌握显示学生成绩信息的方法。

● 掌握实现学生成绩增、删、改的方法。

任务描述

在本任务中实现成绩管理模块。当成功登录后，选择"成绩管理"→"学生成绩查询"和"学生成绩管理"命令，会打开如图 13 和图 14 所示的"学生成绩信息"和"学生成绩管理"窗口。在"学生成绩信息"窗口中，可以查看全体学生的成绩；而在"学生成绩管理"窗口中，可以查询指定学生或课程的信息，添加、更改或删除成绩。

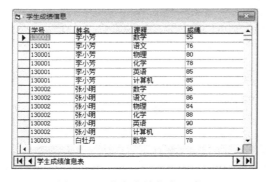

图 13　"学生成绩信息"窗口

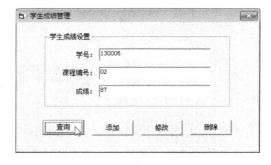

图 14　"学生成绩管理"窗口

任务分析

在本任务中，设计方法与本项目任务 4、任务 5 中所用的设计方法相似。"学生成绩信息"窗口用于显示学生成绩信息，以只读方式查询成绩表中的所有记录。在"学生成绩管理"窗口中，需要针对各个按钮编写事件过程代码，以实现相应功能。

在"学生成绩信息"窗口中用数据网格控件列出了学生成绩的相关信息，包括学号、姓名、课程名称和成绩，这些信息来自 Student、Course 和 Grade 表，因此应当把 ADO 数据控件的 RecordSource 属性设置为下面的 SELECT 查询语句以实现多表查询。

```
SELECT Student.Sno AS 学号, Student.Sname AS 姓名,
    Course.Cname AS 课程, Grade.Grade AS 成绩
FROM Student INNER JOIN (Course INNER JOIN Grade
    ON Course.Cno = Grade.Cno) ON Student.Sno = Grade.Sno;
```

由于 Grade 表中的主键由 Sno 和 Cno 两个字段组成，因此在执行查询、添加、修改和删除操作时，需要根据这两个字段进行筛选。

 设计步骤

成绩管理模块的实现过程与本项目任务 4 和任务 5 基本相同，这里不再赘述。

程序测试

（1）按 F5 键运行程序。

（2）输入正确用户名和密码并单击"登录"按钮，打开系统主窗口。

（3）选择"成绩管理"→"学生成绩查询"命令，打开"学生成绩信息"窗口，通过电子表格形式查看学生成绩。

（4）从"成绩管理"→"学生成绩管理"命令，打开"学生成绩管理"窗口，对成绩信息的查询、添加、修改和删除功能进行测试。

任务 7 制作安装程序

任务目标

● 使用 Visual Basic 6.0 自带的打包程序制作安装程序。

任务描述

制作安装程序往往是软件开发的最后一步，同时也是重要的一步，因为运行安装程序往往是软件使用者的第一个操作。在本任务中，将使用 Visual Basic 6.0 自带的打包和展开向导来完成安装程序的制作。

任务分析

在本任务中，将为学生成绩管理系统制作一个安装程序，可以在打开和展开向导的提示下一步一步完成。

 设计步骤

（1）选择"开始"→"所有程序"→"Microsoft Visual Basic 6.0 中文版"→"Microsoft Visual Basic 6.0 中文版工具"→"Package & Deployment 向导"命令，以弹出"打包和展开向导"对话框。

（2）单击"浏览"按钮，在弹出的对话框中选择 D:\VB\项目 9\学生成绩管理系统.vbp 作为要打包的工程文件，单击"打包"按钮，如图 15 所示。

（3）如果没有对所选工程生成可执行文件，则会弹出如图 16 所示的对话框，在这里单击"编译"按钮，以生成可执行文件。

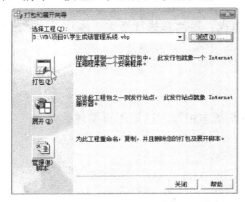

图 15 "打包和展开向导"对话框

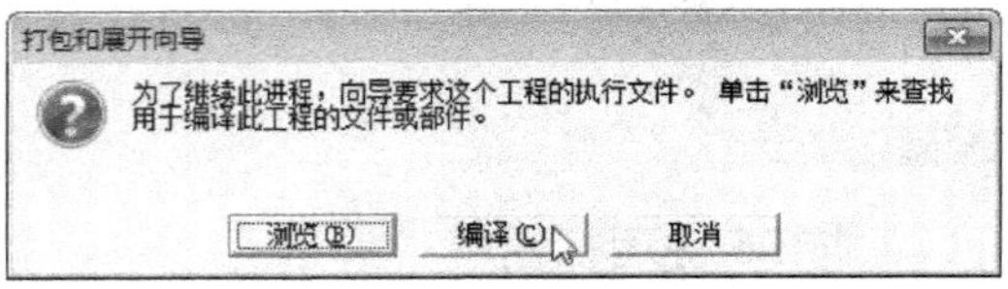

图 16 编译工程

（4）选择打包脚本为"标准安装软件包 1"，单击"下一步"按钮；在弹出的如图 17 所示的对话框中选择包的类型为"标准安装包"，单击"下一步"按钮。

（5）在弹出的如图 18 所示的对话框中选择打包文件夹（默认为工程文件所在文件夹下的"包"文件夹），单击"下一步"按钮。

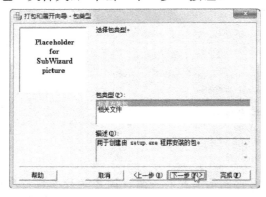

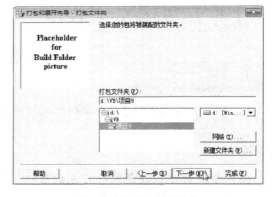

图 17 选择包类型

图 18 选择打包文件夹

（6）如果所选文件夹下的"包"文件夹不存在，则会弹出如图 19 所示的对话框，在此单击"是"按钮。

（7）向导自动找出所选工程中应用的控件和动态链接库等文件，如果要在安装包中附加其他文件（如数据库文件），则可单击"添加"按钮；完成设置后，单击"下一步"按钮，如图 20 所示。

（8）在弹出的如图 21 所示的对话框中设置压缩文件选项，可以选择单个或多个压缩文件，在本任务中，选择单个压缩文件，即选中"单个的压缩文件"单选按钮，单击"下一步"按钮。

（9）在弹出的如图 22 所示的对话框中设置安装程序标题，在本任务中把安装程序标题设置为"学生成绩管理系统"，单击"下一步"按钮。

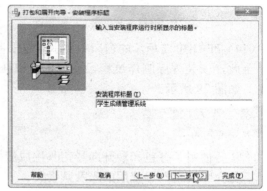

图 19　创建打包文件夹　　　　　　　图 20　设置附加文件

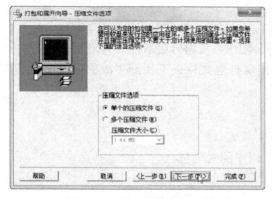

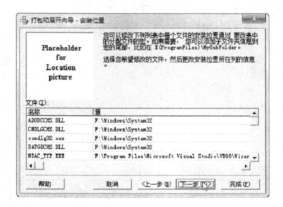

图 21　设置压缩文件选项　　　　　　图 22　指定安装程序标题

（10）在弹出的如图 23 所示的对话框中设置启动菜单项，默认情况下运行安装程序后将在"开始"菜单中创建"学生成绩管理系统"子菜单，并在该子菜单中创建"学生成绩管理系统"菜单命令，这里使用默认设置，单击"下一步"按钮。

（11）在弹出的如图 24 所示的对话框中设置每个文件的安装位置，这里使用默认设置，单击"下一步"按钮。

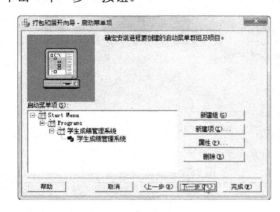

图 23　设置启动菜单项　　　　　　　图 24　设置安装位置

（12）在弹出的如图 25 所示的对话框中设置共享文件，如果把某个文件安装为共享文件，则可选中相应的复选框，完成设置后单击"下一步"按钮。

（13）在弹出的如图 26 所示的对话框中指定脚本名称，单击"完成"按钮。

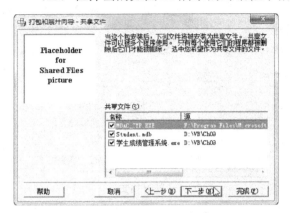
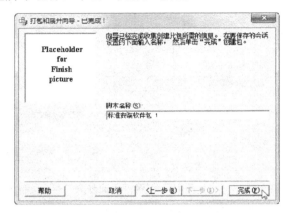

图 25　设置共享文件　　　　　　　　　　图 26　指定脚本名称

（14）在如图 27 所示的窗口中显示打包报告，阅读报告内容后单击"关闭"按钮。

至此，安装程序制作过程已完成，可以在指定打包文件夹下找到生成的压缩文件和安装程序，如图 28 所示。

相关知识

本任务使用了打包和展开向导工具生成应用程序的安装包。

下面介绍安装向导使用的宏及其含义。

（1）$(WinSysPath)：\Windows\System 或\Winnt\System32 目录。

（2）$(WinSysPathSysFile)：\Windows\System 或\Winnt\System32 目录下的系统文件，当删除应用程序时，它不会被删除。

图 27　打包报告　　　　　　　　　　　图 28　生成的安装包

（3）$(WinPath)：\Windows 或\Winnt 目录。

（4）$(AppPath)：用户指定的应用程序目录，或 Setup.lst 文件中[SETUP]部分指定的 DefaultDir 值。

（5）$(ProgramFiles)：应用程序安装到的目录，通常为\Program Files。

（6）$(CommonFiles)：安装共享文件的公用目录，通常为\Program Files\Common Files。

（7）$(MSDAOPath)：数据访问对象部件在注册表中的位置，不能用于自己的文件。

项目小结

本项目按照软件工程的流程，通过 7 个任务介绍了学生成绩管理系统的设计过程：从系统总体设计到各个子模块的设计，最后将制作好的代码打包为安装程序。通过本项目的学习，可以将整本书中学过的知识融会贯通，加以强化。

项目思考

一、选择题

1. 在成绩信息表中，主键是（　　　）字段。

　　A．Sno 　　　　　　B．Cno 　　　　　C．Sno 和 Cno 　　　　　D．无主键

2. 在学生成绩管理系统中，应将启动对象设置为（　　　）。

　　A．MDI 子窗体 frmLogin 　　　　　　B．Sub Main

　　C．MDI 窗体 MDIForm1 　　　　　　　D．MDI 子窗体 frmStudentInfo

二、填空题

1. 要使某个窗体成为 MDI 子窗体，则应将其_____属性设置为 True。

2. 要安装学生成绩管理系统，则应运行_____。

三、简答题

1. 在学生成绩管理系统所用的数据库包含几个表？用途分别是什么？

2. 如何为成绩 Visual Basic 应用程序制作安装程序？

3. 本项目完成的学生成绩管理系统还有哪些地方需要改进？

项目实训

1. 完成学生成绩管理系统中的用户管理模块，要求能够添加用户和修改密码。

2. 完成学生成绩管理系统中的 frmAbout 窗体的设计。

3. 进一步完善学生成绩管理系统中的成绩管理模块，要求做到能够按照课程、学生、班级汇总学生成绩，并且自动计算平均分、总分和及格率。

4. 参考本项目设计并完成一个 Visual Basic 程序，题目自选，要求包含主窗体和多个子窗体，并且具备一定的实际使用价值。

欢迎登录 **免费** 获取本书教学资源
http://www.hxedu.com.cn

 "十二五"职业教育国家规划教材
经全国职业教育教材审定委员会审定

本书配套教学资料，
请有此需要的读者登录华信教育资源网
（http://www.hxedu.com.cn）下载。

🌐 **软件与信息服务** *090800*

★ 常用工具软件	ISBN 978-7-121-24897-9
★ 计算机程序设计（Visual Basic 6.0）	ISBN 978-7-121-24922-8
★ 计算机程序设计（Java）	ISBN 978-7-121-24896-2
★ 数据库应用（SQL Server）	ISBN 978-7-121-24895-5
★ 数据库应用（Access）	ISBN 978-7-121-24894-8
★ 数据库应用（Visual FoxPro）	ISBN 978-7-121-24893-1
图形图像处理（Photoshop CS6）	ISBN 978-7-121-24944-0
★ 图形图像处理（CorelDRAW）	ISBN 978-7-121-24891-7
图形图像处理（Illustrator）	ISBN 978-7-121-24890-0
图形图像处理（CorelDRAW）	ISBN 978-7-121-24833-7
图形图像处理（Photoshop + CorelDRAW）	ISBN 978-7-121-24829-0
★ 网页设计与制作（Dreamweaver）	ISBN 978-7-121-24889-4
★ 工程制图软件应用（AutoCAD）	ISBN 978-7-121-24888-7
★ 工程制图软件应用（Inventor）	ISBN 978-7-121-24887-0
★ Web 程序设计	ISBN 978-7-121-24886-3
★ 计算机录入技术	ISBN 978-7-121-24949-5
★ 沟通礼仪——客户服务礼仪	ISBN 978-7-121-24849-8

"★" 为 "十二五" 职业教育国家规划教材

策划编辑：杨　波
责任编辑：郝黎明
封面设计：徐海燕

ISBN 978-7-121-24922-8

9 787121 249228 >

定价：32.00 元